JN239710

中学レベルから **はじめる！**

やさしく
わかる
微分積分

$$f(x) = \lim_{\Delta x \to 0} \frac{f(x+\Delta x)-f(x)}{\Delta x}$$

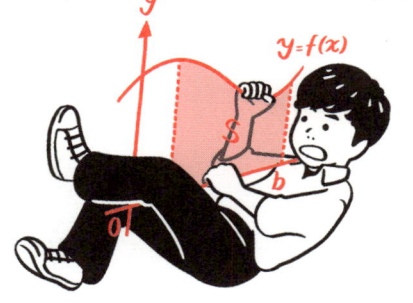

y

$y=f(x)$

a　b

O

ノマド・ワークス 著

ナツメ社

はじめに

「微分積分や三角関数など、学校で勉強する意味があるのか」といった趣旨の発言をした政治家がいました。「おおありだよ！」と即座にツッコミを入れた人もいたと思いますが、「たしかに、高校で勉強してからはいちども使ってないな」と思った人も案外多いのではないでしょうか。

　微分積分は、勉強する意味がないどころか、現代の科学技術や社会・経済に関わる重要な数学の分野のひとつです。いっぽう、高校で勉強する微分積分は、たしかに公式を使って計算することが中心で、その計算にどんな意味があるかについてまでは、あまり深く掘り下げられません。そのため、自分にはあまり関係のないこととして忘れられてしまうのかも知れません。たいへん残念なことです。

　本書は、高校で習ったきりで縁遠くなってしまった微分積分をもういちど学びなおしたい人に向けて、中学 数学レベルの知識でも理解できるように、微分積分を基礎からていねいに説明しています。どうせ学ぶなら、単なる復習だけではなく、新たな知識として身に着けたいですよね。本書は思い切って、大学数学で学ぶ内容も解説しています。微分積分の使い途を知るには、そこまで進んだほうがより実感できると思います。

　また、これから大学で微分積分を勉強する学生の方々には、高校数学から大学数学への橋渡しとしても使えるように配慮しました。

　第1章から第4章までは主に微分を扱い、第5、6章で積分を扱います。第7、8章では大学レベルの偏微分や重積分、微分方程式までを解説しています。楽しんで学んでください。本書が読者の皆さんにとって、数学と親しむ良い機会となれば幸いです。

目次

第3章　三角関数・指数関数・対数関数

第4章　微分の応用

第5章　積分の基礎のキソ

第8章　微分方程式

微分の基礎のキソ

1-1 関数とは何か

関数は「箱」から出た数

　自動販売機は、お金を入れてボタンを押すと商品が出てきますね。そんな自動販売機のような「箱」を想像してみましょう。この「箱」に何か数を入れると、なかでなにやらフクザツな機械が動いてその数を加工し、べつの数が1つポンとでてきます。

　この「箱」にいくつか数を入れてみたところ、次のような結果になりました。

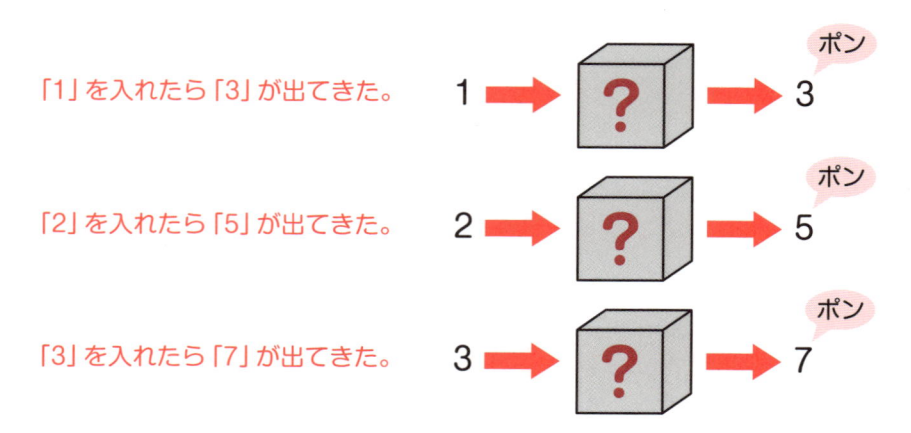

「1」を入れたら「3」が出てきた。　1 → ? → ポン 3

「2」を入れたら「5」が出てきた。　2 → ? → ポン 5

「3」を入れたら「7」が出てきた。　3 → ? → ポン 7

　この「箱」が、入力した数をどんなふうに加工しているか、わかりますか？

え～と…もしかして、入力した数を 2 倍して 1 を足している？

　ご名答！この「箱」のように、ある数 x を入力すると、その数に何らかの加工をして y を出力する装置があるとき、出力された数 y を、入力した数 x の関数といいます。

> ある装置に x を入力すると、それに応じた数 y が出力されるとき、y を「x の関数」という。

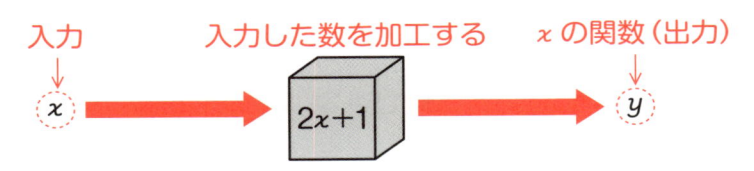

入力　　　入力した数を加工する　　　x の関数（出力）

x　　　　$2x+1$　　　　y

　ちなみに「関数」という漢字は、むかしは「函数」と書きました。この「函」という文字には「箱」という意味があるんですよ。

「函館」のハコと同じですね。

関数を数式で表す

　x の関数は「$f(x)$」という記号で表すことがよくあります。f は function（英語で「関数」という意味）の略で、そのうしろのカッコの中に入力する数 x を入れ、「$f(x)$」が関数名になります。実際には f 以外の文字を使ってもいいので、場合によって「$g(x)$」「$F(x)$」「$\Phi(x)$」といった記号が使われることもあります。

　「関数 $f(x)$ に x を入力すると y が出力される」ということを、数式では

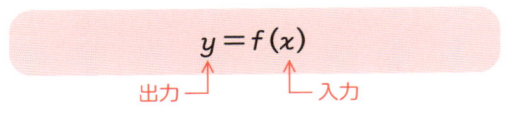

$$y = f(x)$$

出力　　　入力

のように表します。また、この $f(x)$ が「入力した数を2倍して1を足す」関数なら、この関数は

$$f(x) = 2x + 1$$

関数名 ┘ └ 関数の内容

あるいは

$$y = 2x + 1$$

出力 ┘ └ 関数の内容

のように表すこともできます。

独立変数と従属変数

$f(x)$ の x の部分は、実際の数で置き換えることができます。たとえば、関数 $f(x) = 2x + 1$ に1を入力すると、出力は3です。これを数式で表すと、

$$f(1) = 3$$

入力 ┘ └ 出力

となります。x と y は、このように様々な数に置き換えることができるので変数と呼ばれます。

変数 x に置き換える数は自由に決めることができますが、変数 y の値は変数 x の値が決まると自動的に決まってしまうことに注意しましょう。そのため、x を独立変数、y を従属変数といいます。

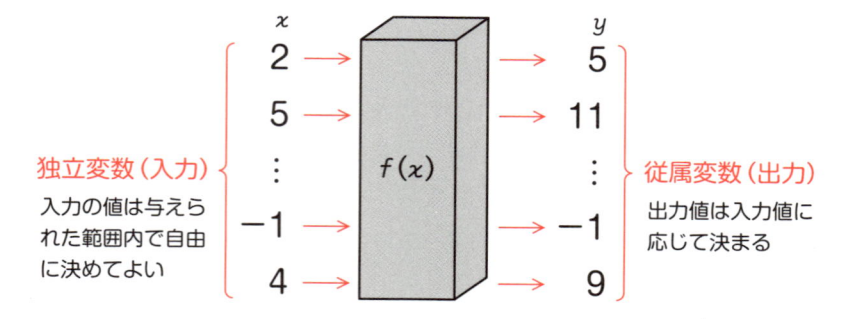

独立変数（入力）
入力の値は与えられた範囲内で自由に決めてよい

従属変数（出力）
出力値は入力値に応じて決まる

関数 $f(x)$ に入力することができる値の範囲（独立変数 x のとりうる範囲）を定義域といい、関数 $f(x)$ の出力値の範囲（従属変数 y のとりうる範囲）を値域といいます。

関数のグラフを描こう

関数 $f(x)$ に値 a を入力したときの出力を $y = f(a)$ とし、xy 平面上の座標 $(a, f(a))$ 上に点を描きます。この作業を a のとりうるすべての値でおこなうと、点がつながって線になり、関数 $f(x)$ の**グラフ**となります。

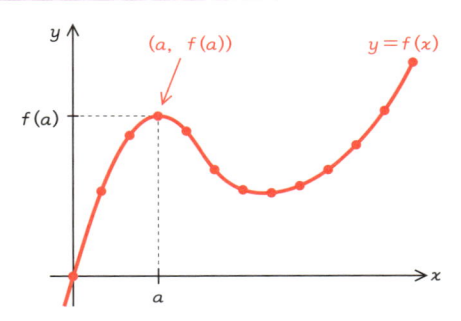

関数 $f(x)$ のグラフは、変数 x の値に応じた変数 y の変化の様子を、視覚的に表します。以下に、関数のグラフの例をいくつかみてみましょう。

例題1 $f(x) = 2x + 1$ のグラフを描こう。

関数 $f(x) = 2x + 1$ のグラフを描いてみましょう。$x = 0$、$x = 2$ のときの $y = f(x)$ の値をそれぞれ求めると、

$$f(0) = 2 \times 0 + 1 = 1$$
$$f(2) = 2 \times 2 + 1 = 5$$

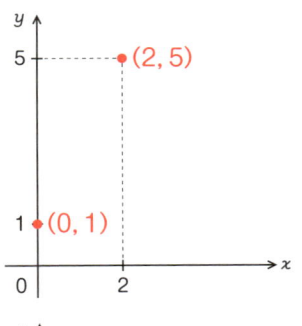

となるので、グラフは点 $(0, 1)$、$(2, 5)$ を通ることがわかります。

この2点を結ぶと、右図のような直線が描けます。このように、グラフが直線になる関数をとくに**1次関数**といいます。

1次関数のグラフは直線なので、直線上の2点の座標がわかれば描くことができます。

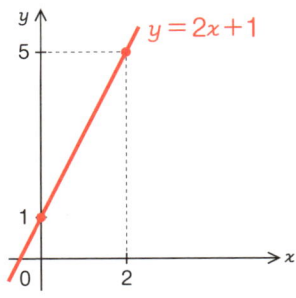

グラフが直線になるグラフを 1次関数 という。

例題2 $f(x) = x^2$ のグラフを描こう。

今度は、関数 $y = x^2$ のグラフを考えます。たとえば、$x = 0$、$x = 1$、$x = 2$ のときの y の値をそれぞれ求めると、

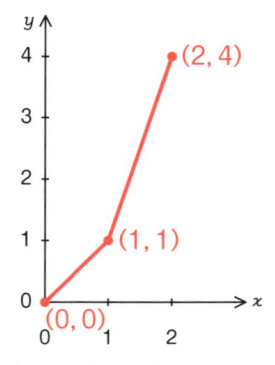

$$f(0) = 0^2 = 0$$
$$f(1) = 1^2 = 1$$
$$f(2) = 2^2 = 4$$

となるので、この関数のグラフは点 $(0,\ 0)$、$(1,\ 1)$、$(2,\ 4)$ を通ります。

この3点を結んだ線は直線にはなりません。もう少し細かく調べて、各点をむすんでみましょう。

x	y
− 2.5	6.25
− 2	4
− 1.5	2.25
− 1	1
− 0.5	0.25
0	0
0.5	0.25
1	1
1.5	2.25
2	4
2.5	6.25

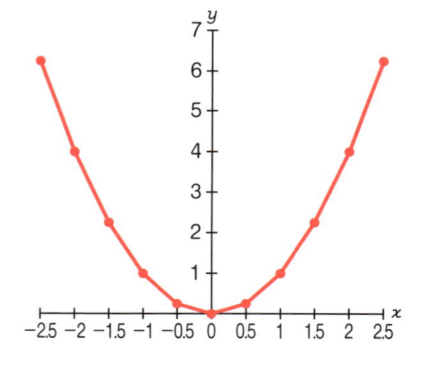

$y = x^2$ のグラフは、上の図のような放物線になることがわかります。このように、グラフが放物線になる関数を **2次関数** といいます。

> グラフが放物線になるグラフを **2次関数** という。

2次関数についてはまた後で説明するので、いまは1次関数についてもう少し詳しくみていきましょう。

14

1 次関数の傾き

例題 1 でみたように、1 次関数のグラフは平面を斜めに横切る直線になります。この直線の傾斜の度合いを**傾き**といいます。

傾きは、「x の増加分に対する y の変化量の割合」で求めます。たとえば、点（1，4）と点（3，8）の 2 点を通る直線があるとしましょう。

x が 1 から 3 に増えるのに対し、y は 4 から 8 に増えるので、傾きは次のように求められます。

$$傾き = \frac{y \text{ の変化量}}{x \text{ の増加分}}$$

$$= \frac{8-4}{3-1} = \frac{4}{2} = 2$$

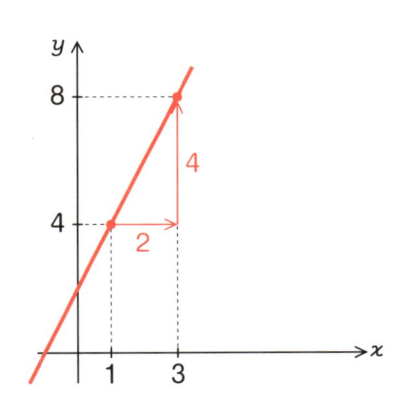

つまり、この直線の傾きは「2」であることがわかります。この「2」を分子が 2、分母が 1 の分数として考えると、

$$傾き = \frac{2}{1} \quad \begin{matrix} \leftarrow y \text{ の変化量} \\ \leftarrow x \text{ の増加分} \end{matrix}$$

ですから、「x が 1 増加すると、y が 2 増加する」という意味になります。つまり傾きとは、「x が 1 増加したときの y の変化量」を表します。

> **傾き**とは、「x が 1 増加したときの y の変化量」である。

傾きの値が大きいほど、直線のグラフの傾斜は急になります。これは、x が 1 増加したときの y の変化量が大きいほど、傾斜が急になるためです。

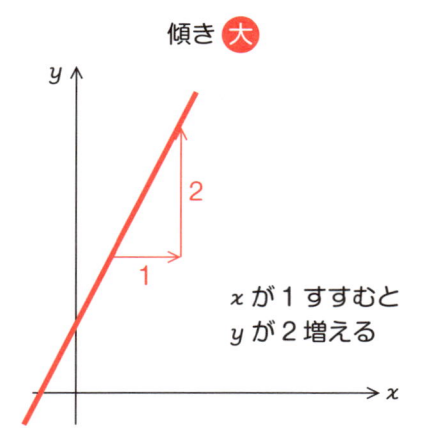

傾き 大

x が 1 すすむと
y が 2 増える

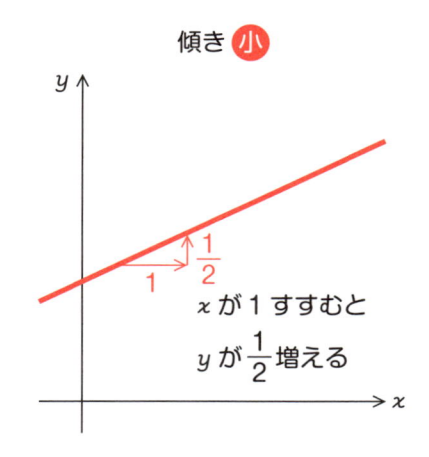

傾き 小

x が 1 すすむと
y が $\frac{1}{2}$ 増える

x が増えると、y が減少する場合はどうなりますか？

　x が増加したとき、y が減少する場合は、傾きがマイナスの値になります。たとえば点（1，5）と点（3，3）の 2 点を通る直線があるとしましょう。x が 1 から 3 に増えるのに対し、y は 5 から 3 に減少しているので、傾きは次のように求められます。

$$傾き = \frac{y \text{ の変化量}}{x \text{ の増加分}}$$

$$= \frac{3-5}{3-1} = \frac{-2}{2} = -1$$

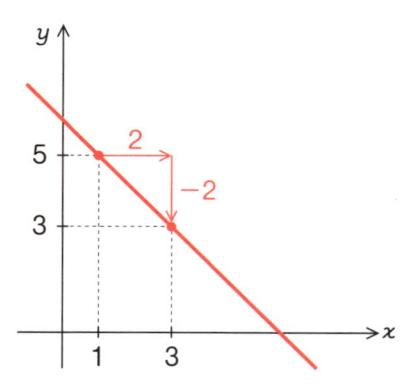

このように、傾きがマイナスの場合、直線は右下がりになります。

傾きと y 切片

1次関数は、$y = 2x + 1$ のように、一般に「$y = ax + b$」のような形をしています（a、b は定数）。a は直線の傾き、b は直線と y 軸との交点の y の値（y 切片）を表します。

$$y = ax + b$$

直線の傾き ↑　　↑ y 切片

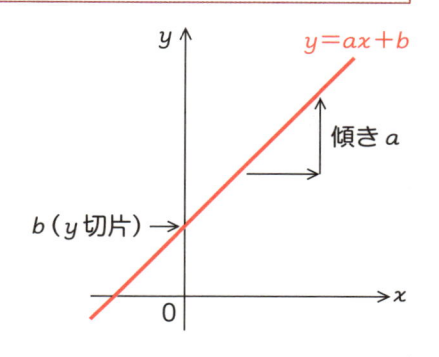

また、傾きが a で、点 (x_1, y_1) を通る直線は、次の式で表せます。

$$y = a(x - x_1) + y_1$$

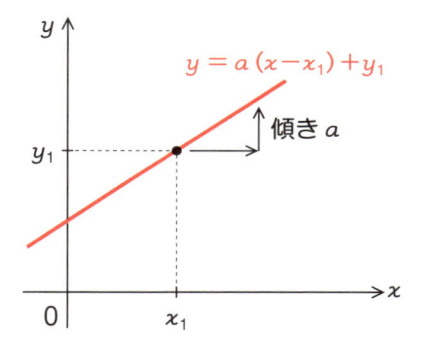

例題3 傾きが2で、点 $(3, 5)$ を通る直線の式を求めなさい。

解　$y = a(x - x_1) + y_1$ の式に、$a = 2$、$(x_1, y_1) = (3, 5)$ を代入します。

$$y = 2(x - 3) + 5 = 2x - 6 + 5 = 2x - 1$$
$$y = 2x - 1 \quad \cdots \text{（答）}$$

まとめ

- ある数 x を入力すると、それに応じてある数 y が出力されるとき、y を x の**関数**という。
- 1次関数 $y = ax + b$ の a は直線の**傾き**を、b は y 軸との交点の y 座標（y 切片）を表す。

1-2 微分とは何か

微分は高校数学で習いますが、基本的な考え方は小学校の算数だけでもわかるんですよ。

本当ですか？！　ぜひ教えてください。

速度と傾き

それでは、ごく基本的なところからはじめましょう。

A君は、自宅から60キロメートル離れた公園までサイクリングに行く計画を立てています。自宅をスタートしてから4時間で公園に到着するには、時速何キロで走ればよいでしょうか？

えーと、速さは「距離÷時間」だから、$60 \div 4 = 15$。時速15キロメートルです。

正解です。横軸に時間 t、縦軸に距離 x をとって、すすんだ距離をグラフにしてみましょう。スタート時 $(t = 0)$ の距離はゼロ、4時間後 $(t = 4)$ にすすんだ距離は60なので、グラフは点 $(0, 0)$ と点 $(4, 60)$ を通ります。この2点を結ぶと、右図のような直線のグラフになります。

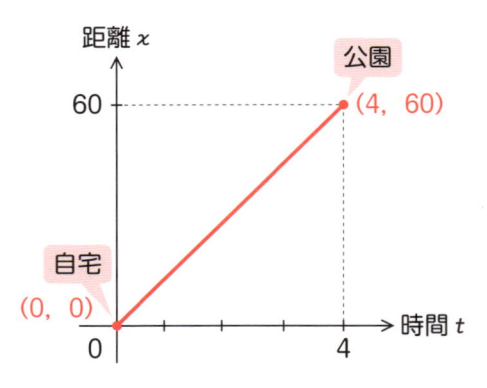

このグラフの傾きを求めてみましょう（横軸が t、縦軸が x なのに注意してください）。

　点（0, 0）と（4, 60）を通る直線なので、

$$傾き = \frac{x \text{ の変化量}}{t \text{ の増加分}} = \frac{60-0}{4-0} = \frac{60}{4} = 15$$

です。

　よくできました！　傾きとは、横軸が1増えたときの縦軸の変化量でしたね。このグラフは横軸が時間 t、縦軸がすすむ距離 x ですから、グラフの傾きは「時間が1増えたときにすすむ距離」を表しています。「時間が1増えたときにすすむ距離」を別の言葉で言い換えると……

　時速？

　そのとおりです。傾きと時速は、どちらも「15」で一致していますね。このように、グラフの傾きは、一般に縦軸にとった数値が変化する速度を表します。

> グラフの傾きは、縦軸にとった数値の変化する速度を表す。

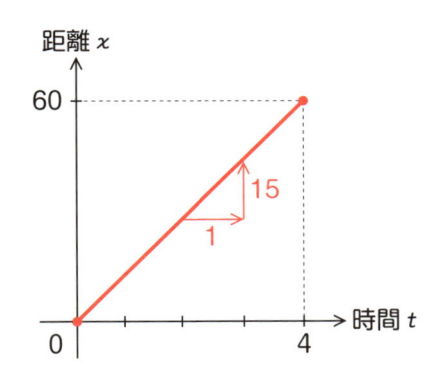

グラフの傾きは速度を表す

$$グラフの傾き = \frac{x \text{ の変化量}}{t \text{ の増加分}}$$

$$速度 = \frac{\text{すすんだ距離}}{\text{かかった時間}} = \frac{x \text{ の変化量}}{t \text{ の増加分}}$$

微分とは傾きのこと

　自宅から公園まで、時速 15 キロメートルで走った場合のグラフを例として出しましたが、現実には自宅から公園までずっと同じ速度で走ることは不可能です。実際の時間と距離のグラフは、たとえば次のような曲線になると考えられます。

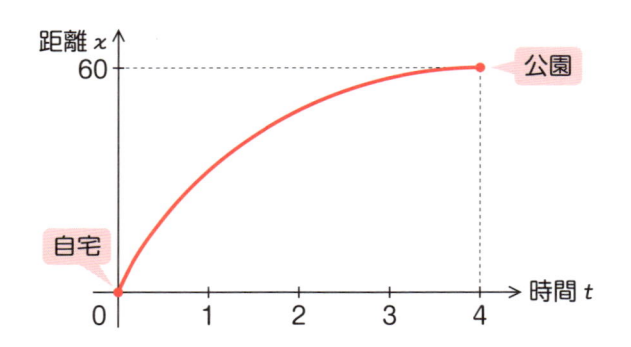

　直線のグラフと比べると、出発してから 4 時間後に公園に到着することは同じですが、グラフの傾きは場所によって急なところと、なだらかなところがあります。これは、走る速度が途中で変化しているからですね。

　この場合、「時速 15 キロメートル」というのは、あくまでも出発からゴールまでの平均の速度（平均変化率）なんですね。

途中で速くなったり遅くなったりするけど、ならせば時速 15 キロメートルになるということですね。

　そういうことです。さて、このように絶えず速度が変化している場合、ある時刻での「いまこの瞬間の速度」は、どのように求めればよいでしょうか？　たとえば、$t = 3$ のときの速度について考えてみましょう。

　速度とはグラフの傾きですから、ある点における瞬間の速度を求めるには、その点におけるグラフの傾きを求めます。

あれ？　でも、$t=3$ の点は１つしかないですよね。どうやって傾きを求めればいいんだろう？

　そこなんです。グラフの傾きは２点間の変化の度合いですから、グラフ上の点が２つないと求められません。

　そこで、とりあえず $t = 3$ 上と、3 から Δt だけ離れた $t = 3 + \Delta t$ 上に点をとってみましょう。

　また、時刻 $t = 3$ のときの距離を、記号 $f(3)$ で表すことにします。すると時刻 $t = 3 + \Delta t$ のときの距離は、同様に記号 $f(3 + \Delta t)$ と書けます。$f(3 + \Delta t)$ と $f(3)$ との差を Δx とします。

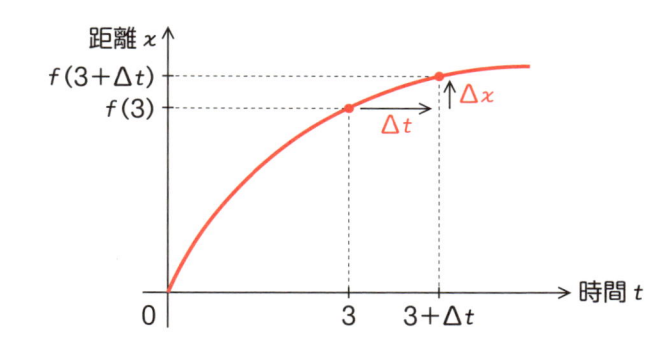

　「Δt」ってどういう意味ですか？

　Δ は「デルタ」と読みます。Δt は、「t の値をちょびっとだけ増やした量」と考えてください。実際の値がいくつかを考える必要はありません。

　これでグラフ上に２点がとれたので、傾きを求めることができます。時刻を $t = 3$ から Δt だけすすめると、距離 x は Δx だけ変化します。このグラフの傾きを求める式は、

$$\text{傾き} = \frac{\Delta x}{\Delta t}$$
$$= \frac{f(3+\Delta t) - f(3)}{\Delta t}$$

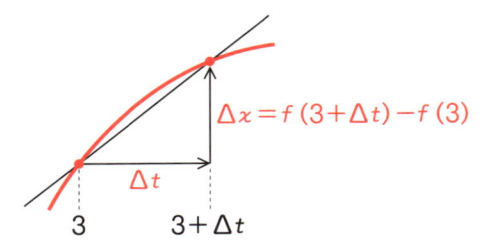

と書けます。

この傾きの値が、$t=3$における瞬間の速度になるんですか？

　いいえ、まだです。上の図をみるとわかるとおり、いま求めたグラフの傾きは、あくまでも $t=3$ から $t=3+\Delta t$ までの「平均の速度」です。速度は $t=3$ から Δt 経過するあいだも変化しているので、$t=3$ における「瞬間の速度」とはいえません。

　そこで、Δt をもっと小さくしてみます。

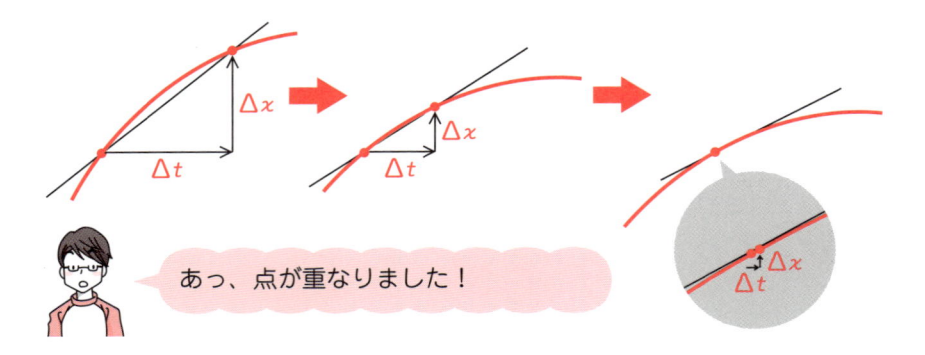

あっ、点が重なりました！

　そうなんです。Δt をどんどん小さくしていくと、2点がどんどん近づいていき、1点に重なります。

Δt はゼロにしたらだめなんですか？

　Δt をゼロにしてしまうと、傾きが計算できなくなってしまうので、

ゼロにはできません。でも、「それってもうゼロじゃん！」というくらい、限りなくゼロに近い値にします。数学では、このことを次のような記号を使って書きます。

「lim」はlimitの略で、「極限」という意味。「$\Delta t \to 0$」は「Δtを無限にゼロに近づける」という意味です。

$$傾き = \lim_{\Delta t \to 0} \frac{f(3+\Delta t) - f(3)}{\Delta t}$$

└─ 無限に0に近づける

　この値は、やはり $t = 3$ から Δt が経過するあいだの速度を表します。ただし、Δt は限りなくゼロに近いので、$t = 3$ になった瞬間の速度といってかまいません。

　この値の計算を「微分」といいます。速度＝傾きですから、微分とはある曲線の瞬間の傾きを求める計算のことです。

> 微分とは、曲線の瞬間の傾きを求めること。

まとめ
- 微分とは、関数 $f(x)$ のグラフ上のある点における瞬間の傾きを求めること。

1-3 導関数とは

微分の考え方がわかったところで、実際に微分の計算をしてみましょうか。

高校で微分の公式を習いましたけど、もうすっかり忘れてしまいました（泣）。

微分を計算してみよう

右図のようなグラフを例に、実際に微分の計算を行ってみましょう。まだ公式は使わないので、だいじょうぶですよ。

これは $f(x) = x^2$ のグラフですね。

そのとおりです。14ページのグラフは少しカクカクしていましたが、精密なグラフは図のような滑らかな曲線になります。

このグラフの $x = a$ の点における傾きを求めてみましょう。先ほど説明したとおりにやってみますね。まず、グラフ上の $x = a$ と $a + \Delta x$ のところに点をとります。$y = f(x)$ とすると、2点の座標はそれぞれ $(a,\ f(a))$ と $(a + \Delta x,\ f(a + \Delta x))$ になりますね。

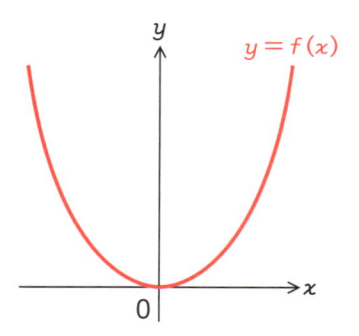

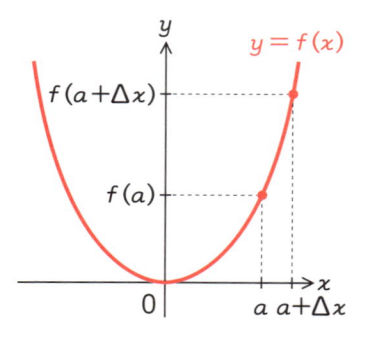

この2点 $(a, f(a))$ と $(a + \Delta x, f(a + \Delta x))$ を通る直線の傾きは、次のようになります。

$$傾き = \frac{f(a + \Delta x) - f(a)}{\Delta x}$$

瞬間の傾きを求めるには、Δx を限りなく0に近づける必要があります。しかし、この段階で Δx を0に近づけてしまうと、分母が0になってしまい、うまく計算できません。そこで $f(x) = x^2$ より、

$$\frac{f(a + \Delta x) - f(a)}{\Delta x} = \frac{(a + \Delta x)^2 - a^2}{\Delta x} = \frac{a^2 + 2a\Delta x + \Delta x^2 - a^2}{\Delta x}$$
$$= 2a + \Delta x$$

すると、傾きは $2a + \Delta x$ となります。分母の Δx が消えたので、Δx を0に近づけることができます。Δx を限りなく0に近づけると、この値は限りなく $2a$ に近づきます。

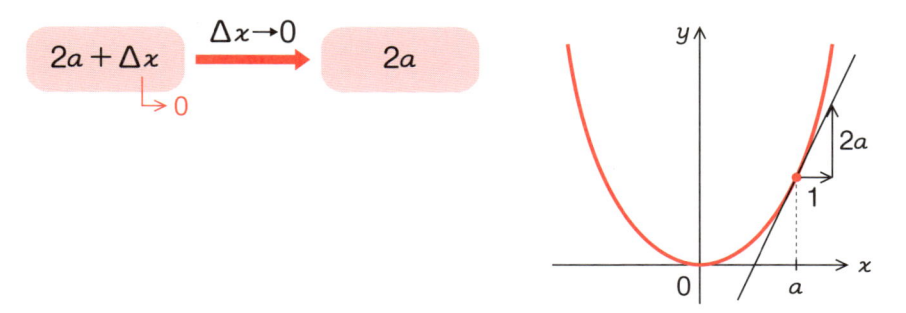

いまやったのは、関数 $f(x) = x^2$ の $x = a$ における微分で、値 $2a$ は関数 $f(x) = x^2$ の $x = a$ における瞬間の傾きを表します。この値を、関数 $f(x) = x^2$ の $x = a$ における微分係数といいます。

> 曲線 $y = f(x)$ の $x = a$ における傾きを、$f(x)$ の $x = a$ における微分係数という。

関数 $f(x)$ の $x = a$ における微分係数を、一般に $f'(a)$ と書きます（「f'」は「エフダッシュ」ではなく「エフプライム」と読みます）。

　微分係数 $f'(a)$ を求める式は、23ページの傾きを求める式を使って、次のように書けます。

$$f'(a) = \lim_{\Delta x \to 0} \frac{f(a + \Delta x) - f(a)}{\Delta x}$$

微分係数と接線

　微分係数 $f'(a)$ を、「曲線 $y = f(x)$ の $x = a$ における傾き」と説明しましたが、このことについて、もう少し説明しましょう。

　曲線 $y = f(x)$ の $x = a$ の付近を、どんどん拡大していきます。すると、当初は曲線に見えていたものが、だんだん直線と区別がつかなくなってきます。地球は本当は丸いのに、あまりにも巨大なので平らにみえるのと同じです。

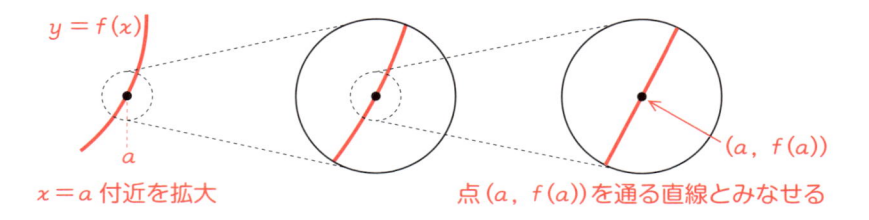

$x = a$ 付近を拡大　　　点 $(a, f(a))$ を通る直線とみなせる

　この直線の傾きが、微分係数 $f'(a)$ です。この直線は、傾きが $f'(a)$ で、点 $(a, f(a))$ を通る直線ですから、

$$y = f'(a)(x - a) + f(a)$$

と書けます（17ページ）。

　拡大率を通常に戻せば、この直線は曲線 $y = f(x)$ と $x = a$ で接する直線になります。この直線を接線といいます。

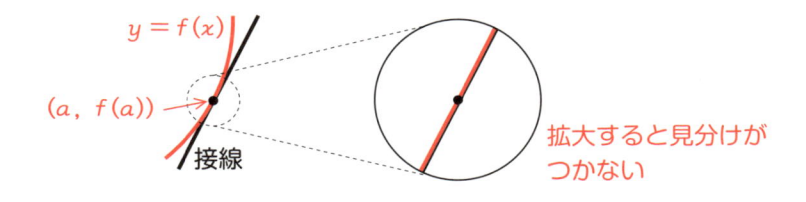
接線

拡大すると見分けが
つかない

$y = f(x)$

$(a, f(a))$

接線は、$x = a$ 付近において、局所的に曲線 $y = f(x)$ とみなすことができる直線です。また、微分係数 $f'(a)$ は、曲線 $y = f(x)$ の $x = a$ における「接線の傾き」ということもできます。

導関数

先ほどは、関数 $f(x) = x^2$ の $x = a$ における微分係数を求め、$f'(a) = 2a$ を得ました。この「a」はあくまで仮の文字なので、様々な値を当てはめて、実際の値を得ることができます。

たとえば、a が 1 なら $f'(1) = 2$、a が 2 なら $f'(2) = 4$ になります。このように、a を入力すると対応する $f'(a)$ が出力されるのですから、$f'(a)$ はまぎれもなく a の関数です。

a を入力すると、
$2a$ が出力される。

a → $f'(a)$ → $2a$

この関数を導関数といいます。微分係数を求める式は、

$$f'(a) = \lim_{\Delta x \to 0} \frac{f(a + \Delta x) - f(a)}{\Delta x}$$

でしたが、この式の文字 a を x に置き換えれば、関数 $f(x)$ の導関数 $f'(x)$ が得られます。

導関数の定義

$$f'(x) = \lim_{\Delta x \to 0} \frac{f(x + \Delta x) - f(x)}{\Delta x}$$

関数 $f(x) = x^2$ の $x = a$ における微分係数は、$f'(a) = 2a$ でした。したがって、関数 $f(x) = x^2$ の導関数は、

$$f'(x) = 2x$$

となります。

　一般に、$x = a$ における微分係数は、導関数 $f'(x)$ に a を入力すれば計算できますから、関数 $f(x)$ を微分するとは、$f(x)$ の導関数 $f'(x)$ を求めることをいいます。

関数 $f(x)$ の導関数 $f'(x)$ を求めることを、$f(x)$ を微分するという。

微分記号について

　微分を表す記号としては、導関数を表す $f'(x)$ のほかに、

$$y' \qquad \frac{dy}{dx} \qquad \frac{d}{dx} f(x)$$

といった記号もよく使われます。

　y' は、関数 $y = f(x)$ の導関数という意味です。また、関数 $y = f(x)$ の導関数を

$$f'(x) = \lim_{\Delta x \to 0} \frac{f(x + \Delta x) - f(x)}{\Delta x}$$

とすると、分子の「$f(x + \Delta x) - f(x)$」は、縦軸 y の変化量を表すので、単に「Δy」と書けます。Δx を限りなくゼロに近づけると、Δx や Δy は非常に微小な値になります。これを「dx」「dy」という記号で表し、

$$f'(x) = \lim_{\Delta x \to 0} \frac{\Delta y}{\Delta x} = \frac{dy}{dx}$$

この「$\frac{dy}{dx}$」を「ディーワイディーエックス」と読み、「$y = f(x)$ に関する x の微分」を表す記号とします。

「$\frac{dy}{dx}$」を分数としてみれば「微小な x の増加（dx）に対する y の変化量（dy）」を表し、グラフの接線の傾きを表しているものと考えることができます。

> $\frac{dy}{dx}$ は、関数 y を x で微分するという意味

また、この記号の「$\frac{d}{dx}$」の部分は「〜を x で微分する」という意味をもつので、「関数 $f(x)$ を x で微分する」を

$$\frac{d}{dx} f(x)$$

のように書くことがあります。

例：$\frac{d}{dx}(x^2)$ ←── 関数 $f(x) = x^2$ を x で微分

まとめ
- 関数 $f(x)$ の $x = a$ における瞬間の傾きを微分係数という。
- 関数 $f(x)$ の $x = a$ おける微分係数 $f'(a)$ を a の関数とみなして、a を x に置き換えたものを導関数 $f'(x)$ という。

$$f'(x) = \lim_{\Delta x \to 0} \frac{y(x + \Delta x) - f(x)}{\Delta x}$$

- 関数 $y = f(x)$ の導関数を「$f'(x)$」「y'」「$\frac{dy}{dx}$」「$\frac{d}{dx} f(x)$」のように表す。

1-4 微分の基本公式①

いろいろな関数の導関数を求めるために、微分の基本的な公式を覚えましょう。

高校の数学っぽくなってきましたね。

■ 微分の基本公式

導関数を求めるには、前節の導関数の定義式

$$f'(x) = \lim_{\Delta x \to 0} \frac{f(x + \Delta x) - f(x)}{\Delta x}$$

に、実際の式を当てはめて計算すればよいのですが、いちいち計算する手間を省くために、便利な公式がいくつか用意されています。ここでは、そのうち最も基本的な4つの公式を説明します。

┌─ 微分の基本公式 ┄┄┄┄┄┄┄┄┄┄┄┄┄┄┄┄┄┄┄┄┄
│
│ ①x^n の微分： $\qquad y' = nx^{n-1}$
│
│ ②k の微分： $\qquad y' = 0$ ※k は定数
│
│ ③$kf(x)$ の微分： $\qquad y' = kf'(x)$ ※k は定数
│
│ ④$f(x) \pm g(x)$ の微分：$y' = f'(x) \pm g'(x)$
└┄┄┄┄┄┄┄┄┄┄┄┄┄┄┄┄┄┄┄┄┄┄┄┄┄┄┄┄┄┄┄┄

x^n の微分

「x の n 乗」の微分は、「n 掛ける x の $n-1$ 乗」になります。たとえば $f(x) = x^3$ の微分は、「3 掛ける x の 2 乗」なので $3x^2$、$f(x) = x^6$ の微分は、「6 掛ける x の 5 乗」なので $6x^5$ となります。

例：x^3 の微分：$(x^3)' = 3x^2$　　x^6 の微分：$(x^6)' = 6x^5$

なぜこうなるのか考えてみましょう。$f(x) = x^n$ の導関数は、定義式を使えば次のように表すことができますね。

$$f'(x) = \lim_{\Delta x \to 0} \frac{(x + \Delta x)^n - x^n}{\Delta x} \quad \cdots ① \quad \leftarrow \text{微分の定義式}$$

この式に含まれる $(x + \Delta x)^n$ は、「二項定理」という定理を使うと次のように展開できます。

$$(x + \Delta x)^n = x^n + {}_nC_1 x^{n-1} \Delta x + {}_nC_2 x^{n-2} (\Delta x)^2 + \cdots + {}_nC_{n-1} x (\Delta x)^{n-1} + (\Delta x)^n$$

この式を式①に代入すると、次のようになります。

memo
記号「${}_nC_r$」は、「n 個の中から r 個とる組合せの数」を表します。

二項定理を適用

$$
\begin{aligned}
f'(x) &= \lim_{\Delta x \to 0} \frac{(x + \Delta x)^n - x^n}{\Delta x} \\
&= \lim_{\Delta x \to 0} \frac{(x^n + {}_nC_1 x^{n-1}\Delta x + {}_nC_2 x^{n-2}(\Delta x)^2 + \cdots + {}_nC_{n-1}x(\Delta x)^{n-1} + (\Delta x)^n) - x^n}{\Delta x} \\
&= \lim_{\Delta x \to 0} ({}_nC_1 x^{n-1} + {}_nC_2 x^{n-2}\Delta x + \cdots + {}_nC_{n-1}x(\Delta x)^{n-2} + (\Delta x)^{n-1})
\end{aligned}
$$

Δx を含む項

Δx を 0 に近づけると、Δx を含む項はすべて 0 になるので、

$$= {}_nC_1 x^{n-1}$$

${}_nC_1 = n$（n 個の中から 1 個とる組合せは n 通り）ですから、

$$= nx^{n-1}$$

となります。

定数 k の微分

　定数の微分は、定数がどんな値でも 0 になります。$y = k$（k は定数）のグラフは、図のように x 軸と平行な直線になりますね。y 方向の変化がないので、このグラフの傾きは常に 0 になります。

例：$(10)' = 0$　　$(-5)' = 0$

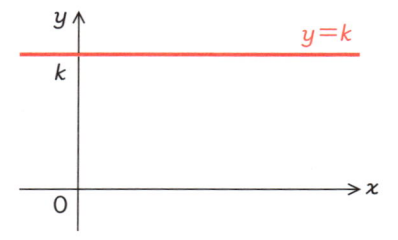

$kf(x)$ の微分

　関数 $f(x)$ の k 倍（k は定数）の微分は、$f'(x)$ の k 倍と等しくなります。

例：$(2x^3)' = 2(x^3)' = 2(3x^2) = 6x^2$

この公式は、次のように確認できます。

$$\begin{aligned}
\{kf(x)\}' &= \lim_{\Delta x \to 0} \frac{kf(x + \Delta x) - kf(x)}{\Delta x} \\
&= \lim_{\Delta x \to 0} k \frac{f(x + \Delta x) - f(x)}{\Delta x} \\
&= k \left(\lim_{\Delta x \to 0} \frac{f(x + \Delta x) - f(x)}{\Delta x} \right) \\
&= kf'(x) \qquad {\color{red}\hookrightarrow f'(x)}
\end{aligned}$$

$f(x) \pm g(x)$ の微分

関数が複数の項の和（差）である場合には、各項ごとに微分すればよいという公式です。

$$例：(x^3 + x^2)' = (x^3)' + (x^2)' = 3x^2 + 2x$$

この公式も、導関数の定義から次のように確認できます。

$$
\begin{aligned}
\{f(x) + g(x)\}' &= \lim_{\Delta x \to 0} \frac{\{f(x + \Delta x) + g(x + \Delta x)\} - \{f(x) + g(x)\}}{\Delta x} \\
&= \lim_{\Delta x \to 0} \frac{\{f(x + \Delta x) - f(x)\} + \{g(x + \Delta x) - g(x)\}}{\Delta x} \\
&= \lim_{\Delta x \to 0} \frac{f(x + \Delta x) - f(x)}{\Delta x} + \lim_{\Delta x \to 0} \frac{g(x + \Delta x) - g(x)}{\Delta x} \\
&= f'(x) + g'(x)
\end{aligned}
$$

多項式の微分

以上の基本公式を使うと、たとえば「$5x^3 - 3x^2 + 8x - 10$」のような多項式の微分ができるようになります。

$$
\begin{aligned}
(5x^3 - 3x^2 &+ 8x - 10)' \\
&= (5x^3)' - (3x^2)' + (8x)' - (10)' \quad \leftarrow 公式④ \\
&= 5(x^3)' - 3(x^2)' + 8(x)' - (10)' \quad \leftarrow 公式③ \\
&= 5 \cdot 3x^2 - 3 \cdot 2x + 8 \cdot 1 - 0 \quad \leftarrow 公式①② \\
&= 15x^2 - 6x + 8
\end{aligned}
$$

このような多項式の微分は、慣れれば次のように機械的に計算できます。

$$5x^3 - 3x^2 + 8x^1 - 10 \quad \leftarrow 定数の微分はゼロ$$

$$15x^2 - 6x + 8$$

では練習として、次の計算をやってみてください。

例題1 $x^3 - 15x^2 + 75x - 25$ を微分しなさい。

解 多項式は、項ごとに微分します。たとえば「x^3」の微分は、まず係数の1とx^3の3を掛けた1×3が係数、3から1を引いた2が乗数になるので、「$3x^2$」となります。以下、同様に計算すると、

$$\begin{array}{cccc} \overset{1\times3}{\overbrace{}} & \overset{15\times2}{\overbrace{}} & \overset{75\times1}{\overbrace{}} & \overset{0}{} \\ 1 \cdot x^3 & - \; 15x^2 & + \; 75x^1 & - \; \cancel{25} \\ \downarrow & \downarrow & \downarrow & \\ 3x^2 & -\; 30x & +\; 75 & \end{array}$$

以上から、「$3x^2 - 30x + 75$」となります。… （答）

 高校の数学でやったなあ。

微分の計算には慣れが必要ですが、「微分は傾きである」ということを忘れないでくださいね。でないと、微分がただ機械的な計算をする作業になってしまいます。

たとえば、この例題の関数 $y = x^3 - 15x^2 + 75x - 25$ のグラフは右図のようになります。このグラフの $x = 10$ における傾きは、$f'(x) = 3x^2 - 30x + 75$ より、

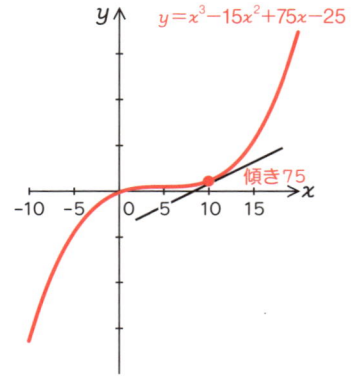

$$f'(10) = 3 \cdot 10^2 - 30 \cdot 10 + 75$$
$$= 75$$

と計算できます。

まとめ ・多項式の微分は、機械的に計算できるように慣れておこう。

1-5 微分の基本公式②

前節の公式に加えて、もっと複雑な関数を微分するために使う微分計算の「技」を紹介します。

公式って、「技」なんですね…。

積の微分公式

最初にマスターするのは、次の公式です。

> **積の微分公式**
>
> $f(x)g(x)$ の微分：$y' = f'(x)g(x) + f(x)g'(x)$
>
> 微分×そのまま　　そのまま×微分

例題1 $y = (x - 1)(5x^2 - 3)$ の微分

この関数は、右辺を展開すれば、

$$y = (x - 1)(5x^2 - 3) = 5x^3 - 5x^2 - 3x + 3$$

となるので、前節の微分公式を使って

$$y' = 15x^2 - 10x - 3$$

のように微分することができます。しかし、$f(x) = x - 1$、$g(x) = 5x^2 - 3$ として積の微分公式を使うと、

$$y' = (x - 1)'(5x^2 - 3) + (x - 1)(5x^2 - 3)' \quad \leftarrow 積の微分公式$$
$$= 1 \cdot (5x^2 - 3) + (x - 1) \cdot 10x$$

$$= 5x^2 - 3 + 10x^2 - 10x$$

$$= 15x^2 - 10x - 3 \quad \cdots \text{(答)}$$

のように、式を展開せずに微分できちゃいます。

積の微分公式は、次のように導くことができます。

$$\{f(x)g(x)\}' = \lim_{\Delta x \to 0} \frac{f(x+\Delta x)g(x+\Delta x) - f(x)g(x)}{\Delta x} \quad \leftarrow \text{導関数の定義}$$
より

$$= \lim_{\Delta x \to 0} \frac{f(x+\Delta x)g(x+\Delta x) - f(x)g(x+\Delta x) + f(x)g(x+\Delta x) - f(x)g(x)}{\Delta x}$$

$$= \lim_{\Delta x \to 0} \frac{\{f(x+\Delta x) - f(x)\}g(x+\Delta x) + f(x)\{g(x+\Delta x) - g(x)\}}{\Delta x} \quad \leftarrow g(x+\Delta x) \text{と}$$
$f(x)$ でくくる

$$= \lim_{\Delta x \to 0} \left(\frac{f(x+\Delta x) - f(x)}{\Delta x} \cdot g(x+\Delta x) + f(x) \cdot \frac{g(x+\Delta x) - g(x)}{\Delta x} \right)$$
$$\downarrow f'(x) \qquad \downarrow 0\text{になる} \qquad \downarrow g'(x)$$

$$= f'(x)g(x) + f(x)g'(x)$$

商の微分公式

積の次は商の微分公式です。

商の微分公式

$$\frac{f(x)}{g(x)} \text{ の微分} : y' = \frac{f'(x)\,g(x) - f(x)\,g'(x)}{\{g(x)\}^2}$$

例題2 $y = \dfrac{x}{2x+1}$ の微分

$$y' = \frac{(x)'(2x+1) - x(2x+1)'}{(2x+1)^2} \quad \leftarrow \text{商の微分公式}$$

$$= \frac{1 \cdot (2x+1) - x \cdot 2}{(2x+1)^2} = \frac{2x+1-2x}{(2x+1)^2} = \frac{1}{(2x+1)^2} \quad \cdots \text{(答)}$$

$\dfrac{f(x)}{g(x)}$ の微分は、積の微分公式を使うと、次のように分解できます。

$$\left(\frac{f(x)}{g(x)}\right)' = \left(f(x) \cdot \frac{1}{g(x)}\right)' = f'(x) \cdot \frac{1}{g(x)} + f(x) \cdot \boxed{\left(\frac{1}{g(x)}\right)'}$$

← 積の微分
公式

上の式のうち、$\boxed{}$ で囲んだ部分は、微分の定義式を使って次のように変形できます。

$$\left(\frac{1}{g(x)}\right)' = \lim_{\Delta x \to 0} \frac{\frac{1}{g(x+\Delta x)} - \frac{1}{g(x)}}{\Delta x}$$ ← 導関数の定義より

$$= \lim_{\Delta x \to 0} \left(\frac{1}{g(x+\Delta x)\Delta x} - \frac{1}{g(x)\Delta x}\right)$$ ← 分母と分子を
Δx で割る

$$= \lim_{\Delta x \to 0} \frac{g(x) - g(x+\Delta x)}{g(x+\Delta x)g(x)\Delta x}$$ ← 通分する

$$= \lim_{\Delta x \to 0} \frac{g(x) - g(x+\Delta x)}{\Delta x} \cdot \frac{1}{g(x+\Delta x)g(x)}$$

$$= -\lim_{\Delta x \to 0} \frac{g(x+\Delta x) - g(x)}{\Delta x} \cdot \lim_{\Delta x \to 0} \frac{1}{g(x+\Delta x)g(x)}$$

→ $g'(x)$ → 0になる

$$= -\frac{g'(x)}{\{g(x)\}^2}$$

この式を、先ほどの $\boxed{}$ の部分に代入すると、次のように商の微分公式が導けます。

$$\left(\frac{f(x)}{g(x)}\right)' = f'(x) \cdot \frac{1}{g(x)} + f(x) \cdot \left(\frac{1}{g(x)}\right)'$$

$$= \frac{f'(x)}{g(x)} + f(x) \cdot -\frac{g'(x)}{\{g(x)\}^2}$$

$$= \frac{f'(x)g(x) - f(x)g'(x)}{\{g(x)\}^2}$$

合成関数の微分

合成関数とは、ある関数の出力を、さらに別の関数に入力することです。たとえば、関数 $g(x)$ の出力を関数 $f(x)$ に入力する場合は、次のようになります。

　上の操作は、数式では $y = f(g(x))$ のように書けます。このように、複数の関数を入れ子にしたものが合成関数です。

　合成関数の微分公式は次のようになります。

> **合成関数の微分**
> $f(g(x))$ の微分：$y' = f'(g(x)) \cdot g'(x)$

　簡単な例題で、合成関数の微分公式を確認してみましょう。

例題3 $y = (2x + 1)^3$ の微分

　$y = (2x + 1)^3$ は、展開すれば $y = 8x^3 + 12x^2 + 6x + 1$ ですから、これを微分すれば $y' = 24x^2 + 24x + 6$ となります。一方、$g(x) = 2x + 1$、$f(x) = x^3$ とすれば、$y = (2x + 1)^3$ は $y = f(g(x))$ となり、合成関数とみなせます。したがって、合成関数の微分公式に当てはめると、

$$y' = \underbrace{3(2x+1)^2}_{f'(g(x))} \cdot \underbrace{(2x+1)'}_{g'(x)} = 3(2x+1)^2 \cdot 2 = 6(2x+1)^2 \quad \cdots \text{（答）}$$

となります。$6(2x + 1)^2$ は展開すると $24x^2 + 24x + 6$ なので、一致していることがわかりますね。

> ### 合成関数の微分の考え方
>
> $$\underset{f(g(x))}{\{(2x+1)^3\}'} = 3\,\underset{f'(g(x))}{(2x+1)^2} \cdot \underset{g'(x)}{2}$$
>
> この部分を $g(x)$ とする
> $g(x)$ をひとかたまりとみなし、^{3} を微分
> $g(x)$ を微分

　合成関数の微分は、次のように導くことができます。導関数の定義式

より、

$$\{f(g(x))\}' = \lim_{\Delta x \to 0} \frac{f(g(x + \Delta x)) - f(g(x))}{\Delta x}$$

$$= \lim_{\Delta x \to 0} \left(\frac{f(g(x + \Delta x)) - f(g(x))}{g(x + \Delta x) - g(x)} \cdot \frac{g(x + \Delta x) - g(x)}{\Delta x} \right)$$

$$\underset{\longrightarrow g'(x)}{}$$

$$= \left(\lim_{\Delta x \to 0} \frac{f(g(x + \Delta x)) - f(g(x))}{g(x + \Delta x) - g(x)} \right) \cdot g'(x)$$

ここで、$g\,(x + \Delta x) - g\,(x) = \Delta z$ と置けば、$g\,(x + \Delta x) = g\,(x) + \Delta z$ です。また、$\Delta x \to 0$ のとき、$\Delta z = g\,(x + \Delta x) - g\,(x) \to 0$ となるので、

$$= \left(\lim_{\Delta z \to 0} \frac{f(g(x) + \Delta z)) - f(g(x))}{\Delta z} \right) \cdot g'(x)$$

$$\underset{\longrightarrow f'(g(x))}{}$$

$$= f'(g(x)) \cdot g'(x)$$

となります。

合成関数の微分は、この後でもよく出てくるので、しっかりと理解しておきましょう。

　次章では、この節で説明した公式を使って、いろいろな関数の微分について説明します。

まとめ　・積の微分、商の微分、合成関数の微分は重要なので、必ずマスターしよう。

グラフのおおまかな形を つかむ

「木を見て森を見ず」ということわざがありますが、微分は「木を見て森を描く」ための道具なんですよ。

ど、どういうことですか？！

増減表でグラフのイメージをつかむ

「木を見て森を見ず」は、物事の一部だけを見て全体を見失ってしまうことを言います。でも、微分は物事のごく一部から、全体を推測するのに役立ちます。

例として、微分を使ってグラフのおおまかな形をつかむ方法を説明しましょう。次の図は、$y = f(x)$ のグラフに、いくつか接線を書き込んだものです。

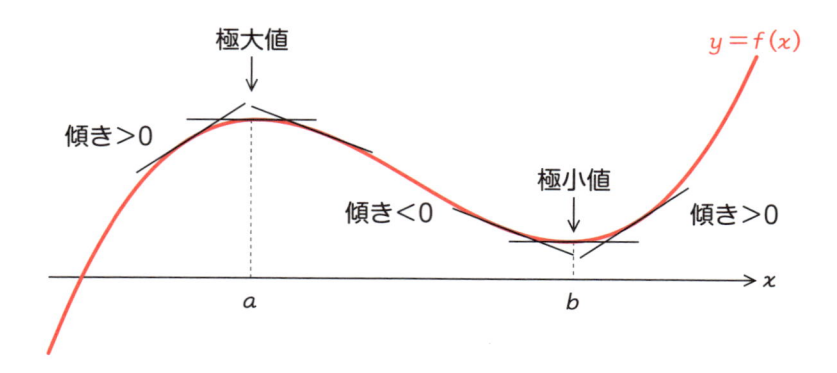

微分とは曲線の接線の傾きのことでしたね。接線が右上がりになるところでは、接線の傾きすなわち $f'(x)$ は正の数になります。同様に、接

線が x 軸と平行になる箇所では、接線の傾きはゼロなので $f'(x) = 0$、接線が右下がりになるところでは、接線の傾き $f'(x)$ は負の数になります。

> 接線が右上がり　⇔　$f'(x) > 0$
> 接線が x 軸に平行　⇔　$f'(x) = 0$
> 接線が右下がり　⇔　$f'(x) < 0$

　前ページのグラフをみると、接線が x 軸と平行になる a 点と b 点は、それぞれ山の頂上と谷の底になっていますね。これらの頂点の高さ $f(a)$、$f(b)$ をそれぞれ**極大値**、**極小値**といいます。また、極大値、極小値をまとめて**極値**といいます。

　$f'(x)$ の値のプラスとマイナスを x の変域ごとに表にまとめると、次のようになります。

x	$x<a$	$x=a$	$a<x<b$	$x=b$	$b<x$
$f'(x)$	+	0	−	0	+
$f(x)$	↗ 右上がり	極大値 x軸に平行	↘ 右下がり	極小値 x軸に平行	↗ 右上がり

　このような表を**増減表**といいます。増減表から、極大値と極小値の前後では、$f'(x)$ の値のプラスとマイナスが切り替わることがわかります。

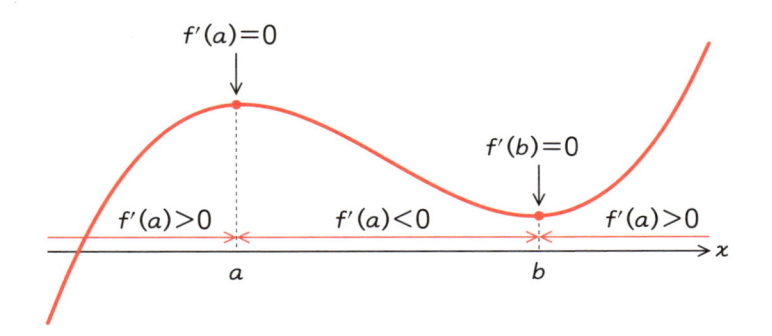

- 関数 $f(x)$ において、$f(a)$ が極値ならば、$f'(a) = 0$ が成り立つ。
- $x = a$ の前後で、$f'(x)$ の値がプラスからマイナスに切り替わるなら極大値、マイナスからプラスに切り替わるなら極小値。

$f'(a) = 0$ なら、$f(a)$ は極値と考えてよいでしょうか?

$f(a)$ が極値なら $f'(a)$ の値はかならず 0 になりますが、その逆が成り立つとは限らないことに注意しましょう。たとえば $f(x) = x^3$ は、$x = 0$ のとき $f'(x) = 0$ になりますが、$f(0)$ は極値でもなんでもありません。

x	$x<0$	0	$x>0$
$f'(x)=2x^2$	$+$	0	$+$
$f(x)=x^3$	↗	→	↗

└ $f'(0)$ の前後で $f'(x)$ の符号が変わらない

例題1 $f(x) = x^2 - 6x$ の増減表を書き、極値を求めなさい。

まず、$f'(x) = 0$ となる x を求めます。$f(x) = x^2 - 6x$ を微分すると、

$$f'(x) = 2x - 6$$

となるので、$f'(x) = 0$ となる x の値は

$$f'(x) = 2x - 6 = 0$$

より、$x = 3$ です。次に、$x = 3$ の前後の $f'(x)$ の値を調べます。すると、

$x<3$ のとき： $f'(x) = 2x - 6 < 0$ ← $f'(x)$ はマイナス

$x>3$ のとき： $f'(x) = 2x - 6 > 0$ ← $f'(x)$ はプラス

より、$x = 3$ の前後で $f'(x)$ の値がマイナスからプラスに切り替わっています。増減表を書くと次のようになります。

x	$x<3$	$x=3$	$x>3$
$f'(x)$	$-$	0	$+$
$f(x)$	↘ 右下がり	極小値	↗ 右上がり

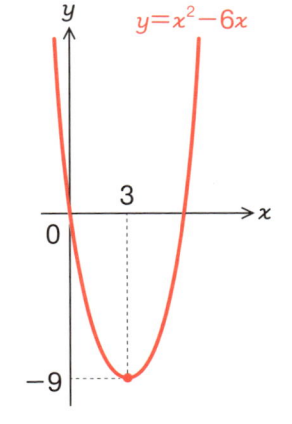

$y = x^2 - 6x$

以上から、$f(x) = x^2 - 6x$ は $x = 3$ のとき極小値となり、その値は

$$f(3) = 3^2 - 6 \cdot 3 = 9 - 18 = -9$$

となります。…（答）

例題 2 1辺の長さが30cmの正方形の厚紙がある。この厚紙の四隅に、図のように正方形の切り込みを入れて折り曲げ、ふたのない箱をつくる。箱の容積を最大にするには、箱の高さを何cmにすればよいか。

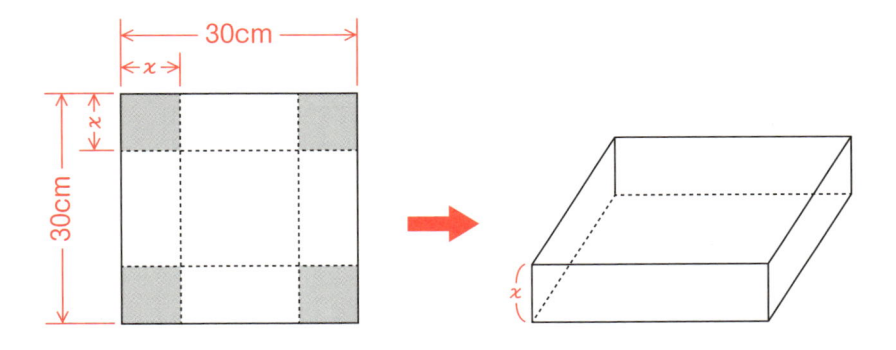

解 箱の高さを x cm、箱の容積を y cm^3 とすると、箱の容積は次のような式で表せます。

$$y = x(30 - 2x)^2$$

箱の容積 y は、x の関数になっていますね。この関数を微分して、増減表を作ってみましょう。

右辺は x と $(30 - 2x)^2$ の積なので、積の微分公式（35 ページ）より、

$$y' = \underbrace{1}_{f'(x)} \cdot \underbrace{(30 - 2x)^2}_{g(x)} + \underbrace{x}_{f(x)} \underbrace{\{(30 - 2x)^2\}'}_{g'(x)} \quad \longleftarrow f'(x)g(x) + f(x)g'(x)$$

の部分には合成関数の微分公式（38 ページ）が使えますから、

$$= (30 - 2x)^2 + x \cdot 2(30 - 2x)(-2) \quad \longleftarrow f'(g(x))\, g'(x)$$
$$= (30 - 2x)^2 - 4x(30 - 2x)$$
$$= (30 - 2x)(30 - 2x - 4x)$$
$$= (30 - 2x)(30 - 6x)$$
$$= 4(15 - x)(15 - 3x)$$

以上から、$x = 5$ または $x = 15$ のとき、$y' = 0$ になることがわかります。また、

$x < 5$ のとき： $\quad 4\underbrace{(15 - x)}_{+}\underbrace{(15 - 3x)}_{+} > 0 \quad \longleftarrow f'(x)$ はプラス

$5 < x < 15$ のとき： $4\underbrace{(15 - x)}_{+}\underbrace{(15 - 3x)}_{-} < 0 \quad \longleftarrow f'(x)$ はマイナス

になるので、増減表は次のようになります。

x	$x<5$	$x=5$	$5<x<15$	$x=15$
y'	+	0	−	0
y	↗ 右上がり	極大値	↘ 右下がり	極小値

x の範囲は $0 < x < 15$ なので、箱の容積 y は $x = 5$ のときに最大

$(2000 \mathrm{cm}^3)$ となります。　… （答）

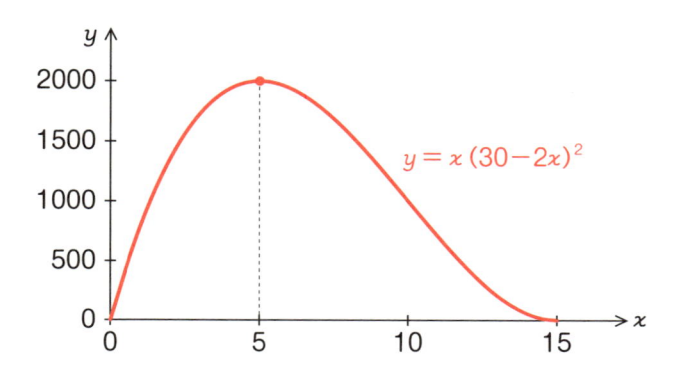

グラフの凹凸と変曲点

　下図のように、グラフの曲線が下側にふくらんでいる場合を「**下に凸**」、上側にふくらんでいる場合を「**上に凸**」といいます。

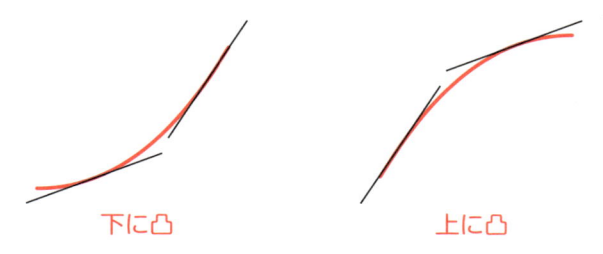

　接線の傾きに注目すると、下に凸の曲線では接線の傾きが増加し、上に凸の曲線では接線の傾きが減少していることがわかります。

下に凸　⇔　接線の傾きが増加
上に凸　⇔　接線の傾きが減少

　関数 $f(x)$ の接線の傾きは導関数 $f'(x)$ で表せます。$f'(x)$ が増加するということは、$f'(x)$ のグラフが右上がりになるということです。右上がりのグラフは接線の傾きがプラスになるので、$f'(x)$ をさらに微分した $f''(x)$ もプラスになります。

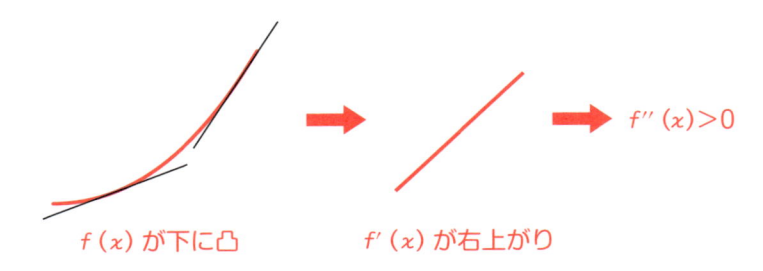

$f(x)$ が下に凸　　　$f'(x)$ が右上がり　　　$f''(x)>0$

　反対に、$f'(x)$ が減少する場合は、$f'(x)$ の微分 $f''(x)$ はマイナスになります。

> - $f''(x)>0$ なら、関数 $f(x)$ のグラフは下に凸になる
> - $f''(x)<0$ なら、関数 $f(x)$ のグラフは上に凸になる

　以上のように、関数 $f(x)$ のグラフの凹凸は、関数 $f(x)$ を 2 回微分し、$f''(x)$ の正負の符号で判定できます。

　なお、右図のように、グラフが下に凸から上に凸に切り替わる点を**変曲点**といいます。変曲点では $f''(x)=0$ になり、その前後で $f''(x)$ のプラスマイナスが切り替わります。

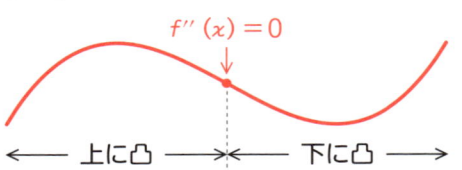

$f''(x)=0$

←── 上に凸 ──→←── 下に凸 ──→

> **まとめ**
> - $f'(x)=0$ となる x の前後で、$f'(x)$ のプラスとマイナスが切り替わる点が、関数 $f(x)$ の**極値**となる。
> - 関数 $f(x)$ のグラフは、$f''(x)>0$ の区間は下に凸、$f''(x)<0$ の区間は上に凸になる。

第 **2** 章

いろいろな関数と
その微分

2-1 n 次関数の微分

1次関数については前章で説明したので、ここでは2次関数や3次関数などについて説明します。

よろしくお願いします！

■ 2次関数

2次関数は、$y = ax^2 + bx + c$ のように、右辺が2次式（x の最大の乗数が2）で表される関数です（a、b、c は定数、$a \neq 0$）。2次関数のグラフは左右対称の放物線のグラフになり、頂点の y 座標が最小値または最大値になります。

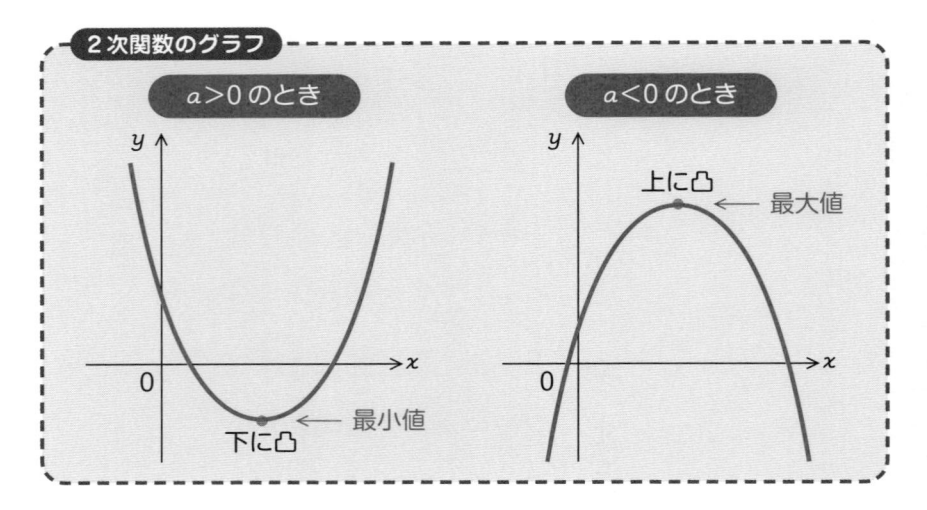

2次関数のグラフ

a > 0 のとき   a < 0 のとき

上に凸 ← 最大値

← 最小値
下に凸

2次関数のグラフの頂点の座標は、平方完成という手順で求めることができます。ちょっとやってみましょう。

例題1 $y = 2x^2 - x - 1$ のグラフの頂点を求めなさい。

解 式の右辺を、次のように変形します。

$y = \boxed{2x^2 - x} - 1$　←　□ の部分を2でくくる

$= 2\left(x^2 - \dfrac{1}{2}x\right) - 1$

2を出す

$= 2\left(x^2 - \boxed{2} \cdot \dfrac{1}{4}x + \left(\dfrac{1}{4}\right)^2 - \left(\dfrac{1}{4}\right)^2\right) - 1$　←　$\left(\dfrac{1}{4}\right)^2$ を

足して引く

$= 2\left(x^2 - 2 \cdot \dfrac{1}{4}x + \left(\dfrac{1}{4}\right)^2\right) - \boxed{2\left(\dfrac{1}{4}\right)^2} - 1$

カッコの外に出す

$= 2\left(x - \dfrac{1}{4}\right)^2 - \dfrac{9}{8}$　←　平方完成

式の右辺は $x = \dfrac{1}{4}$ のとき最小値 $-\dfrac{9}{8}$ となるので、頂点の座標は $\left(\dfrac{1}{4}, \ -\dfrac{9}{8}\right)$ であることがわかります。… (答)

以上が（中学数学で習う）平方完成の手順です。でも、私たちはもう微分が使えるので、頂点の座標は次のように求めることもできますね。

$y = 2x^2 - x - 1$ を微分すると、

$$y' = 4x - 1$$

この値（曲線の接線の傾き）が0になる点が極値、すなわち2次関数の頂点ですから、

$4x - 1 = 0$ より、$x = \dfrac{1}{4}$

この x の値を元の関数の式に代入すると、

$$y = 2 \cdot \left(\dfrac{1}{4}\right)^2 - \dfrac{1}{4} - 1 = \dfrac{1}{8} - \dfrac{1}{4} - 1 = \dfrac{1 - 2 - 8}{8} = -\dfrac{9}{8}$$

以上から、頂点の座標は$\left(\dfrac{1}{4},\ -\dfrac{9}{8}\right)$であることがわかります。

3次関数

$y = ax^3 + bx^2 + cx + d$（a、b、c、d は定数、$a \neq 0$）のように、右辺が**3次式**（x の最大の乗数が3）で表せる関数を**3次関数**といいます。3次関数のグラフには、次の3パターンがあります。3パターンにはいずれも変曲点（グラフの凹と凸の境目）があり、変曲点を中心に点対称になります。

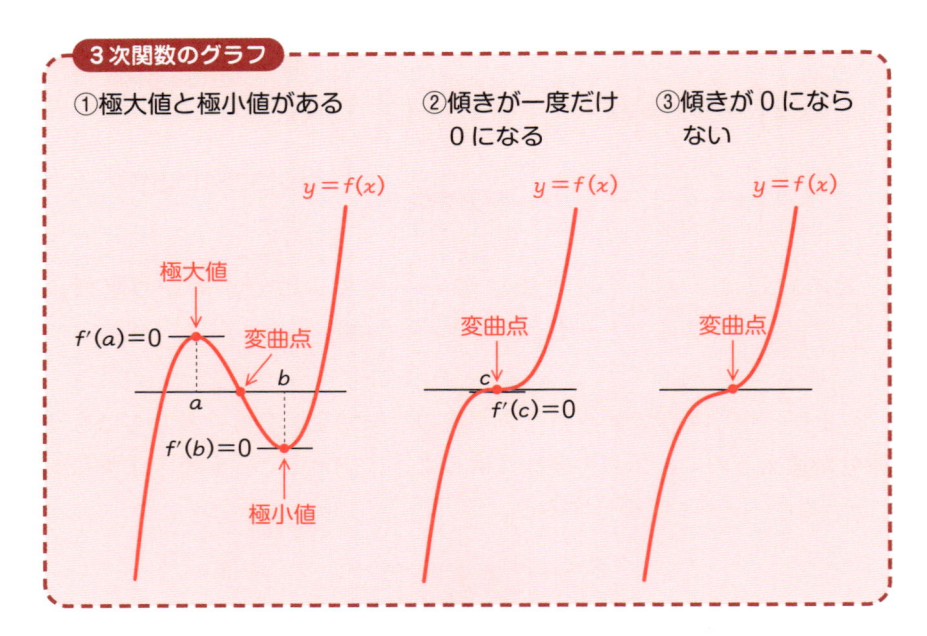

3次関数のグラフ

①極大値と極小値がある

②傾きが一度だけ0になる

③傾きが0にならない

①極大値と極小値がある3次関数

$f'(x) = 0$ となる x が2つある場合、3次関数 $y = f(x)$ は極大値・極小値をもちます。

たとえば $y = x^3 - 3x^2 - 9x + 1$ を微分すると、

$$y' = 3x^2 - 6x - 9 = 3(x^2 - 2x - 3) = 3(x + 1)(x - 3)$$

となります。$3(x + 1)(x - 3)$ は $x = -1,\ 3$ のとき0になるので、3次

関数 $y = x^3 - 3x^2 - 9x + 1$ は極大値と極小値をもちます。また、$y'' = 6x - 6 = 6(x - 1)$ より、$x = 1$ の点が変曲点になります。

$x = -1$ のとき： $y = (-1)^3 - 3 \cdot (-1)^2 - 9 \cdot (-1) + 1$
$\qquad\qquad\qquad = -1 - 3 + 9 + 1 = 6$ ← 極大値

$x = 1$ のとき： $y = 1^3 - 3 \cdot 1^2 - 9 \cdot 1 + 1 = 1 - 3 - 9 + 1$
$\qquad\qquad\qquad = -10$ ← 変曲点 $(1, -10)$

$x = 3$ のとき： $y = 3^3 - 3 \cdot 3^2 - 9 \cdot 3 + 1 = 27 - 27 - 27 + 1$
$\qquad\qquad\qquad = -26$ ← 極小値

増減表とグラフは次のようになります。

x	$x<-1$	$x=-1$	$-1<x<3$	$x=3$	$3<x$
$f'(x)$	$+$	0	$-$	0	$+$
$f(x)$	↗	6	↘	-26	↗

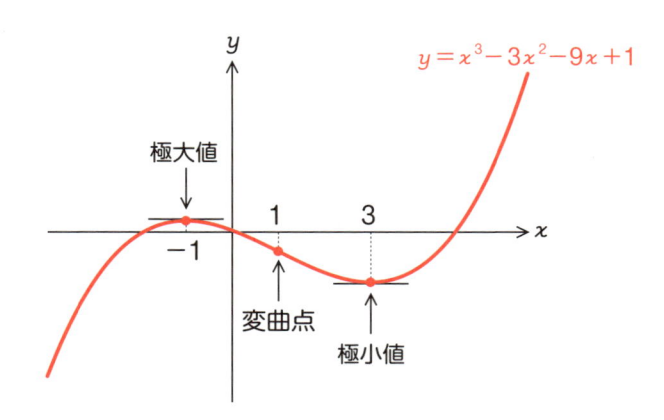

②傾きが一度だけ 0 になる 3 次関数

$f'(x) = 0$ となる x が 1 つしかない場合、3 次関数 $y = f(x)$ は極値をもたず、変曲点で傾きが 0 になります。

たとえば、$y = x^3 - 6x^2 + 12x + 2$ を微分すると、

$$y' = 3x^2 - 12x + 12 = 3(x^2 - 4x + 4) = 3(x - 2)^2$$

となります。$3(x-2)^2$ が 0 になるのは $x=2$ のときのみなので、3 次関数 $y=x^3-6x^2+12x+2$ は $x=2$ で傾き 0 になります。しかし、$f'(x)$ は $x=2$ の前後で符号が変わらないので、$x=2$ の点は極値ではありません。また、$y''=6x-12=6(x-2)$ より、$x=2$ の点は変曲点になります。

$x=2$ のとき：$y=2^3-6\cdot2^2+12\cdot2+2$
$$=8-24+24+2=10 \quad \longleftarrow \text{変曲点 (2, 10)}$$

増減表とグラフは次のようになります。

x	$x<2$	$x=2$	$2<x$
$f'(x)$	+	0	+
$f(x)$	↗	10	↗

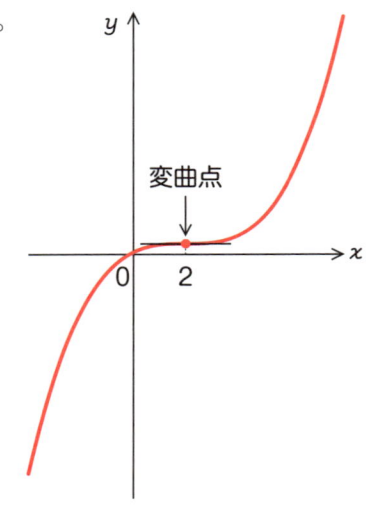

③傾きが 0 にならない 3 次関数

たとえば $y=2x^3+3x^2+12x$ を微分すると、

$$y'=6x^2+6x+12=6(x^2+x+2)$$

となります。2 次方程式 $6(x^2+x+2)=0$ には実数解がないので、3 次関数 $y=2x^3+3x^2+12x$ には傾きが 0 になる点が存在しません。$y''=12x+6=6(2x+1)$ より、$x=-\dfrac{1}{2}$ の点が変曲点になります。

$$x=-\frac{1}{2} \text{ のとき：} y=2\cdot\left(-\frac{1}{2}\right)^3+3\cdot\left(-\frac{1}{2}\right)^2+12\cdot\left(-\frac{1}{2}\right)$$

$$= -\frac{1}{4} + \frac{3}{4} - 6 = -\frac{11}{2}$$

増減表とグラフは次のようになります。

x	$x < -\dfrac{1}{2}$	$x = -\dfrac{1}{2}$	$-\dfrac{1}{2} < x$
$f'(x)$	$+$	$+$	$+$
$f''(x)$	$-$	0	$+$
$f(x)$	↗	↗	↗

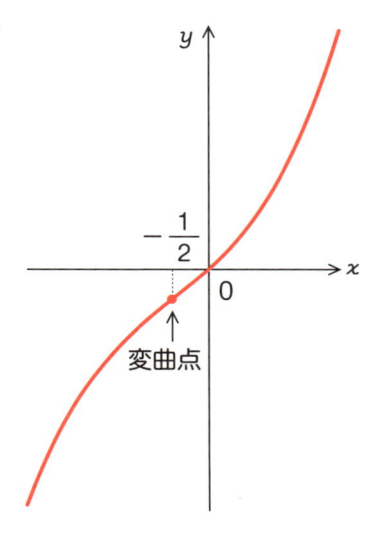

変曲点

n 次関数

2次関数と3次関数について説明しました。4次関数、5次関数、…といった n 次関数は、一般に次のような n 次式で表すことができます。

$$y = a_n x^n + a_{n-1} x^{n-1} + \cdots + a_2 x^2 + a_1 x + a_0$$

※ a_0, a_1, …, a_n は定数、$a_n \neq 0$

n 次関数 $f(x)$ を微分した $f'(x)$ は、$n-1$ 次式になります。$f'(x) = 0$ とおいた $n-1$ 次方程式の解が極値の x 座標になるので、n 次関数には最大で $n-1$ 個の極値ができることがわかります。

また、グラフの形は、上の式の最高次の係数 a_n が正の場合と負の場合とで山と谷の順番が逆になります。

n 次関数のグラフ

	$a_n > 0$ のとき	$a_n < 0$ のとき
2 次関数 凸凹 ×1		
3 次関数 凸凹 ×2		
4 次関数 凸凹 ×3		
5 次関数 凸凹 ×4		

まとめ ・n 次関数 $f(x)$ の極値は、$n-1$ 次方程式 $f'(x) = 0$ を解いて求めることができる。

2-2 分数関数とその微分

> この節では、分母に x がある関数について説明します。

> どんなグラフになるんでしょうか。

分数関数

x の分数式で表される関数を、x の分数関数または有理関数といいます。分数関数の定義域（x のとりうる値）には、分母が 0 になるような値は含まれません。

まず、$y = \dfrac{cx + d}{ax + b}$ のように、分母も分子も 1 次式の分数関数について説明しましょう。この形の分数関数は、グラフにすると右図のような双曲線になります。

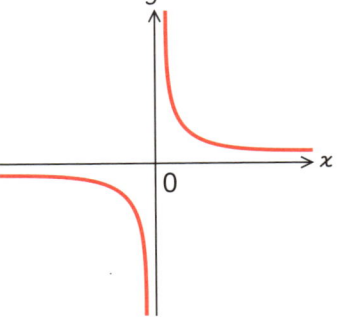

> 双曲線って、反比例のグラフですよね。

そのとおりです。この形の分数関数は、

$$y = \frac{k}{x - p} + q \qquad (k \neq 0)$$

という形が基本形になります（k, p, q は定数、$k \neq 0$）。

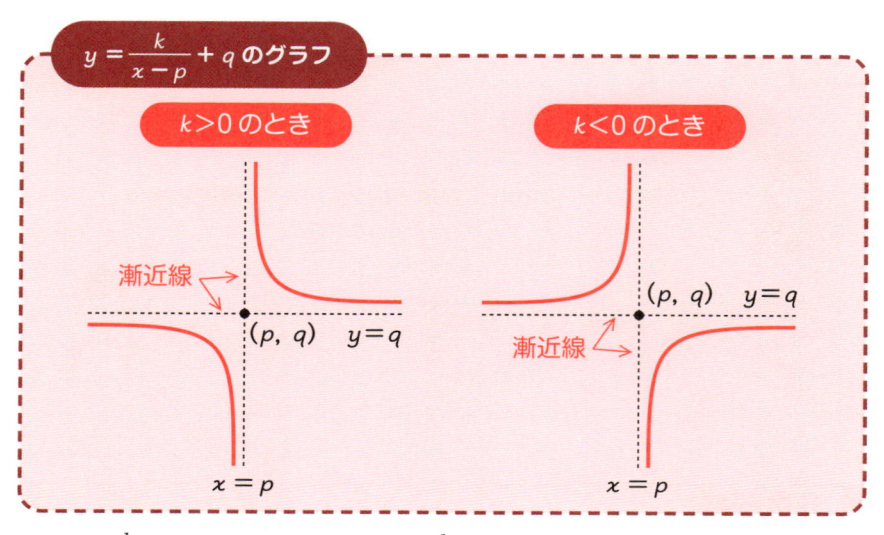

$y = \dfrac{k}{x-p} + q$ のグラフ

$k>0$ のとき

$k<0$ のとき

漸近線

(p, q)　$y=q$

$x=p$

漸近線

(p, q)　$y=q$

$x=p$

$y = \dfrac{k}{x-p} + q$ のグラフは、$y = \dfrac{k}{x}$ のような反比例のグラフを、x 軸方向に p、y 軸方向に q だけ平行移動したものと考えることができます。

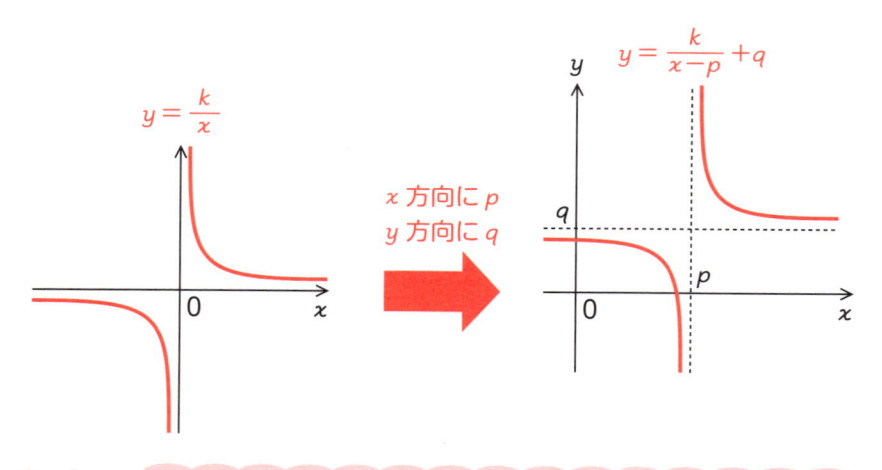

$y = \dfrac{k}{x}$

x 方向に p
y 方向に q

$y = \dfrac{k}{x-p} + q$

q

p

でも、$y = \dfrac{cx+d}{ax+b}$ は、$y = \dfrac{k}{x-p} + q$ と形が違いますよね？

$y = \dfrac{cx+d}{ax+b}$ は、一般に $y = \dfrac{k}{x-p} + q$ という形に変形できるんです。たとえば、分数の $\dfrac{7}{2}$ は $3 + \dfrac{1}{2}$ に変形できますね。3 は $7 \div 2$ の商、1 は $7 \div 2$

の余りです。

$$\frac{7}{2} = 3 + \frac{1}{2}$$

←7÷2 の余り

7÷2の商

$\dfrac{cx+d}{ax+b}$ も、これと同様の考え方で $\dfrac{k}{x-p}+q$ に変形します。例題を使って説明しましょう。

例題 1 $y = \dfrac{2x+3}{x+1}$ のグラフを描きなさい。

解 分数は、分子を分母で割った値と同じですから、分子の $2x+3$ を分母の $x+1$ で割ります。すると、右のように商が2、余りが1となるので、

$$\begin{array}{r} 2 \leftarrow 商 \\ x+1\,\overline{)\,2x+3} \\ 2x+2 \\ \hline 1 \leftarrow 余り \end{array}$$

商 ↓　↓ 余り

$$y = \frac{2x+3}{x+1} = 2 + \frac{1}{x+1} = \frac{1}{x+1} + 2$$

のように変形できます。$y = \dfrac{k}{x-p}+q$ の形になりましたね。式から、漸近線は $x = -1$ と $y = 2$ とわかります。グラフを描くと次のようになります。

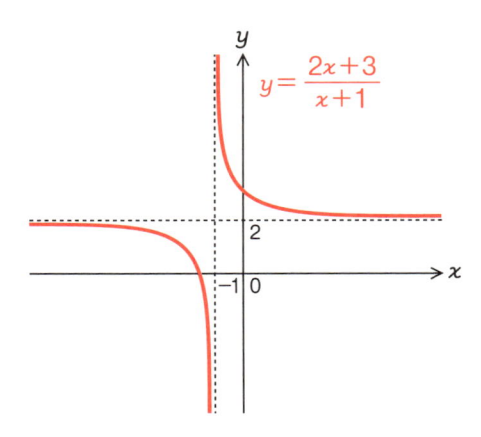

$$y = \frac{2x+3}{x+1}$$

分数関数の微分

分数関数は、一般に商の微分公式（36 ページ）を使って微分できます。

$$\left(\frac{f(x)}{g(x)}\right)' = \frac{f'(x)\,g(x) - f(x)\,g'(x)}{\{g(x)\}^2} \quad \longleftarrow \text{商の微分公式}$$

例題 2 $y = \dfrac{2x+3}{x+1}$ を微分しなさい。

解 $f(x) = 2x + 3$、$g(x) = x + 1$ として上の商の微分公式にあてはめると、次のようになります。

$$y' = \frac{(2x+3)'(x+1) - (2x+3)(x+1)'}{(x+1)^2} \quad \longleftarrow \text{商の微分公式}$$

$$= \frac{2 \cdot (x+1) - (2x+3) \cdot 1}{(x+1)^2}$$

$$= \frac{2x + 2 - 2x - 3}{(x+1)^2}$$

$$= -\frac{1}{(x+1)^2} \quad \cdots \text{（答）}$$

上の式より、$y = \dfrac{2x+3}{x+1}$ を微分した y' の値は、x の値にかかわらず常にマイナスになることがわかります。これは、元の関数のグラフの接線の傾きが常に右下がりになることを示しています。前ページの例題 1 のグラフを確認すると、グラフの接線の傾きは、たしかに常に右下がりになっていますね。

x^n の微分公式が使える

次に、$y = \dfrac{1}{x^n}$ のような関数の微分を考えてみます。

さっきと同じように、商の微分公式を使うんですか？

もちろん、商の微分公式を使っても微分できます。でも分数の $\dfrac{1}{x^n}$ は、x^{-n} のように表すことができます（109 ページ）。x^n の微分には、$(x^n)' = nx^{n-1}$ という公式が使えましたね。n が負の数の場合でもこの公式が成り立つかどうか、確かめてみましょう。

x^{-n} を $\dfrac{1}{x^n}$ として、商の微分公式を使って微分します。

商の微分公式

$$(x^{-n})' = \left(\dfrac{1}{x^n}\right)' = \dfrac{0 \cdot x^n - 1 \cdot nx^{n-1}}{(x^n)^2} = -\dfrac{nx^{n-1}}{x^{2n}} = -nx^{n-1-2n}$$
$$= -nx^{-n-1}$$

このように $(x^n)' = nx^{n-1}$ は、n が負数の場合にも成り立つことがわかります。ですから、たとえば $y = \dfrac{1}{x^3}$ の微分は、商の微分公式を使わなくても、次のように微分できます。

$$\left(\dfrac{1}{x^3}\right)' = (x^{-3})' = -3x^{-3-1} = -3x^{-4} = -\dfrac{3}{x^4}$$

2-3 無理関数とその微分

この節では、$\sqrt{}$ の中に x が含まれるような関数について説明します。このような関数を無理関数といいます。

ムリせず勉強します！

無理関数とは

$y = \sqrt{x}$ のように、$\sqrt{}$ の中に x が含まれる関数を**無理関数**といいます。無理関数の定義域は、$\sqrt{}$ の中が 0 以上になるような実数 x 全体です。

例：$y = \sqrt{x-3}$ $(x \geqq 3)$　　$y = \sqrt{-x}$ $(x \leqq 0)$

$y = \sqrt{x}$ $(x \geqq 0)$ のグラフを描いてみましょう。$y = \sqrt{x}$ を x について解くと、$x = y^2$ になります。この式は y を入力、x を出力とする関数とみなせるので、ヨコ軸に y、タテ軸に x をとれば 2 次関数のグラフになります（ただし $y = \sqrt{x}$ より、$y \geqq 0$）。このグラフを、ヨコ軸が x、タテ軸が y になるように入れ替えれば、無理関数 $y = \sqrt{x}$ のグラフになります。

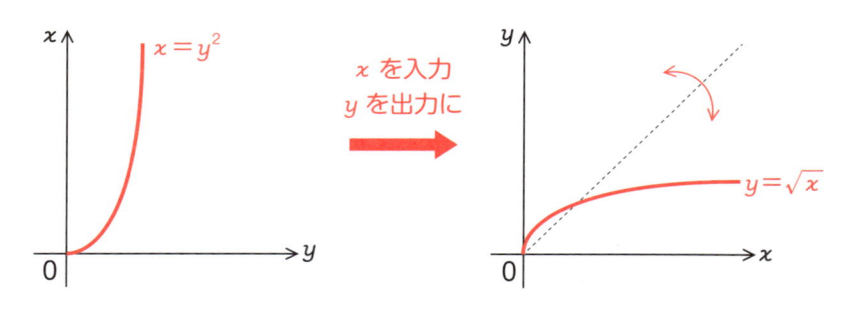

無理関数の微分

$y = \sqrt{x}$ を微分してみましょう。少しトリッキーですが、$y = \sqrt{x}$ の右辺を次のように変形します。

$$y = \sqrt{x} = \frac{\sqrt{x}\sqrt{x}}{\sqrt{x}} = \frac{x}{\sqrt{x}} \xleftarrow{\ f(x)} \atop \xleftarrow{\ g(x)}$$

この式に商の微分公式を適用すると、次のようになります。

$$(\sqrt{x})' = \left(\frac{x}{\sqrt{x}}\right)' = \frac{\overbrace{(x)'\sqrt{x}}^{f'(x)g(x)} - \overbrace{x(\sqrt{x})'}^{f(x)g'(x)}}{\underbrace{(\sqrt{x})^2}_{\{g(x)\}^2}} = \frac{\sqrt{x} - x(\sqrt{x})'}{x} = \frac{\sqrt{x}}{x} - (\sqrt{x})'$$

$(\sqrt{x})'$ を左辺に移して整理すれば、

$$2(\sqrt{x})' = \frac{\sqrt{x}}{x}$$
$$(\sqrt{x})' = \frac{\sqrt{x}}{2x} = \frac{\sqrt{x}\sqrt{x}}{2x\sqrt{x}} = \frac{1}{2\sqrt{x}}$$

となります。

$$\left(\sqrt{x}\right)' = \frac{1}{2\sqrt{x}}$$

無理関数の微分って、なんだか手間がかかりますね。

じつは、もっと簡単なやり方があります。$\sqrt{x}$ は指数表記で $x^{\frac{1}{2}}$、$\frac{1}{\sqrt{x}}$ は指数表記（109 ページ参照）で $x^{-\frac{1}{2}}$ ですから、上の式は次のように表すことができるんです。

$$\left(x^{\frac{1}{2}}\right)' = \frac{1}{2}x^{-\frac{1}{2}}$$

これは、$(x^n)' = nx^{n-1}$ の形になっています。じつは、$(x^n)' = nx^{n-1}$ は、n が実数の場合でも成り立つんです。

無理関数の微分

$$(x^a)' = ax^{a-1} \qquad (x \geqq 0,\ a は実数)$$

例題 1 $y = \sqrt{x^2 + 1}$ を微分しなさい。

解 $y = \sqrt{x^2 + 1} = (x^2 + 1)^{\frac{1}{2}}$ として、合成関数の微分公式を使います。

$$y' = \frac{1}{2}(x^2 + 1)^{\frac{1}{2} - 1} \cdot (x^2 + 1)' \quad \longleftarrow 合成関数の微分$$
$$= \frac{1}{2}(x^2 + 1)^{-\frac{1}{2}} \cdot 2x$$
$$= \frac{x}{\sqrt{x^2 + 1}} \quad \cdots (答)$$

まとめ ・無理関数は、指数表記に直してから $(x^a)' = ax^{a-1}$ で微分する。

2-4 逆関数の微分

逆関数は簡単に言うと、元の関数の出力から、入力した値を求める関数です。

入力と出力を逆にするから、逆関数というんですね。

逆関数とは

　関数とは、ある値を入れると別の値が出てくる「箱」のようなものでしたね。この「箱」の機能を逆回転させることを考えてみましょう。

　たとえば、入力した数の平方根を出力する「箱」を考えます。この箱に4を入れると、反対側から2が出てきます。この箱を逆回転させて、反対側から2を入れると、4が出てくるようにするわけです。

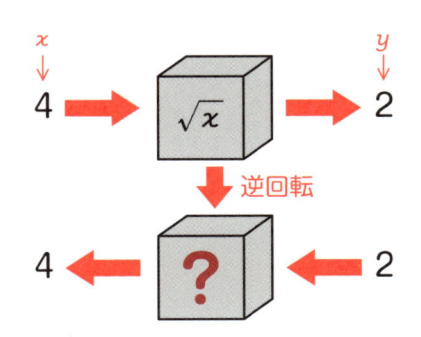

　元の関数の x と y の関係は、出力 y を入力 x で表し、$y = \sqrt{x}$ と表せます。逆回転にしても x と y の関係は変わりませんが、今度は y が入力、x が出力になるので、x を y で表す式に変換します。

$$y = \sqrt{x} \qquad \Longrightarrow \qquad x = y^2$$

この関数 $x = y^2$ を、$y = \sqrt{x}$ の**逆関数**といいます。なお、$x = y^2$ でも $y = x^2$ でも関数の働きは同じなので、$y = x^2$ と表すほうが一般的です。

ある関数の逆関数をつくる手順は、次のとおりです。

手順1 関数 $y = f(x)$ の式を、x で y を表す式 $x = g(y)$ に変形する。

$$例:y = \sqrt{x} \quad \rightarrow \quad x = y^2$$

手順2 $x = g(y)$ の x と y を交換する。　←この手順は省略することもあります。

$$例:x = y^2 \quad \rightarrow \quad y = x^2$$

逆関数では、元の関数の入力と出力が入れ替わり、y が入力、x が出力となります。したがって、逆関数のグラフは元の関数のタテ軸をヨコ軸に、ヨコ軸をタテ軸に入れ替えたグラフになります。

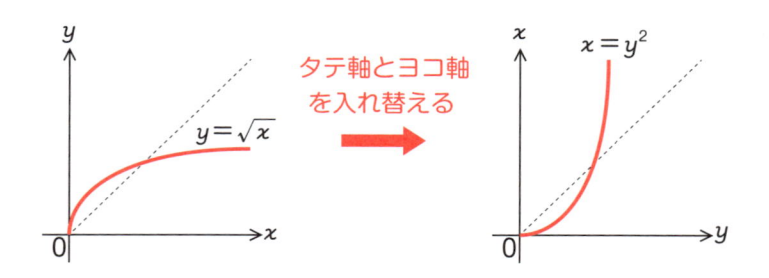

タテ軸とヨコ軸を入れ替える

このように逆関数のグラフは、元の関数のグラフと直線 $y = x$ をはさんで対称になります。

逆関数の定義域と値域

逆関数の定義域（入力できる値の範囲）は、元の関数の値域に限られます。また、元の関数の定義域が逆関数の値域になります。

たとえば、$y = \sqrt{x}$ は定義域が $x \geqq 0$、値域が $y \geqq 0$ です。したがって、その逆関数 $x = y^2$ の定義域は $y \geqq 0$、値域は $x \geqq 0$ となります。

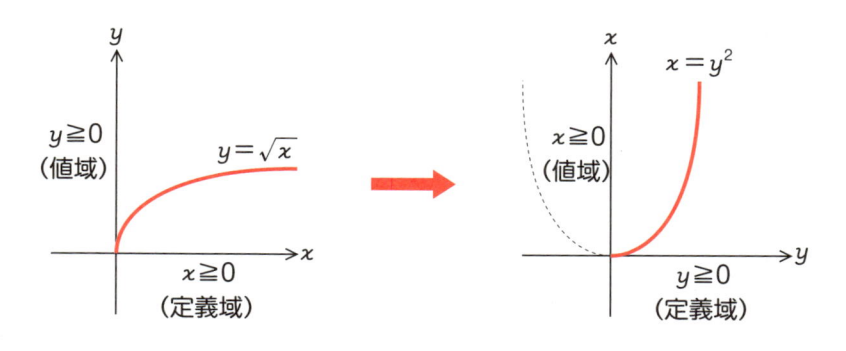

　逆関数をつくるには、元の関数の1つの出力に対応する入力が、1つだけに定まっていなければなりません。たとえば関数 $y = x^2$ の場合、出力 $y = 4$ に対応する入力 x の値が、$+2$ と -2 の2つあります。そのため、このままでは逆関数はつくれません。

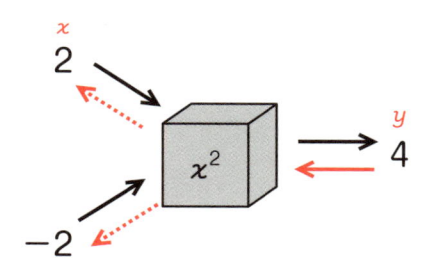

出力が2通りあるため、このままでは逆関数はつくれない

　元の関数の定義域を適切に設定することで、逆関数がつくれるようになります。たとえば関数 $y = x^2$ は、定義域を $x \geqq 0$ とすることで逆関数 $x = \sqrt{y}$ 、定義域を $x \leqq 0$ とすることで逆関数 $x = -\sqrt{y}$ をつくれます。

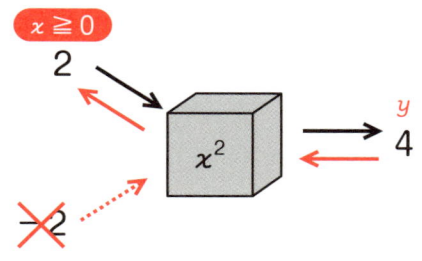

元の関数の定義域を適切に設定

逆関数の微分

$y = f(x)$ の逆関数を、$x = g(y)$ とします（x と y を入れ替えないことに注意）。このとき、元の関数 $f(x)$ を x で微分した導関数 $f'(x)$ と、逆関数 $g(y)$ を y で微分した導関数 $g'(y)$ との間には、次のような関係が成り立ちます。

> **逆関数の微分**
>
> $$f'(x) = \frac{1}{g'(y)} \qquad \text{または} \qquad \frac{dy}{dx} = \frac{1}{\frac{dx}{dy}}$$

$y = f(x)$ の逆関数を $x = g(y)$ とし、x の増分 Δx に対する y の増分を Δy とすると、

$$f(x+\Delta x) = f(x) + \Delta y \quad \cdots ①$$
$$g(y+\Delta y) = g(y) + \Delta x \quad \cdots ②$$

が成り立ちます。導関数の定義より、

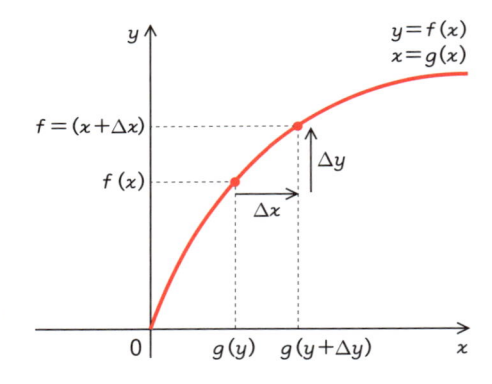

$$f'(x) = \lim_{\Delta x \to 0} \frac{f(x+\Delta x) - f(x)}{\Delta x} = \lim_{\Delta x \to 0} \frac{\Delta y}{g(y+\Delta y) - g(y)}$$

①より
②より

$\Delta x \to 0$ のとき $\Delta y \to 0$ なので、

$$= \lim_{\Delta y \to 0} \frac{1}{\frac{g(y+\Delta y)-g(y)}{\Delta y}} = \frac{1}{g'(y)}$$

導関数の定義

また、$y = f(x)$ の x の微分を $\frac{dy}{dx}$、$x = g(y)$ の y の微分を $\frac{dx}{dy}$ とすれば、

$$\frac{dy}{dx} = \frac{1}{\frac{dx}{dy}}$$

となります。

例題 1 $y = \sqrt{x}$ を、逆関数の微分を使って微分しなさい。

解 $y = \sqrt{x}$ の逆関数を、$x = y^2$ とします（x と y は入れ替えないことに注意）。$f(x) = \sqrt{x}$、$g(y) = y^2$ として逆関数の微分公式を使うと、

$$f'(x) = \frac{1}{g'(y)} = \frac{1}{2y} = \frac{1}{2\sqrt{x}} \quad \cdots \text{（答）}$$

y^2 を微分 $y = \sqrt{x}$

この答えは、前節で求めた $y = \sqrt{x}$ の微分と一致します。このように、無理関数の微分は逆関数を使っても求めることができます。

まとめ

- 元の関数の入力と出力を逆回転した関数を逆関数という。
- $y = f(x)$ の微分は、逆関数 $x = g(y)$ の微分を使って、次のように求めることができる。

$$f'(x) = \frac{1}{g'(y)} \qquad \text{または} \qquad \frac{dy}{dx} = \frac{1}{\frac{dx}{dy}}$$

関数には、「陽関数」と「陰関数」という区別もあるんですよ。

明るい関数と暗い関数があるんですか？

これまでに登場した関数は、たとえば $y = x^2 - 2x + 1$ のように、出力 y を入力 x を使った式で表していました。では、次のような数式はどうでしょうか。

$$x^2 + y^2 - 3 = 0$$

このような数式は、一見すると関数には見えません。しかし、$y = \cdots$ の形に変形すれば通常の関数の形になります。このように、ひとつの式のなかに x と y が両方含まれる関数を**陰関数**（いんかんすう）といいます。

なお、$x^2 + y^2 - 3 = 0$ を通常の関数（陽関数といいます）の形に直すと、次のようになります。

$$x^2 + y^2 - 3 = 0 \quad \rightarrow \quad y = \pm\sqrt{3 - x^2}$$

式に ± が含まれるので、1 つの入力 x に対して出力 y が 2 つでてしまいますね。$x^2 + y^2 - 3 = 0$ は、$y = \sqrt{3 - x^2}$ と $y = -\sqrt{3 - x^2}$ という 2 つの関数を組合せたものだったことがわかります。グラフにすると、次のような半径 $\sqrt{3}$ の円になります。

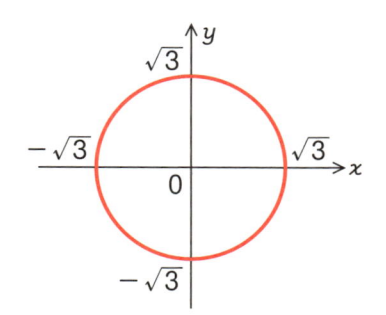

円の上半分が $y = \sqrt{3 - x^2}$ 、
円の下半分が $y = -\sqrt{3 - x^2}$ 、
のグラフになる。

陰関数の微分

　陰関数は、通常の関数の形にしてから微分することもできますが、ここでは陰関数のまま微分する方法を説明します。

例題1 $x^2 + y^2 - 3 = 0$ を x で微分しなさい。

解　式の両辺を x で微分してみましょう。

　まず、x^2 を x で微分すると $2x$ になりますね。

　次に、y^2 を x で微分しますが、これがクセモノです。

　y^2 の微分だから、$2y$ じゃないんですか？

　y^2 を y で微分すれば $2y$ ですが、いまは x で微分したいのです。

　そこで仮に $y = g(x)$ とおくと、y^2 は $\{g(x)\}^2$ と表せます。これは x の合成関数ですから、x で微分すると

$$2\{g(x)\} \cdot g'(x)$$

ですね。$g(x)$ を y に戻せば、$2y \cdot y'$ となります。

ちょっと、ややこしいですね…

　要は「y で微分したものに、y' を掛ける」ということです。

　「y^2 を x で微分」は、$\dfrac{d}{dx}y^2$ とかけますね。これはそのままでは微分できないので、代わりに $\dfrac{d}{dy}y^2$（y^2 を y で微分）を求めます。これに「y を x で微分したもの」$y' = \dfrac{dy}{dx}$ を掛けると、

$$\frac{d}{d\cancel{y}}y^2 \cdot \frac{d\cancel{y}}{dx} = \frac{d}{dx}y^2$$

となって、「y^2 を x で微分」と同じ結果になるわけです。

　残りの -3 と 0 の微分はいずれも 0 ですから、$x^2 + y^2 - 3 = 0$ の x の微分は次のようになります。

$$2x + 2y \cdot y' = 0$$

　両辺を $2y$（ただし、$y \neq 0$）で割って整理すると、次のようになります。

$$\frac{x}{y} + y' = 0$$

$$y' = -\frac{x}{y} \quad \cdots （答）$$

　この導関数 y' は、円の接線の傾きを表します。

まとめ
- y の関数を x で微分する

$$\frac{d}{dy}（y\text{ の関数}） \cdot \frac{dy}{dx}$$

$\underbrace{}_{（y\text{の関数}）'} \quad \underbrace{}_{y'}$

2-6 媒介変数を使った関数の微分

この章の最後に、媒介変数を使って関数を表す方法を説明します。

関数を表す方法って、本当にいろいろあるんですね。

媒介変数を使った関数

通常の関数は、$y = x^2$ のように、入力 x と出力 y の関係を1つの式で表しますが、次のように x と y をそれぞれ別の変数を使って表す場合もあります。

$$\begin{cases} x = \dfrac{1 - t^2}{1 + t^2} & \cdots ① \\ y = \dfrac{2t}{1 + t^2} & \cdots ② \end{cases}$$

x と y の関係は、共通する変数 t を通じて表されるので、変数 t のことを媒介変数（パラメータ）といいます。

t を $-\infty$ から $+\infty$ まで動かすと、上の式は右図のような半径1の円を描きます。

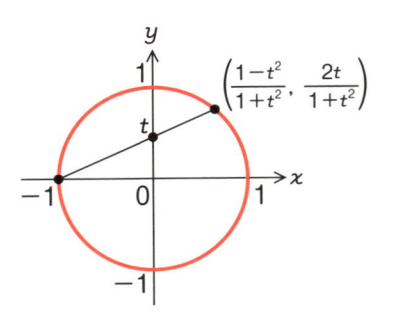

媒介変数を使った関数の微分

媒介変数を使った関数を微分するには、まず、2つの式を t で微分します。式①②は、どちらも商の微分公式を使って次のように微分できます。

①を t で微分：

$$\frac{dx}{dt} = \frac{(1-t^2)'(1+t^2) - (1-t^2)(1+t^2)'}{(1+t^2)^2} = \frac{-2t(1+t^2) - (1-t^2) \cdot 2t}{(1+t^2)^2}$$

$$= \frac{-2t - 2t^3 - 2t + 2t^3}{(1+t^2)^2} = -\frac{4t}{(1+t^2)^2}$$

②を t で微分：

$$\frac{dy}{dt} = \frac{(2t)'(1+t^2) - 2t(1+t^2)'}{(1+t^2)^2} = \frac{2(1+t^2) - 2t \cdot 2t}{(1+t^2)^2}$$

$$= \frac{2 + 2t^2 - 4t^2}{(1+t^2)^2} = \frac{2(1-t^2)}{(1+t^2)^2}$$

そして、$\dfrac{dy}{dt} \div \dfrac{dx}{dt}$ を求めると、

$$\frac{dy}{dt} \div \frac{dx}{dt} = \frac{dy}{dt} \times \frac{dt}{dx} = \frac{dy}{dx}$$

となって、$\dfrac{dy}{dx}$ が求められます。

$$\frac{dy}{dx} = \frac{2(1-t^2)}{(1+t^2)^2} \div -\frac{4t}{(1+t^2)^2} = \frac{2(1-t^2)}{(1+t^2)^2} \times -\frac{(1+t^2)^2}{4t}$$

$$= -\frac{2(1-t^2)}{4t} = -\frac{1-t^2}{2t} \quad \cdots ③$$

なお、式①②より、

$$1 - t^2 = x(1+t^2), \quad 2t = y(1+t^2)$$

ですから、これを式③に代入すれば、

$$\frac{dy}{dx} = -\frac{x(1+t^2)}{y(1+t^2)} = -\frac{x}{y}$$

となり、70 ページの答え（円の接線の傾き）と一致することがわかります。

まとめ　媒介変数を使った関数 $\begin{cases} x = f(t) \\ y = g(t) \end{cases}$ の微分：$\dfrac{dy}{dt} \div \dfrac{dx}{dt}$

第 **3** 章

三角関数・指数関数・対数関数

3-1 三角関数

この節では、三角関数の基本を説明します。

サイン，コサイン，タンジェントですね。

▌ サイン、コサイン、タンジェント

右図のような直角三角形において、斜辺 c に対する高さ b の割合を **サイン**（正弦）といい、次のように表します。

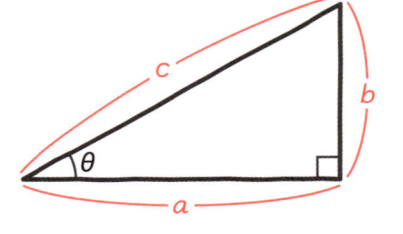

$$\sin\theta = \frac{b}{c}$$ ◀ 高さ ÷ 斜辺

同様に、斜辺 c に対する底辺 a の割合を **コサイン**（余弦）、底辺 a に対する高さ b の割合を **タンジェント**（正接）といい、それぞれ次のように書きます。

$$\cos\theta = \frac{a}{c}$$ ◀ 底辺 ÷ 斜辺

$$\tan\theta = \frac{b}{a}$$ ◀ 高さ ÷ 底辺

三角定規の 2 種類ある直角三角形の 3 辺の比は、ひとつが $1 : \sqrt{3} : 2$、もうひとつが $1 : 1 : \sqrt{2}$ であることはご存知ですね。これらの直角三角形から、次のようなサイン、コサイン、タンジェントの値がわかります。

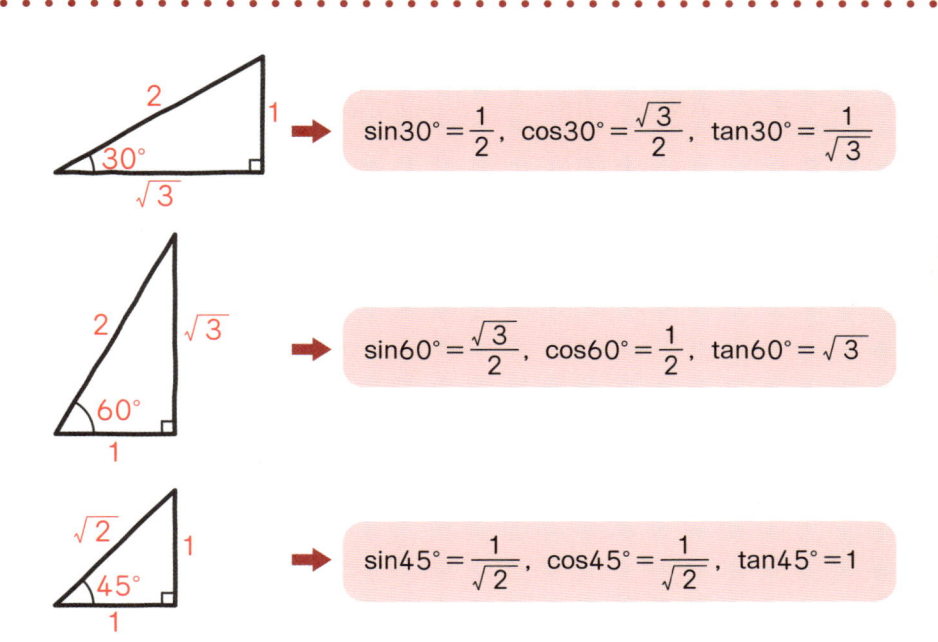

$$\sin 30° = \frac{1}{2}, \ \cos 30° = \frac{\sqrt{3}}{2}, \ \tan 30° = \frac{1}{\sqrt{3}}$$

$$\sin 60° = \frac{\sqrt{3}}{2}, \ \cos 60° = \frac{1}{2}, \ \tan 60° = \sqrt{3}$$

$$\sin 45° = \frac{1}{\sqrt{2}}, \ \cos 45° = \frac{1}{\sqrt{2}}, \ \tan 45° = 1$$

　これらの値は、直角三角形の大きさに関係なく、角度 θ によって一定の値に決まります。つまり、角度 θ（シータ）の関数になります。

三角関数とは

　上の説明では、角度 θ の値は $0° < \theta < 90°$ の範囲でしか考えられません。そこで、θ がどんな値でも成り立つ**三角関数**を定義しましょう。

　右図のように、原点 O を中心に半径 1 の円を描き、円周上の任意の点を P とします。x 軸と直線 OP との角度を θ とすると、点 P の座標 (a, b) は、θ の値によって1点に定まります。つまり、点 P の x 座標と y 座標は、それぞれ角度 θ の関数とみなすことができます。

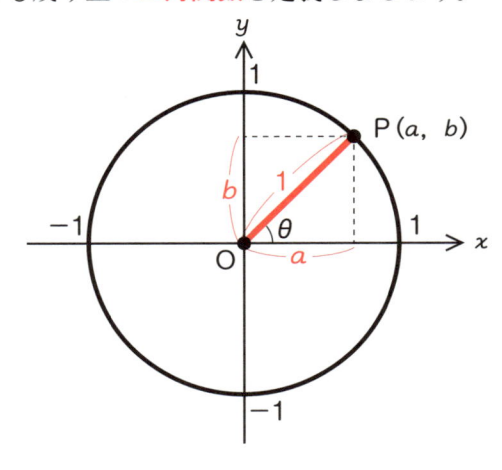

角度 θ のときの y 座標 b を $\sin\theta$、角度 θ のときの x 座標 a を $\cos\theta$ で表します。また、直線 OP の傾き $\dfrac{b}{a}$ を、$\tan\theta$ で表します。

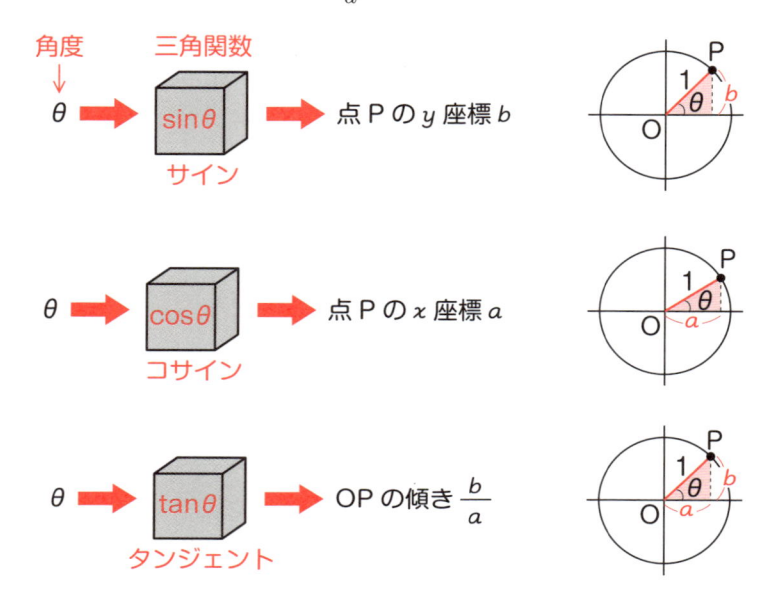

角度 θ は度数法で表してもかまいませんが、360° を 2π ラジアン〔rad〕とする**弧度法**がよく使われます。

$$\theta\,[\text{ラジアン}] = \frac{\pi}{180} \times 度数$$

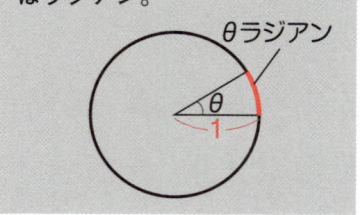
度数法	0°	30°	45°	60°	90°	120°	180°	360°
弧度法	0	$\dfrac{\pi}{6}$	$\dfrac{\pi}{4}$	$\dfrac{\pi}{3}$	$\dfrac{\pi}{2}$	$\dfrac{2}{3}\pi$	π	2π

三角関数の値は、先述した直角三角形の 3 辺の比から次のように求めることができます。

例： $\theta = \dfrac{\pi}{6}$ のとき

たとえば $\theta = \dfrac{\pi}{6}$（$= 30°$）のとき、点 P の位置は右図のようになります。色網の部分が直角三角形になっていますね。この直角三角形は、底辺：高さ：斜辺の比が $\sqrt{3} : 1 : 2$ です。斜辺にあたる辺 $|OP|$ は長さ 1 なので、点 P の x 座標（$\cos\theta$）と y 座標（$\sin\theta$）、直線 OP の傾き（$\tan\theta$）は、それぞれ次のように求められます。

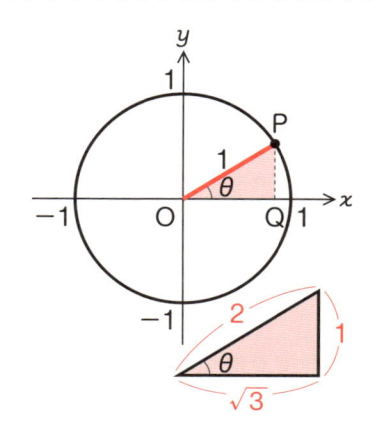

$$\sin\frac{\pi}{6} = \text{PQ} = \frac{1}{2} \qquad \cos\frac{\pi}{6} = \text{OQ} = \frac{\sqrt{3}}{2} \qquad \tan\frac{\pi}{6} = \frac{\text{PQ}}{\text{OQ}} = \frac{1}{\sqrt{3}}$$

例： $\theta = \dfrac{3}{4}\pi$ のとき

また $\theta = \dfrac{3}{4}\pi$（$= 135°$）のとき、点 P の位置は右図のようになります。色網の部分の直角三角形の底辺：高さ：斜辺の比は $-1 : 1 : \sqrt{2}$ なので、$\sin\theta$、$\cos\theta$、$\tan\theta$ は、それぞれ次のように求められます。

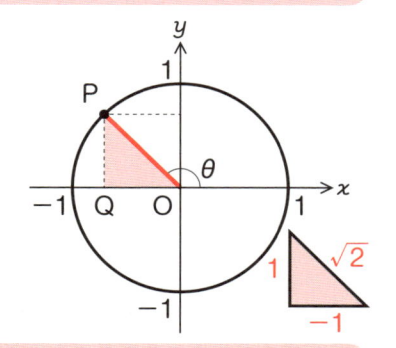

$$\sin\frac{3}{4}\pi = \frac{1}{\sqrt{2}} \qquad\qquad \cos\frac{3}{4}\pi = -\frac{1}{\sqrt{2}} \qquad\qquad \tan\frac{3}{4}\pi = -1$$

例： $\theta = \dfrac{4}{3}\pi$ のとき

$\theta = \dfrac{4}{3}\pi$（$= 240°$）のとき、点 P の位置は右図のようになります。色網の部分の直角三角形の底辺：高さ：斜辺の比は $-1 : -\sqrt{3} : 2$ なので、$\sin\theta$、$\cos\theta$、$\tan\theta$ はそれぞれ次のようになります。

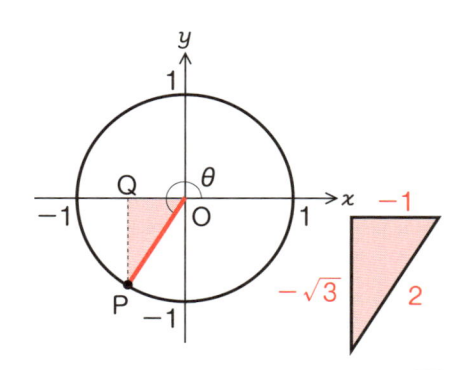

$$\sin\frac{4}{3}\pi = -\frac{\sqrt{3}}{2} \qquad \cos\frac{4}{3}\pi = -\frac{1}{2} \qquad \tan\frac{4}{3}\pi = \sqrt{3}$$

 θ が 360° を超える場合や、マイナスの値の場合はどうなるんですか？

　角度 θ は 2π（= 360°）で1周回ってもとに戻るので、たとえば sin 420° は sin60° と等しくなります。また、θ の方向は左回り（反時計回り）をプラス、右回り（時計回り）をマイナスと約束します。そのため、たとえば cos（− 45°）は cos315° と等しくなります。

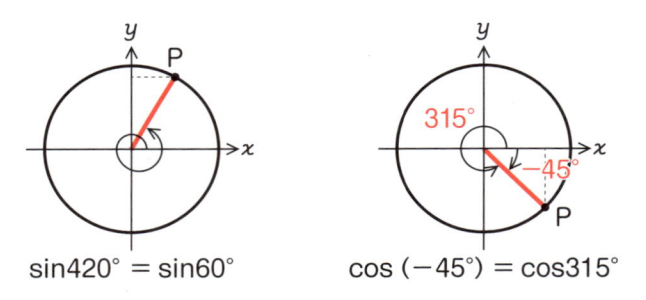

sin420° = sin60° 　　　　　cos（−45°）= cos315°

例題 1 次の条件を満たす θ（$0 \leqq \theta \leqq 2\pi$）の値を求めなさい。

①$\sin\theta = \dfrac{\sqrt{3}}{2}$ 　　②$\cos\theta = -\dfrac{1}{\sqrt{2}}$ 　　③$\tan\theta = \sqrt{3}$

① $\sin\theta = \dfrac{\sqrt{3}}{2}$

　直線 $y = \dfrac{\sqrt{3}}{2}$ と半径1の円周が交わる点を P、P′ とします。P と P′ から x 軸に垂線をおろし、その足をそれぞれ Q、Q′ とすると、三角形 POQ と P′OQ′ は3辺の比が $1 : 2 : \sqrt{3}$ の直角三角形になります。したがって、∠POQ と ∠P′OQ′ は 60°（$= \dfrac{\pi}{3}$）とわかります。

　以上から、θ は 60°（$= \dfrac{\pi}{3}$）または 120°（$= \dfrac{2}{3}\pi$）となります。

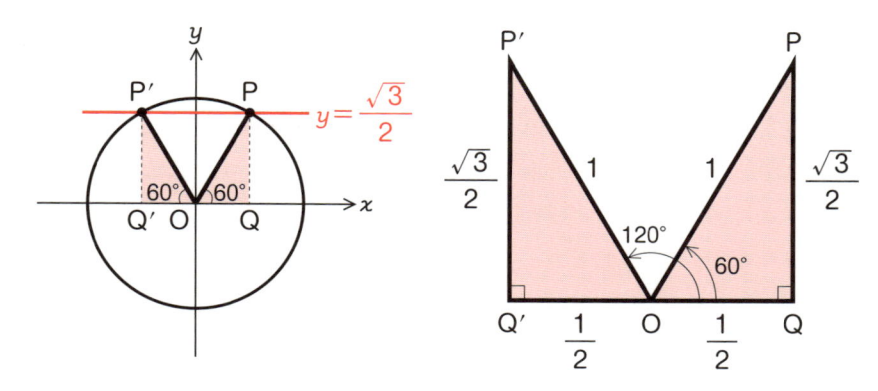

$$\theta = \frac{\pi}{3} \text{ または } \theta = \frac{2}{3}\pi \quad \cdots \text{（答）}$$

② $\cos\theta = -\dfrac{1}{\sqrt{2}}$

　直線 $x = -\dfrac{1}{\sqrt{2}}$ と半径 1 の円周が交わる点を P、P′ とします。直線と x 軸の交点を Q とすると、三角形 POQ と P′OQ はいずれも 3 辺の比が $1:1:\sqrt{2}$ の直角三角形になります。したがって、$\angle$ POQ と $\angle$ P′OQ は $45°\left(=\dfrac{\pi}{4}\right)$ とわかります。

　以上から、θ は $135°\left(=\dfrac{3}{4}\pi\right)$ または $225°\left(=\dfrac{5}{4}\pi\right)$ となります。

$$\theta = \frac{3}{4}\pi \text{ または } \theta = \frac{5}{4}\pi \quad \cdots \text{（答）}$$

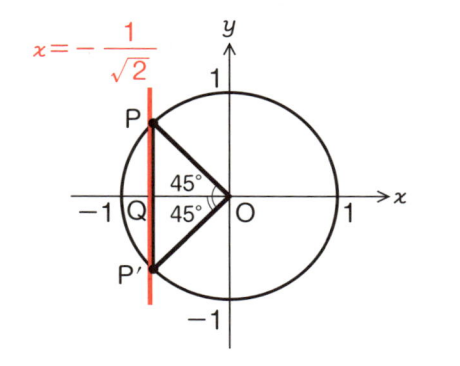

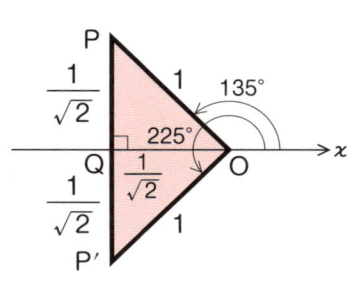

③ $\tan\theta = \sqrt{3}$

　$\tan\theta$ は、直線 OP の傾きを表します。傾きとは、x が1増加したときの y の変化量ですから、x が1増加すると、y は $\tan\theta$ 増加します。

　したがって、原点 O から x 方向に1、y 方向に $\sqrt{3}$ すすんだ点をとり、その点と原点 O を通る直線を引きます。この直線と、半径1の円周が交わる点を P、P′ とします。P と P′ から x 軸に垂線をおろし、その足をそれぞれ Q、Q′ とすると、三角形 POQ と P′OQ′ は3辺の比が $1 : 2 : \sqrt{3}$ の直角三角形になります。したがって、∠POQ と∠P′OQ′ は $60°\left(=\dfrac{\pi}{3}\right)$ とわかります。

　以上から、θ は $60°\left(=\dfrac{\pi}{3}\right)$、または $240°\left(=\dfrac{4}{3}\pi\right)$ とわかります。

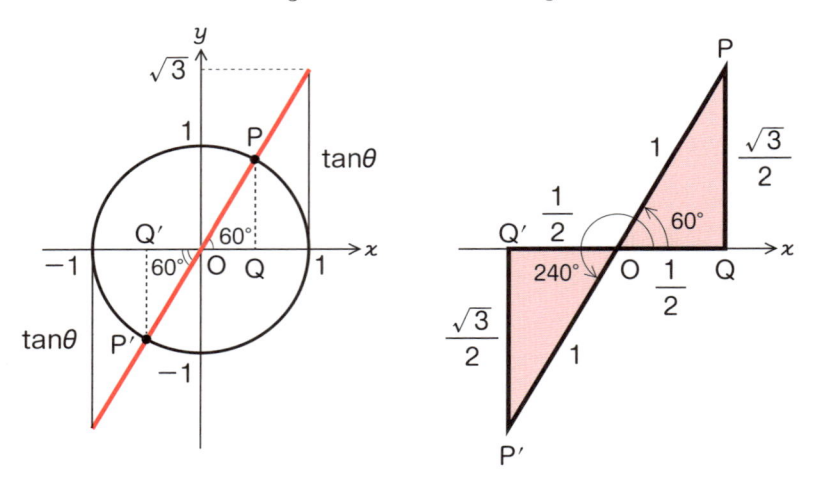

三角関数のグラフ

　点 P が、原点 O を中心とする半径1の円周上を回るとき、$\sin\theta$、$\cos\theta$、$\tan\theta$ は、それぞれ次の図の色線の符号付き長さを表すと考えることができます。

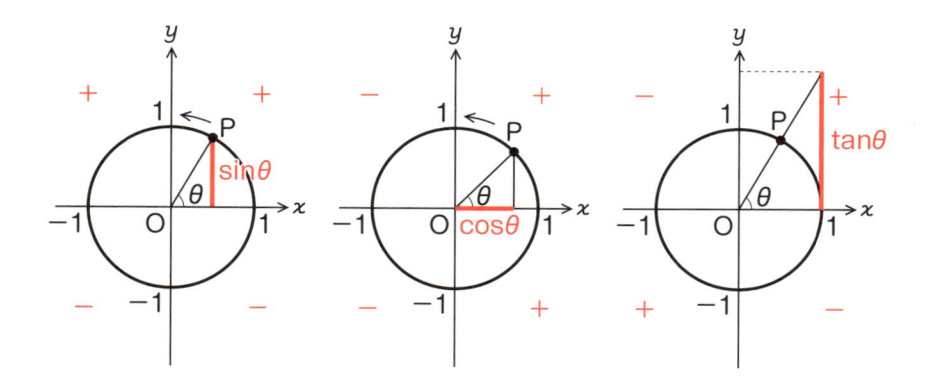

　角度 θ に応じたこれらの長さの変化を、横軸に θ、縦軸に長さをとってグラフに表してみましょう。

① $y = \sin\theta$ のグラフ

　$\sin\theta$ は、$0 < \theta < \pi$ の範囲ではプラス、$\pi < \theta < 2\pi$ の範囲ではマイナスになります。

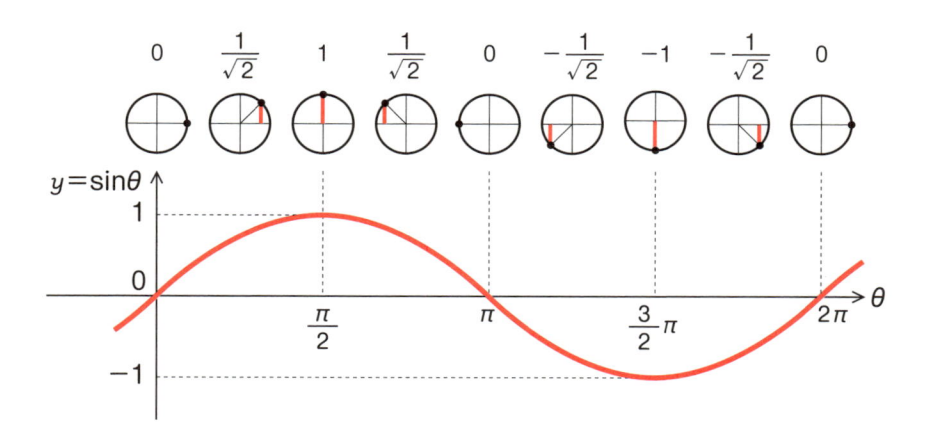

② $y = \cos\theta$ のグラフ

　$\cos\theta$ は $\theta = 0$ のとき 1 で、$\theta = \dfrac{\pi}{2}$（$= 90°$）のとき 0 になります。$\cos\theta$ のグラフは、$\sin\theta$ のグラフを左に $\dfrac{\pi}{4}$ だけずらしたものです。

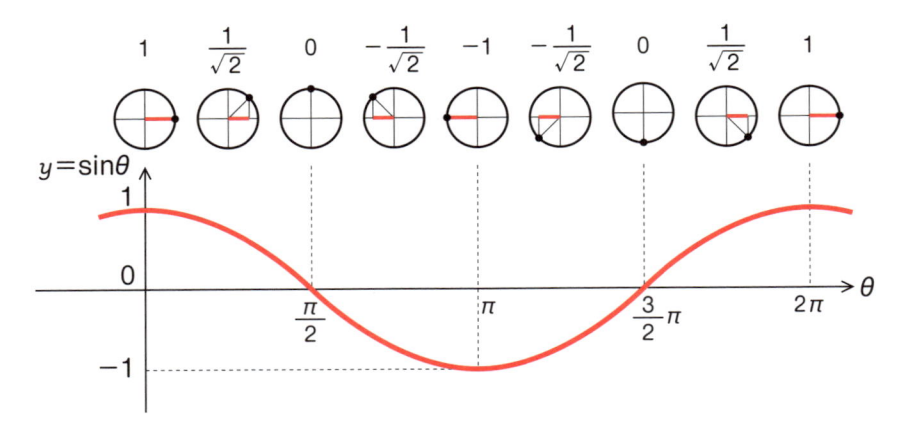

　$\sin\theta$ と $\cos\theta$ は、2π ごとに同じ形のグラフが繰り返される周期関数です。

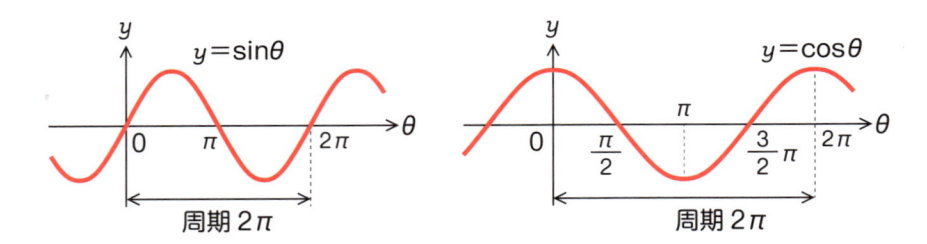

③ $y = \tan\theta$ のグラフ

　直線 OP は θ が $\dfrac{\pi}{2}$ に近づくにつれて垂直に近づき、$\tan\theta$ は無限大に大きくなります。$\theta = \dfrac{\pi}{2}$ のとき、$\tan\theta$ は定義できません。θ が $\dfrac{\pi}{2}$ をごくわずかに超えると、$\tan\theta$ は無限小になります。$\theta = \dfrac{3}{2}\pi$ のときも同様です。

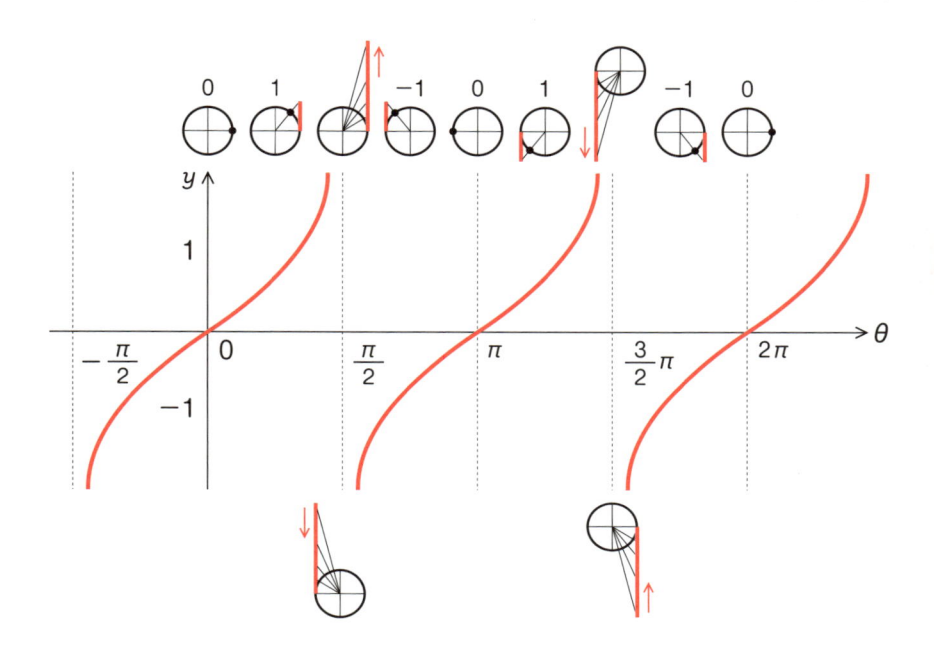

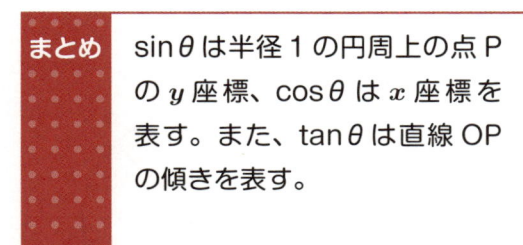

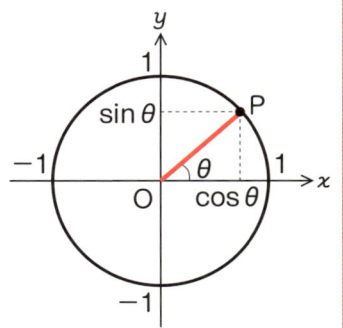

まとめ $\sin\theta$ は半径 1 の円周上の点 P の y 座標、$\cos\theta$ は x 座標を表す。また、$\tan\theta$ は直線 OP の傾きを表す。

3-2 三角関数の重要公式

この節では、三角関数を扱う上で必要な公式をまとめておきます。

たくさんありますね。

三角関数の基本的な公式

まずは、基本的な公式からはじめましょう。

三角関数の基本公式

① $\tan\theta = \dfrac{\sin\theta}{\cos\theta}$

② $\sin^2\theta + \cos^2\theta = 1,\ \ \tan^2\theta = \dfrac{1}{\cos^2\theta} - 1$

③ $\sin(-\theta) = -\sin\theta,\ \ \cos(-\theta) = \cos\theta$

④ $\sin\theta = \cos\left(\dfrac{\pi}{2} - \theta\right),\ \ \cos\theta = \sin\left(\dfrac{\pi}{2} - \theta\right)$

① $\tan\theta = \dfrac{\sin\theta}{\cos\theta}$

原点 O を中心とする半径 1 の円周上の任意の点を P とし、直線 OP と x 軸のなす角を θ とすると、点 P の x 座標は $\cos\theta$, y 座標は $\sin\theta$ になります。$\tan\theta$ は OP の傾きなので、

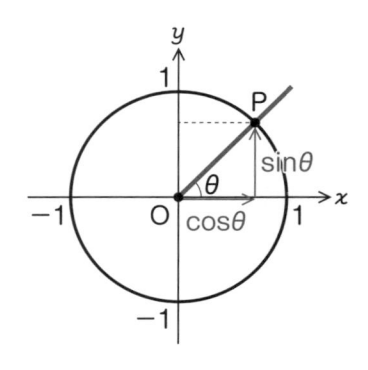

$$\tan\theta = \frac{x}{y} = \frac{\sin\theta}{\cos\theta}$$

で表せます。

② $\sin^2\theta + \cos^2\theta = 1$, $\tan^2\theta = \dfrac{1}{\cos^2\theta} - 1$

右図の直角三角形 OPQ において、底辺 OQ は $\cos\theta$、高さ PQ は $\sin\theta$、斜辺 OP は 1 ですから、三平方の定理より、

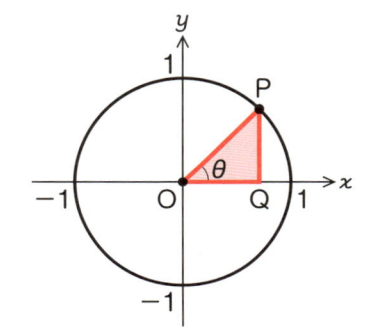

$$\sin^2\theta + \cos^2\theta = 1$$

となります。

また、公式①より、

$$\tan^2\theta = \left(\frac{\sin\theta}{\cos\theta}\right)^2 = \frac{\sin^2\theta}{\cos^2\theta} = \frac{1 - \cos^2\theta}{\cos^2\theta} = \frac{1}{\cos^2\theta} - 1$$

が成り立ちます。

③ $\sin(-\theta) = -\sin\theta$、$\cos(-\theta) = \cos\theta$

半径 1 の円周上に点 P をとり、直線 OP と x 軸との角度を θ とします。次に、点 P と x 軸について対称となるように点 P′ をとると、x 軸と直線 OP′ との角度は $-\theta$ となります。点 P の座標を $(x,\ y)$ とすれば、点 P′ の座標は $(x,\ -y)$ となるので、図より、

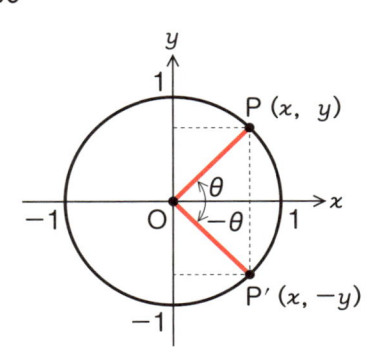

$$x = \cos\theta = \cos(-\theta)$$
$$y = \sin\theta = -\sin(-\theta)$$

となります。

④$\sin\theta = \cos\left(\dfrac{\pi}{2} - \theta\right)$、$\cos\theta = \sin\left(\dfrac{\pi}{2} - \theta\right)$

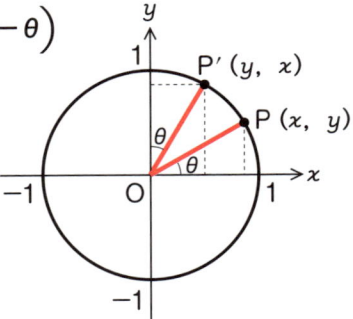

　半径1の円周上に、点Pと点P′を右図のようにとります。点Pの座標を(x, y)とすれば、点P′の座標は(y, x)となるので、

$$x = \cos\theta = \sin\left(\dfrac{\pi}{2} - \theta\right)$$
$$y = \sin\theta = \cos\left(\dfrac{\pi}{2} - \theta\right)$$

となります。

余弦定理

余弦定理は、どんな三角形でも成り立つ次のような定理です。

余弦定理

① $a^2 = b^2 + c^2 - 2bc\,\cos A$
② $b^2 = c^2 + a^2 - 2ca\,\cos B$
③ $c^2 = a^2 + b^2 - 2ab\,\cos C$

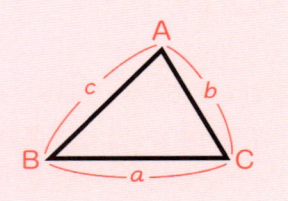

　右図のように、頂点Aから辺BCに垂直な直線をおろし、その足をPとすると、三平方の定理より、

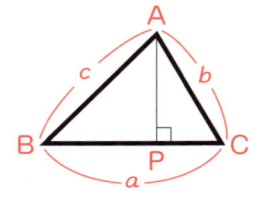

$$c^2 = BP^2 + AP^2 = (a - CP)^2 + AP^2 \quad \cdots ①$$

また、

$$\sin C = \dfrac{AP}{b} \quad \Rightarrow \quad AP = b\sin C \quad \cdots ②$$
$$\cos C = \dfrac{CP}{b} \quad \Rightarrow \quad CP = b\cos C \quad \cdots ③$$

なので、式①に式②③を代入すると、

$$c^2 = (a - b\cos C)^2 + (b\sin C)^2$$
$$= a^2 - 2ab\cos C + b^2\cos^2 C + b^2\sin^2 C$$
$$= a^2 - 2ab\cos C + b^2(\sin^2 C + \cos^2 C)$$
$$= a^2 + b^2 - 2ab\cos C \quad \llcorner_{\rightarrow 1}$$

となり、余弦定理の1つが導出されます。ほかの2つの式も、同様の方法で導出できます。

加法定理

三角形の加法定理は、次のような公式です。

加法定理

① $\sin(\alpha \pm \beta) = \sin\alpha\cos\beta \pm \cos\alpha\sin\beta$

② $\cos(\alpha \pm \beta) = \cos\alpha\cos\beta \mp \sin\alpha\sin\beta$ ※復号同順

　右図のように、原点 O を中心とする半径1の円周上に点 P、Q をとります。x 軸と OP、OQ とのなす角をそれぞれ α、β とすると、点 P の座標は $(\cos\alpha,\ \sin\alpha)$、点 Q の座標は $(\cos\beta,\ \sin\beta)$ と表せます。

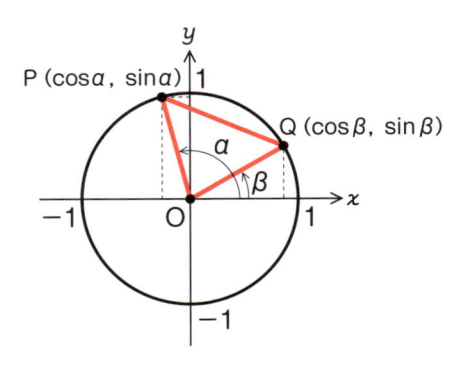

　三角形 OPQ において、線分 PQ は余弦定理より、次のように求められます。

$$PQ^2 = OP^2 + OQ^2 - 2 \cdot OP \cdot OQ \cdot \cos(\alpha - \beta)$$
$$= 1^2 + 1^2 - 2 \cdot 1 \cdot 1 \cdot \cos(\alpha - \beta)$$
$$= 2 - 2\cos(\alpha - \beta) \quad \cdots①$$

一方、右図のように直角三角形 PQR をとれば、線分 PQ は三平方の定理より、次のように求めることができます。

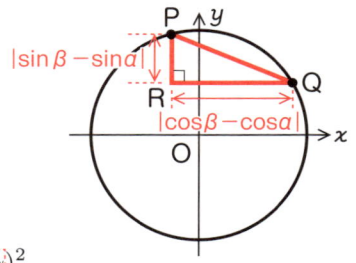

$$PQ^2 = (\underset{\underset{QR}{\uparrow}}{\cos\beta - \cos\alpha})^2 + (\underset{\underset{PR}{\uparrow}}{\sin\beta - \sin\alpha})^2$$

$$= \cos^2\beta - 2\cos\beta\cos\alpha + \cos^2\alpha + \sin^2\beta - 2\sin\beta\sin\alpha + \sin^2\alpha$$

$$= \underset{\underset{1}{\uparrow}}{(\sin^2\alpha + \cos^2\alpha)} + \underset{\underset{1}{\uparrow}}{(\sin^2\beta + \cos^2\beta)} - 2(\cos\beta\cos\alpha + \sin\beta\sin\alpha)$$

$$= 2 - 2(\cos\beta\cos\alpha + \sin\beta\sin\alpha) \quad \cdots ②$$

式①②より、

$$2 - 2\cos(\alpha - \beta) = 2 - 2(\cos\beta\cos\alpha + \sin\beta\sin\alpha)$$

$$\Rightarrow \quad \cos(\alpha - \beta) = \cos\beta\cos\alpha + \sin\beta\sin\alpha \quad \cdots ③$$

　以上で、加法定理の 1 つが導けます。他の加法定理も、式③から次のように導くことができます。

$$\cos(\alpha + \beta) = \cos(\alpha - (-\beta))$$

$$= \cos\alpha\underset{\underset{\cos\beta}{\uparrow}}{\cos(-\beta)} + \sin\alpha\underset{\underset{-\sin\beta}{\uparrow}}{\sin(-\beta)}$$

$$= \cos\alpha\cos\beta - \sin\alpha\sin\beta$$

$$\sin(\alpha + \beta) = \cos\left(\frac{\pi}{2} - (\alpha + \beta)\right) \quad \leftarrow \sin\theta = \cos\left(\frac{\pi}{2} - \theta\right) より$$

$$= \cos\left(\left(\frac{\pi}{2} - \alpha\right) - \beta\right)$$

$$= \underset{\underset{\sin\alpha}{\uparrow}}{\cos\left(\frac{\pi}{2} - \alpha\right)}\cos\beta + \underset{\underset{\cos\alpha}{\uparrow}}{\sin\left(\frac{\pi}{2} - \alpha\right)}\sin\beta \quad \leftarrow 式③より$$

$$= \sin\alpha\cos\beta + \cos\alpha\sin\beta$$

$$\sin(\alpha - \beta) = \sin(\alpha + (-\beta))$$

$$= \sin\alpha\underset{\underset{\cos\beta}{\uparrow}}{\cos(-\beta)} + \cos\alpha\underset{\underset{-\sin\beta}{\uparrow}}{\sin(-\beta)}$$

$$= \sin\alpha\cos\beta - \cos\alpha\sin\beta$$

加法定理から導かれる公式

　加法定理からは、次のような公式が導かれます。これらは、三角関数を含む計算を簡単にするためによく使われます。

加法定理から導かれる公式

①倍角の公式

$$\sin 2\alpha = 2\sin \alpha \cos \alpha$$
$$\cos 2\alpha = \cos^2 \alpha - \sin^2 \alpha = 2\cos^2 \alpha - 1 = 1 - 2\sin^2 \alpha$$

②半角の公式

$$\sin^2 \frac{\alpha}{2} = \frac{1 - \cos \alpha}{2} \qquad \cos^2 \frac{\alpha}{2} = \frac{1 + \cos \alpha}{2}$$

③3倍角の公式

$$\sin 3\alpha = 3\sin \alpha - 4\sin^3 \alpha$$
$$\cos 3\alpha = 4\cos^3 \alpha - 3\cos \alpha$$

④積を和にする公式

$$\sin \alpha \cos \beta = \frac{\sin(\alpha + \beta) + \sin(\alpha - \beta)}{2}$$

$$\cos \alpha \sin \beta = \frac{\sin(\alpha + \beta) - \sin(\alpha - \beta)}{2}$$

$$\cos \alpha \cos \beta = \frac{\cos(\alpha + \beta) + \cos(\alpha - \beta)}{2}$$

$$\sin \alpha \sin \beta = \frac{\cos(\alpha - \beta) - \cos(\alpha + \beta)}{2}$$

⑤和を積にする公式

$$\sin A + \sin B = 2\sin \frac{A+B}{2} \cos \frac{A-B}{2}$$

$$\sin A - \sin B = 2\cos \frac{A+B}{2} \sin \frac{A-B}{2}$$

$$\cos A + \cos B = 2\cos \frac{A+B}{2} \cos \frac{A-B}{2}$$

$$\cos A - \cos B = -2\sin \frac{A+B}{2} \sin \frac{A-B}{2}$$

①倍角の公式

加法定理より、

$$\sin 2\alpha = \sin(\alpha + \alpha) = \sin\alpha\cos\alpha + \cos\alpha\sin\alpha = 2\sin\alpha\cos\alpha$$
$$\cos 2\alpha = \cos(\alpha + \alpha) = \cos\alpha\cos\alpha - \sin\alpha\sin\alpha = \cos^2\alpha - \sin^2\alpha$$

が成り立ちます。$\sin^2\alpha + \cos^2\alpha = 1$ より、$\sin^2\alpha = 1 - \cos^2\alpha$、$\cos^2\alpha = 1 - \sin^2\alpha$ ですから、

$$\cos 2\alpha = \cos^2\alpha - \underbrace{(1 - \cos^2\alpha)}_{\sin^2\alpha} = 2\cos^2\alpha - 1$$
$$\cos 2\alpha = \underbrace{(1 - \sin^2\alpha)}_{\cos^2\alpha} - \sin^2\alpha = 1 - 2\sin^2\alpha$$

となります。

②半角の公式

倍角の公式 $\cos 2\theta = 1 - 2\sin^2\theta$ より、

$$2\sin^2\theta = 1 - \cos 2\theta \quad \Rightarrow \quad \sin^2\theta = \frac{1 - \cos 2\theta}{2}$$

ここで、$\theta = \dfrac{\alpha}{2}$ とおけば、

$$\sin^2\frac{\alpha}{2} = \frac{1 - \cos\alpha}{2}$$

また、$\cos 2\theta = 2\cos^2\theta - 1$ より、

$$2\cos^2\theta = 1 + \cos 2\theta \quad \Rightarrow \quad \cos^2\theta = \frac{1 + \cos 2\theta}{2}$$

ここで、$\theta = \dfrac{\alpha}{2}$ とおけば、

$$\cos^2\frac{\alpha}{2} = \frac{1 + \cos\alpha}{2}$$

となります。

これらの公式は、

$$\sin^2 \alpha = \frac{1 - \cos 2\alpha}{2} \qquad \cos^2 \alpha = \frac{1 + \cos 2\alpha}{2}$$

のように、三角関数の2乗を展開する場合によく使います。

③3倍角の公式

加法定理より、

$$
\begin{aligned}
\sin 3\alpha &= \sin(2\alpha + \alpha) \\
&= \sin 2\alpha \cdot \cos \alpha + \cos 2\alpha \cdot \sin \alpha \quad \leftarrow \text{加法定理より} \\
&= 2\sin \alpha \cos \alpha \cdot \cos \alpha + (1 - 2\sin^2 \alpha) \cdot \sin \alpha \quad \leftarrow \text{倍角の公式} \\
&= 2\sin \alpha \cdot \cos^2 \alpha + \sin \alpha - 2\sin^3 \alpha \\
&= 2\sin \alpha \cdot (1 - \sin^2 \alpha) + \sin \alpha - 2\sin^3 \alpha \quad \leftarrow \sin^2 \alpha + \cos^2 \alpha = 1 \\
&= 2\sin \alpha - 2\sin^3 \alpha + \sin \alpha - 2\sin^3 \alpha \\
&= 3\sin \alpha - 4\sin^3 \alpha
\end{aligned}
$$

また、

$$
\begin{aligned}
\cos 3\alpha &= \cos(2\alpha + \alpha) \\
&= \cos 2\alpha \cdot \cos \alpha - \sin 2\alpha \cdot \sin \alpha \quad \leftarrow \text{加法定理より} \\
&= (2\cos^2 \alpha - 1) \cdot \cos \alpha - 2\sin \alpha \cos \alpha \cdot \sin \alpha \quad \leftarrow \text{倍角の公式より} \\
&= 2\cos^3 \alpha - \cos \alpha - 2\sin^2 \alpha \cos \alpha \\
&= 2\cos^3 \alpha - \cos \alpha - 2(1 - \cos^2 \alpha) \cdot \cos \alpha \quad \leftarrow \sin^2 \alpha + \cos^2 \alpha = 1 \\
&= 2\cos^3 \alpha - \cos \alpha - 2\cos \alpha + 2\cos^3 \alpha \\
&= 4\cos^3 \alpha - 3\cos \alpha
\end{aligned}
$$

となります。これらの公式は、それぞれ

$$
\begin{aligned}
\sin^3 \alpha &= \frac{1}{4}(3\sin \alpha - \sin 3\alpha) \\
\cos^3 \alpha &= \frac{1}{4}(3\cos \alpha + \cos 3\alpha)
\end{aligned}
$$

のように、三角関数の3乗を展開する場合によく使います。

④積を和にする公式

加法定理より、

$$\sin(\alpha + \beta) = \sin\alpha\cos\beta + \cos\alpha\sin\beta \quad \cdots①$$
$$\sin(\alpha - \beta) = \sin\alpha\cos\beta - \cos\alpha\sin\beta \quad \cdots②$$
$$\cos(\alpha + \beta) = \cos\alpha\cos\beta - \sin\alpha\sin\beta \quad \cdots③$$
$$\cos(\alpha - \beta) = \cos\alpha\cos\beta + \sin\alpha\sin\beta \quad \cdots④$$

式①＋②より、$2\sin\alpha\cos\beta = \sin(\alpha + \beta) + \sin(\alpha - \beta)$

$\Rightarrow \quad \sin\alpha\cos\beta = \dfrac{\sin(\alpha + \beta) + \sin(\alpha - \beta)}{2}$

式①－②より、$2\cos\alpha\sin\beta = \sin(\alpha + \beta) - \sin(\alpha - \beta)$

$\Rightarrow \quad \cos\alpha\sin\beta = \dfrac{\sin(\alpha + \beta) - \sin(\alpha - \beta)}{2}$

式③＋④より、$2\cos\alpha\cos\beta = \cos(\alpha + \beta) + \cos(\alpha - \beta)$

$\Rightarrow \quad \cos\alpha\cos\beta = \dfrac{\cos(\alpha + \beta) + \cos(\alpha - \beta)}{2}$

式③－④より、$-2\sin\alpha\sin\beta = \cos(\alpha + \beta) - \cos(\alpha - \beta)$

$\Rightarrow \quad \sin\alpha\sin\beta = -\dfrac{\cos(\alpha + \beta) - \cos(\alpha - \beta)}{2} = \dfrac{\cos(\alpha - \beta) - \cos(\alpha + \beta)}{2}$

　マイナス符号に注意

⑤和を積にする公式

任意の数 A、B において、$A = \alpha + \beta$、$B = \alpha - \beta$ が成り立つような数 α、β を求めます。2つの式を連立方程式として解くと、

$$\alpha = \frac{A + B}{2},\ \beta = \frac{A - B}{2}$$

となります。これらの式を「積を和にする公式」に代入すれば、以下のようになります。

$$\sin \frac{A+B}{2} \cos \frac{A-B}{2} = \frac{\sin A + \sin B}{2}$$

$$\Rightarrow \quad \sin A + \sin B = 2\sin \frac{A+B}{2} \cos \frac{A-B}{2}$$

$$\cos \frac{A+B}{2} \sin \frac{A-B}{2} = \frac{\sin A - \sin B}{2}$$

$$\Rightarrow \quad \sin A - \sin B = 2\cos \frac{A+B}{2} \sin \frac{A-B}{2}$$

$$\cos \frac{A+B}{2} \cos \frac{A-B}{2} = \frac{\cos A + \cos B}{2}$$

$$\Rightarrow \quad \cos A + \cos B = 2\cos \frac{A+B}{2} \cos \frac{A-B}{2}$$

マイナス符号に注意

$$\sin \frac{A+B}{2} \sin \frac{A-B}{2} = \frac{\cos B - \cos A}{2} = -\frac{\cos A - \cos B}{2}$$

$$\Rightarrow \quad \cos A - \cos B = -2\sin \frac{A+B}{2} \sin \frac{A-B}{2}$$

$\dfrac{\sin\theta}{\theta}$ の極限

次の公式は、次節で三角関数の微分を考える上で重要になる公式です。

$$\lim_{\theta \to 0} \frac{\sin\theta}{\theta} = 1$$

この公式は、どういう意味なんですか？

「θ を限りなく 0 に近づけると、$\dfrac{\sin\theta}{\theta}$ は限りなく 1 に近づく」という意味ですね。また、「θ がごく微小な場合には、$\sin\theta = \theta$ とみなしてよい」とも言えます。この公式は以下のように証明できます。

右図のように、原点Oを中心とする半径1の円周上に、点 A、Bをとり、∠AOBを θ とします。また、線分OBの延長と点 A における円の接線との交点を P とします。

$0 < \theta < \dfrac{\pi}{2}$ のとき、図より、

三角形 AOB の面積＜扇形 AOB の面積＜三角形 AOP の面積

が成り立ちます。それぞれの面積を式で表すと、

$$\frac{1}{2}\text{OA} \cdot \sin\theta \;<\; \text{OA}^2 \cdot \pi \cdot \frac{\theta}{2\pi} \;<\; \frac{1}{2}\text{OA} \cdot \text{AP}$$

底辺×高さ÷2　　半径×半径×π×θ÷360°

$$\Rightarrow\quad \frac{1}{2}\sin\theta \;<\; \frac{1}{2}\theta \;<\; \frac{1}{2}\tan\theta \qquad \textcolor{red}{\leftarrow \text{OA}=1,\ \text{AP}=\tan\theta}$$

$$\Rightarrow\quad \sin\theta \;<\; \theta \;<\; \frac{\sin\theta}{\cos\theta} \qquad \textcolor{red}{\leftarrow \text{各辺}\times 2}$$

$$\Rightarrow\quad 1 \;<\; \frac{\theta}{\sin\theta} \;<\; \frac{1}{\cos\theta} \qquad \textcolor{red}{\leftarrow \text{各辺}\div\sin\theta}$$

$$\Rightarrow\quad 1 \;>\; \frac{\sin\theta}{\theta} \;>\; \cos\theta \quad \cdots① \qquad \textcolor{red}{\leftarrow \text{各辺の逆数をとる}}$$
（不等号が逆になる）

θ を限りなく0に近づけると、$\cos\theta$ は限りなく1に近づくので、式① は両側が1に近づきます。よって、「はさみうちの原理」により、$\dfrac{\sin\theta}{\theta}$ は1に近づきます。すなわち、

$$\lim_{\theta \to 0} \frac{\sin\theta}{\theta} = 1$$

また、$\theta < 0$ のときは、$\theta = -t$ $\left(0 < t < \dfrac{\pi}{2}\right)$ とおけば、$t \to 0$ のとき $\theta \to 0$ なので、

$$\lim_{t \to 0} \frac{\sin t}{t} = 1 \quad \Rightarrow \quad \lim_{\theta \to 0} \frac{\sin(-\theta)}{-\theta} = \lim_{\theta \to 0} \frac{-\sin \theta}{-\theta} = \lim_{\theta \to 0} \frac{\sin \theta}{\theta} = 1$$

となります。

 「はさみうちの原理」ってなんですか？

3つの関数 $f(x)$、$g(x)$、$h(x)$ があって、任意の x について

$$f(x) \leqq g(x) \leqq h(x)$$

が成り立つとします。x をある数に近づけたとき、両側の $f(x)$ と $h(x)$ の値がどちらも α に近づくなら、あいだにある $g(x)$ の値も α に近づくというのが、「はさみうちの原理」です。この原理の証明は少し難しいので、のちほど説明しますね。

> **まとめ**　三角関数の公式は、この後の説明で計算を簡単にするために必要です。

3-3 三角関数の微分

本節では、いよいよ三角関数の微分について説明します。
前節で公式の説明をしたので、意外と簡単ですよ。

がんばったかいがありました。

三角関数の微分

三角関数は、次のように微分できます（本節から、変数の文字を x
に変えています）。

> **三角関数の微分**
>
> ① $(\sin x)' = \cos x$ ← サインの微分はコサイン
>
> ② $(\cos x)' = -\sin x$ ← コサインの微分はマイナスサイン
>
> ③ $(\tan x)' = \dfrac{1}{\cos^2 x}$ ← タンジェントの微分はコサインの
> 2乗分の1

① $\sin x$ の微分

$\sin x$ を導関数の定義（27ページ）にしたがって微分すると、次のよ
うになります。

$$(\sin x)' = \lim_{\Delta x \to 0} \frac{\sin(x + \Delta x) - \sin x}{\Delta x}$$

の部分に、89ページの「和を積にする公式」を適用します。

$$= \lim_{\Delta x \to 0} \frac{2 \cos \frac{(x+\Delta x)+x}{2} \sin \frac{(x+\Delta x)-x}{2}}{\Delta x} \quad \leftarrow \sin A - \sin B$$

$$= 2\cos \frac{A+B}{2} \sin \frac{A-B}{2}$$

$$= \lim_{\Delta x \to 0} \frac{2 \cos \frac{2x+\Delta x}{2} \sin \frac{\Delta x}{2}}{\Delta x}$$

$$= \lim_{\Delta x \to 0} \frac{2 \cos \left(x + \frac{\Delta x}{2}\right) \sin \frac{\Delta x}{2}}{\Delta x}$$

$$= \lim_{\Delta x \to 0} \frac{\cos \left(x + \frac{\Delta x}{2}\right) \sin \frac{\Delta x}{2}}{\frac{\Delta x}{2}} \quad \leftarrow 分母と分子を 2 で割る$$

$$= \lim_{\Delta x \to 0} \cos \left(x + \frac{\Delta x}{2}\right) \cdot \boxed{\frac{\sin \frac{\Delta x}{2}}{\frac{\Delta x}{2}}}$$

⬚の部分は「$\dfrac{\sin\theta}{\theta}$ の極限」の公式 (93 ページ) より、1 になります。

$$= \lim_{\Delta x \to 0} \cos \left(x + \frac{\Delta x}{2}\right) \cdot \boxed{1}$$

$$= \cos x \qquad \underset{0}{\downarrow} \qquad \lim_{\Delta x \to 0} \frac{\sin \theta}{\theta} = 1 \, より$$

② cos$x$ の微分

cos$x$ の微分は、sin$x$ の微分から次のように導けます。

$$(\cos x)' = \left(\sin \left(\frac{\pi}{2} - x\right)\right)' \quad \leftarrow \cos\theta = \sin\left(\frac{\pi}{2} - \theta\right)$$

$$= \underbrace{\cos \left(\frac{\pi}{2} - x\right)}_{f'(g(x))} \cdot \underbrace{\left(\frac{\pi}{2} - x\right)'}_{g'(x)} \quad \leftarrow 合成関数の微分$$
$$f'(g(x)) \cdot g'(x)$$

$$= \boxed{\cos \left(\frac{\pi}{2} - x\right)} \cdot (-1)$$

$$= -\sin x \quad \underset{}{\llcorner} \sin\theta = \cos\left(\frac{\pi}{2} - \theta\right)$$

③ tan$x$ の微分

tan$x$ の微分は、sin$x$、cos$x$ の微分から次のように導けます。

$$(\tan x)' = \left(\frac{\sin x}{\cos x}\right)'$$

$$= \frac{(\sin x)' \cos x - \sin x (\cos x)'}{\cos^2 x} \quad \leftarrow \frac{f'(x)\, g(x) - f(x)\, g'(x)}{\{g(x)\}^2}$$

商の微分公式

$$= \frac{\cos x \cos x - \sin x(-\sin x)}{\cos^2 x}$$

$$= \frac{\cos^2 x + \sin^2 x}{\cos^2 x}$$

$$= \frac{1}{\cos^2 x}$$

例題 1 次の三角関数を微分しなさい。

> ① $y = \sin(2x + 3)$ 　　② $y = \cos(5x - 1)$ 　　③ $y = \tan(3x + 2)$

合成関数の微分公式を使って、それぞれ次のように微分します。

① $y = \sin(2x + 3)$ の微分

$$y' = \cos(2x + 3) \cdot (2x + 3)' = \cos(2x + 3) \cdot 2$$
$$= 2\cos(2x + 3) \quad \cdots (答)$$

② $y = \cos(5x - 1)$ の微分

$$y' = -\sin(5x - 1) \cdot (5x - 1)' = -\sin(5x - 1) \cdot 5$$
$$= -5\sin(5x - 1) \quad \cdots (答)$$

③ $y = \tan(3x + 2)$ の微分

$$y' = \frac{1}{\cos^2(3x + 2)} \cdot (3x + 2)' = \frac{3}{\cos^2(3x + 2)} \quad \cdots (答)$$

例題 1 のような形の三角関数の微分は、次のような公式として覚え

てしまうと便利です。

$$\sin(ax+b) \text{ の微分}: \{\sin(ax+b)\}' = a\cos(ax+b)$$
$$\cos(ax+b) \text{ の微分}: \{\cos(ax+b)\}' = -a\sin(ax+b)$$
$$\tan(ax+b) \text{ の微分}: \{\tan(ax+b)\}' = \frac{a}{\cos^2(ax+b)}$$

三角関数の微分をイメージで理解する

　$\sin x$ の微分がなぜ $\cos x$ になるのかを、幾何学的に考えてみましょう。

　原点 O を中心にした半径 1 の円の円周上に点 P をおき、線分 OP とヨコ軸との角度を x とします。次に、線分 OP を微小な角度 dx だけ回転させた線分 OP′ を描き、P、P′ からヨコ軸におろした垂線の足をそれぞれ Q、Q′ とします（下図）。

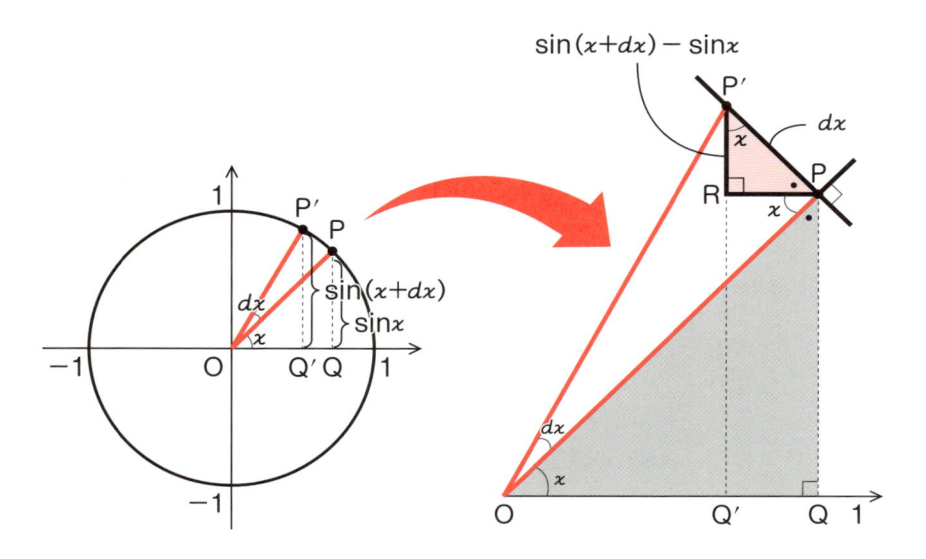

　微分とは「x の微小な増分に対する y の変化量」だったのを覚えていますか？　x の増分は dx、また、y の変化量は線分 P′Q′ と線分 PQ との差 P′R ですから、$\sin x$ の微分は

$$(\sin x)' = \frac{P'Q' - PQ}{dx} = \frac{\sin(x + dx) - \sin x}{dx}$$

で求められます（dx は「限りなく 0 に近い x」という意味なので、lim は不要）。

　さて、前ページの図で、色のついた小さな直角三角形 PP'R に注目してください。線分 PP' はほんとうは円弧ですが、ごくごく微小なので、線分 OP と垂直に交わる直線とみなします。

　線分 PP' の長さは、直角三角形 OPP' の高さですから、$\sin(dx)$ で求められます。また「角度 θ がごく小さいときは、$\theta = \sin\theta$ とみなしてよい」というルール（93 ページ）により、$\sin(dx) = dx$ とします。

　直角三角形 PP'R と直角三角形 OPQ は、2 つの角（直角と・印の角）がそれぞれ等しいので相似形です。したがって $\angle$ P' の角度は x であり、直角三角形 PP'R について、

$$\cos x = \frac{P'R}{PP'} = \frac{\sin(x + dx) - \sin x}{dx}$$

が成り立ちます。以上から、$\sin x$ の微分が $\cos x$ と等しいことが確認できます。

　なお、$\cos x$ の微分についても同様に、前ページの図より、

$$\sin x = \frac{PR}{PP'} = \frac{\cos x - \cos(x + dx)}{dx} = -(\cos x)'$$

が成り立つので、$\cos x$ の微分が $-\sin x$ になることが確認できます。

まとめ 　$(\sin x)' = \cos x,\ \ (\cos x)' = -\sin x$

　$(\tan x)' = \dfrac{1}{\cos^2 x}$

3-4 逆三角関数

> 三角関数の逆関数を、逆三角関数といいます。

> 三角関数の逆関数って、どんな関数なんだろう。

逆三角関数

$y = \sin x$ の逆関数を考えてみましょう。逆関数は、元の関数の出力値を入力し、入力値を出力する関数でしたね。したがって $\sin x$ の逆関数は、$\sin x$ の値を入力すると、角度 x を出力します。

たとえば、$\sin \dfrac{\pi}{6} = \dfrac{1}{2}$ ですから、$\sin x$ の逆関数は $\dfrac{1}{2}$ を入力すると $\dfrac{\pi}{6}$ を出力します。

逆関数のグラフは、元の関数のグラフの横軸と縦軸を入れ替えればよいのでした（64 ページ）。$\sin x$ のグラフの横軸と縦軸を入れ替えると、次のようになります。

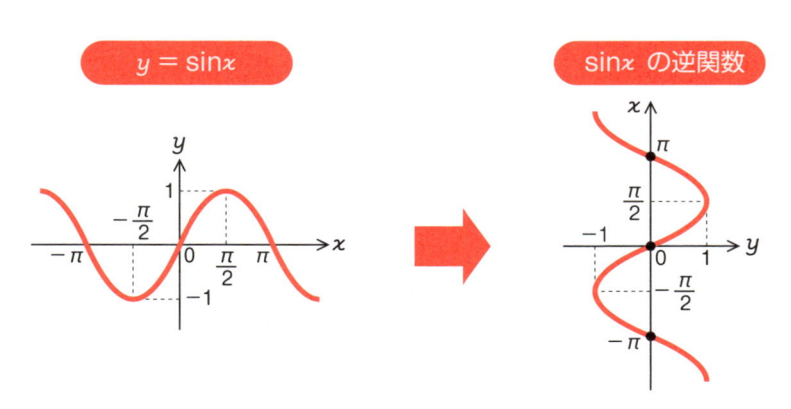

この sin$x$ の逆関数のグラフは、このままでは関数として正しくないんです。どこがおかしいかわかりますか？

えーと、1 個の入力に対して、出力が何個もあるのはマズイんじゃないですか？

そうなんです。たとえば sin$x$ が 0 になる x の値は、$-\pi$, 0, π, …などがあって、1 つに定まりません。ただし、右図のように x の範囲を $-\dfrac{\pi}{2} \leqq x \leqq \dfrac{\pi}{2}$ に限定すれば、逆関数の値も 1 つに定まります。

このような sin$x$ の逆関数をアークサインといい、arcsin$x$ または sin^{-1}x と書きます。逆関数では定義域と値域が元の関数と逆になるので、arcsin$x$ の定義域と値域は次のようになります。

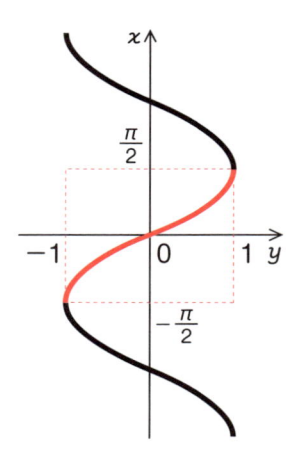

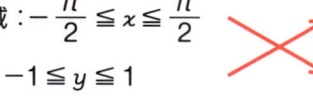

$y = \sin x$　　　$y = \arcsin x$

定義域：$-\dfrac{\pi}{2} \leqq x \leqq \dfrac{\pi}{2}$　　定義域：$-1 \leqq x \leqq 1$

値域：$-1 \leqq y \leqq 1$　　値域：$-\dfrac{\pi}{2} \leqq y \leqq \dfrac{\pi}{2}$

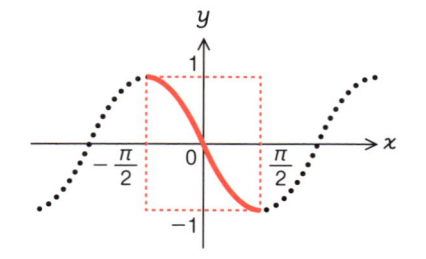

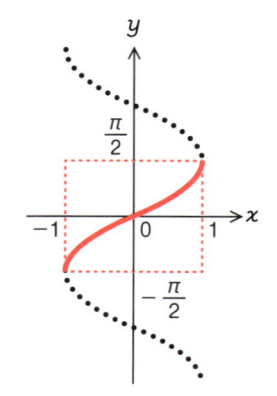

> **sin$x$ の逆関数**
>
> $\sin x\left(-\dfrac{\pi}{2} \leqq x \leqq \dfrac{\pi}{2}\right)$ の逆関数を arcsin$x$ または sin^{-1}x という。
>
> $y = \arcsin x \left(-1 \leqq x \leqq 1,\ -\dfrac{\pi}{2} \leqq y \leqq \dfrac{\pi}{2}\right)$

$\cos x$、$\tan x$ の逆関数も同様に考えてみましょう。

$\cos x$ のグラフの縦軸と横軸を入れ替えると、次のようになります。

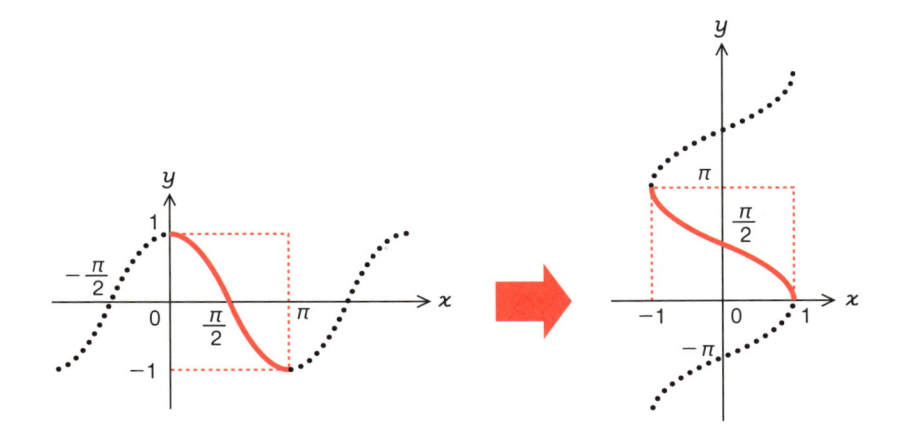

$\square$ で囲んだ部分が、逆関数の出力がひとつに定まるようにした x の範囲です。このような $\cos x$ の逆関数をアークコサインといい、arccos$x$ または $\cos^{-1}x$ と書きます。

> **cos$x$ の逆関数**
>
> $\cos x\ (0 \leqq x \leqq \pi)$ の逆関数を arccos$x$ または $\cos^{-1}x$ という。
>
> $y = \arccos x\ (-1 \leqq x \leqq 1,\ 0 \leqq y \leqq \pi)$

同様に、$\tan x$ のグラフの縦軸と横軸を入れ替えると、次のようになります。

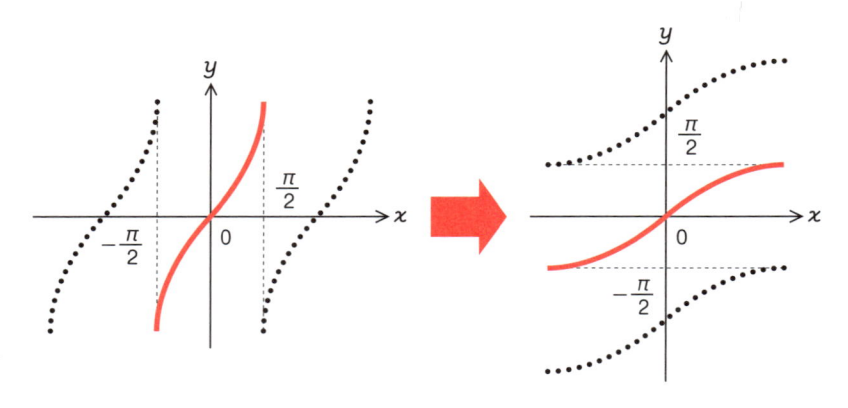

　$\tan x$ の逆関数を**アークタンジェント**といい、$\arctan x$ または $\tan^{-1} x$ と書きます。

---

tan$x$ の逆関数

$\tan x \left(-\dfrac{\pi}{2} < x < \dfrac{\pi}{2}\right)$ の逆関数を$\arctan x$または$\tan^{-1} x$という。

$$y = \arctan x \quad \left(-\infty < x < \infty,\ -\dfrac{\pi}{2} < y < \dfrac{\pi}{2}\right)$$

例題 1 次の関数の値を求めなさい。

① $\arcsin \left(\dfrac{1}{2}\right)$ 　　　② $\arccos \left(-\dfrac{1}{2}\right)$ 　　　③ $\arctan (1)$

① $\arcsin \left(\dfrac{1}{2}\right)$

　$\arcsin \left(\dfrac{1}{2}\right) = \theta$ とおくと、$\sin\theta = \dfrac{1}{2}$,
$-\dfrac{\pi}{2} \leq \theta \leq \dfrac{\pi}{2}$ が成り立ちます。これを
満たす θ は $\theta = \dfrac{\pi}{6}$（右図）なので、

$$\arcsin \left(\dfrac{1}{2}\right) = \dfrac{\pi}{6} \quad \cdots \text{（答）}$$

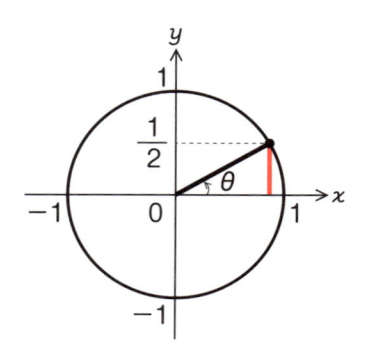

② arccos $\left(-\dfrac{1}{2}\right)$

arccos $\left(-\dfrac{1}{2}\right) = \theta$ とおくと、$\cos\theta = -\dfrac{1}{2}$, $0 \leqq \theta \leqq \pi$ が成り立ちます。これを満たす θ は $\theta = \dfrac{2}{3}\pi$（右図）なので、

$$\text{arcsin} \left(-\dfrac{1}{2}\right) = \dfrac{2}{3}\pi \quad \cdots \text{（答）}$$

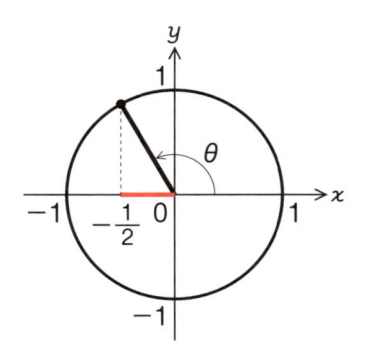

③ arctan (1)

arctan $(1) = \theta$ とおくと、$\tan\theta = 1$, $-\dfrac{\pi}{2} < \theta < \dfrac{\pi}{2}$ が成り立ちます。これを満たす θ は $\theta = \dfrac{\pi}{4}$（右図）なので、

$$\text{arctan} (1) = \dfrac{\pi}{4} \quad \cdots \text{（答）}$$

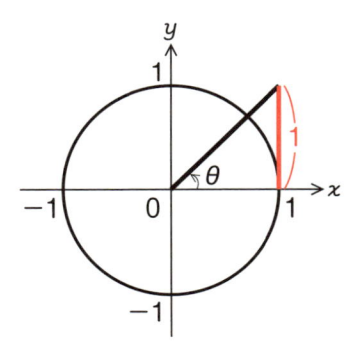

逆三角関数の微分

逆三角関数の微分は次のようになります。

逆三角関数の微分

① $(\text{arcsin}x)' = \dfrac{1}{\sqrt{1-x^2}}$

② $(\text{arccos}x)' = -\dfrac{1}{\sqrt{1-x^2}}$

③ $(\text{arctan}x)' = \dfrac{1}{1+x^2}$

---

① arcsin$x$ の微分

$y = \arcsin x \ (-1 \leqq x \leqq 1, \ -\dfrac{\pi}{2} \leqq y \leqq \dfrac{\pi}{2})$ を x についての式で表すと、次のようになります。

$$x = \sin y$$

この式の両辺を y で微分します。

$$\frac{dx}{dy} = \cos y$$

上の式の $\cos y$ は、$\sin^2 y + \cos^2 = 1, \ -\dfrac{\pi}{2} \leqq y \leqq \dfrac{\pi}{2}$ より、

$$\cos y = \sqrt{1 - \sin^2 y}$$

と表せます。したがって、

$$\frac{dx}{dy} = \sqrt{1 - \sin^2 y}$$

$$\frac{dy}{dx} = \frac{1}{\frac{dx}{dy}} = \frac{1}{\sqrt{1 - \sin^2 y}} = \frac{1}{\sqrt{1 - x^2}} \qquad \textcolor{red}{\leftarrow \text{逆関数の微分 (66 ページ)}}$$

② arccos$x$ の微分

$y = \arccos x \ (-1 \leqq x \leqq 1, \ 0 \leqq y \leqq \pi)$ を x についての式で表すと、次のようになります。

$$x = \cos y$$

この式の両辺を y で微分します。

$$\frac{dx}{dy} = -\sin y$$

上の式の $\sin y$ は、$\sin^2 y + \cos^2 = 1, \ 0 \leqq y \leqq \pi$ より、

$$\sin y = \sqrt{1 - \cos^2 y}$$

と表せます。したがって、

$$\frac{dx}{dy} = -\sqrt{1 - \cos^2 y}$$

$$\frac{dy}{dx} = \frac{1}{\frac{dx}{dy}} = \frac{1}{-\sqrt{1 - \cos^2 y}} = -\frac{1}{\sqrt{1 - x^2}}$$

③ arctan$x$ の微分

$y = \arctan x \left(-\infty < x < \infty, \ -\frac{\pi}{2} < y < \frac{\pi}{2} \right)$ を x についての式で表すと、次のようになります。

$$x = \tan y$$

この式の両辺を y で微分します。

$$\frac{dx}{dy} = \frac{1}{\cos^2 y}$$

上の式の右辺は、 $\tan^2 x = \dfrac{1}{\cos^2 x} - 1$ より、$1 + \tan^2 y$ と変形できます。したがって、

$$\frac{dx}{dy} = 1 + \tan^2 y$$

$$\frac{dy}{dx} = \frac{1}{\frac{dx}{dy}} = \frac{1}{1 + \tan^2 y} = \frac{1}{1 + x^2}$$

まとめ	・サイン，コサイン，タンジェントの逆関数は，アークサイン，アークコサイン，アークタンジェント。 ・アークサイン，アークコサイン，アークタンジェントの微分を覚えよう。

3-5 指数関数

この節では、指数法則について簡単に復習してから、指数関数について説明しましょう。

よろしくお願いします！

指数法則と指数の拡張

ある数 a を n 回掛け合わせた数を「a の n 乗」といい、a^n と書きます。a の右肩に乗っている数 n を指数といい、a を底といいます。

$$\underbrace{a \times a \times a \times \cdots \times a}_{n\,回} = a^{n} \leftarrow 指数$$

底

指数については次のような法則があります。

指数法則

① $a^m \times a^n = a^{m+n}$ $\Rightarrow$ $a^3 \times a^2 = (a \times a \times a) \times (a \times a) = a^{5(=3+2)}$

② $\dfrac{a^m}{a^n} = a^{m-n}$ $\Rightarrow$ $\dfrac{a^5}{a^3} = \dfrac{a \times a \times a \times a \times a}{a \times a \times a} = a^{2\,(=5-3)}$

③ $(a^m)^n = a^{mn}$ $\Rightarrow$ $(a^3)^2 = a^3 \times a^3 = a \times a \times a \times a \times a \times a$
$\qquad\qquad\qquad\qquad = a^{6\,(=3\times2)}$

④ $(ab)^n = a^n b^n$ $\Rightarrow$ $(ab)^3 = ab \times ab \times ab = a \times a \times a \times b \times b \times b$
$\qquad\qquad\qquad\qquad = a^3 b^3$

また、指数法則を拡張すると、「a の 0 乗」や「a のマイナス 2 乗」「a

の$\frac{5}{7}$乗」のような指数が使えるようになります。

> **指数法則の拡張**
>
> ⑤ $a^0 = 1$ ⇒ $3^0 = 1$
>
> ⑥ $a^{-n} = \dfrac{1}{a^n}$ ⇒ $a^{-3} = \dfrac{1}{a^3}$
>
> ⑦ $a^{\frac{m}{n}} = \sqrt[n]{a^m}$ ⇒ $a^{\frac{3}{2}} = \sqrt{a^3},\ a^{-\frac{3}{2}} = \sqrt{a^{-3}} = \sqrt{\dfrac{1}{a^3}} = \dfrac{1}{\sqrt{a^3}}$

⑤ $a^0 = 1$

一般に、$\dfrac{a^n}{a^n} = 1$ ですが、指数法則②より、

$$\frac{a^n}{a^n} = a^{n-n} = a^0$$

ですから、$a^0 = 1$ が成り立ちます。

⑥ $a^{-n} = \dfrac{1}{a^n}$

指数法則①より、$a^{m-n} = a^{m+(-n)} = a^m \times a^{-n}$

また、指数法則②より、$a^{m-n} = \dfrac{a^m}{a^n} = a^m \times \dfrac{1}{a^n}$

したがって、$a^{-n} = \dfrac{1}{a^n}$

⑦ $a^{\frac{m}{n}} = \sqrt[n]{a^m}$

指数法則③より、$\left(a^{\frac{1}{n}} \right)^n = a^{\frac{n}{n}} = a^1 = a$

となるので、$a^{\frac{1}{n}}$ は「n 乗すると a になる数」すなわち「a の n 乗根」$\sqrt[n]{a}$ を表します。したがって、

$$a^{\frac{m}{n}} = (a^m)^{\frac{1}{n}} = \sqrt[n]{a^m}$$

となります。

無理数の指数について

指数法則①〜⑦から、分数で表せる数（有理数）であればどのような数でも、指数に指定できることがわかります。

 無理数の指数は指定できないんですか？

たとえば「2の$\sqrt{2}$乗」のような無理数の指数については、次のように考えます。$\sqrt{2}$ は、1.41421356…のように分数で表すことができません。ただし、$1.41 < \sqrt{2} < 1.42$ ですから、

$$2^{1.41} \quad < \quad 2^{\sqrt{2}} \quad < \quad 2^{1.42}$$

のように、2つの「2の有理数乗」を使って値の範囲を指定することはできます。この有理数の指数の精度を上げていくと、値の範囲がどんどん狭められていきます。

$$2^{1.414} \quad < \quad 2^{\sqrt{2}} \quad < \quad 2^{1.415}$$
$$2^{1.4142} \quad < \quad 2^{\sqrt{2}} \quad < \quad 2^{1.4143}$$
$$2^{1.41421} \quad < \quad 2^{\sqrt{2}} \quad < \quad 2^{1.41422}$$
$$2^{1.414213} \quad < \quad 2^{\sqrt{2}} \quad < \quad 2^{1.414214}$$
$$\vdots \qquad\qquad\qquad \vdots$$

指数の精度を限りなく上げていくと、両側の値はどちらも $2^{\sqrt{2}}$ に限りなく近づくので、「はさみうちの原理」により、真ん中の値が1つに定まります。

無理数の指数は、このような形で定義されます。

指数関数とは

$y = a^x$ のように、x を入力すると「a の x 乗」を出力する関数を、a を底とする x の指数関数といいます。ただし、a は1でない正の定数（$a > 0$, $a \neq 1$）とします。

指数関数のグラフを描いてみましょう。指数関数 $y = a^x$ のグラフは、$a > 1$ のときと、$0 < a < 1$ の場合とに分けて考えます。

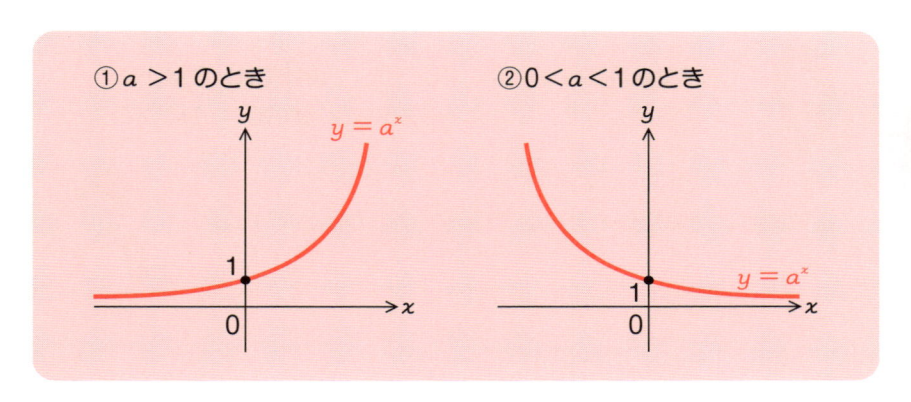

①$a > 1$ のとき

②$0 < a < 1$ のとき

①$a > 1$ のとき

グラフは x の増加にしたがって y も増加する**単調増加**になります。また、x が 0 より小さいとき、$y = \dfrac{1}{a^{|x|}}$ となり、x が減少するにつれて限りなく 0 に近づきます。

②$0 < a < 1$ のとき

グラフは x の増加にしたがって y が減少する**単調減少**になります。x が 0 より大きいとき、y の値は x が増加するにつれて限りなく 0 に近づきます。

指数関数のグラフの y 切片はかならず 1 になることも覚えておきましょう。

> **まとめ**
> - 指数には有理数も無理数も指定できる。
> - 指数関数は，点 (0, 1) を通り，$a > 1$ のときは単調増加，$0 < a < 1$ のときは単調減少のグラフとなる。

3-6 対数関数

前節で指数関数を説明しましたが、この節では対数関数について説明します。じつは、対数関数は指数関数の逆関数です。

指数関数と対数関数でセットで理解するのがいいですね。

対数とは

たとえば「2の3乗」は「2を3回掛けた数」を表し、$2^3 = 8$ となります。これに対し「2を何乗したら8になるか」を、2を**底**とする8の**対数**といいます。

2を3乗した数は？　　　2を何乗すると8になる？

$$2^3 = 8 \quad \Longrightarrow \quad \log_2 8 = 3$$

一般に、a を底とする N の対数を、$\log_a N$ のように表します。$\log_a N$ は「a を何乗したら N になるか」を表し、$a^x = N$ であれば $\log_a N = x$ となります。また、N を対数 x の**真数**といいます。

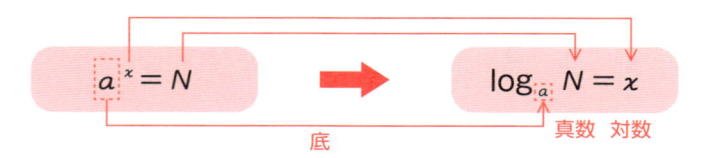

例：$\log_5 25 = 2$ ← 25 は 5 の 2 乗

$\log_{10} \dfrac{1}{1000} = -3$ ← $\dfrac{1}{1000}$ は 10 の −3 乗

$\log_2 \sqrt{2} = \dfrac{1}{2}$ ← $\sqrt{2}$ は 2 の $\dfrac{1}{2}$ 乗

なぜ、こんなややこしい数があるんですか？

　対数は、巨大な数を扱うのに便利なんです。たとえば、野球でホームラン数が 100 本を超えたことを「3 ケタ本塁打」などということがありますね。「100」という大きな数を、「3」というより小さな数で表しています。このように、本来の数（真数）が大きい数のときは、対数を使ったほうが扱いやすいことがよくあります。

対数の性質

　対数には、次のような基本的な性質があります。

> **対数の性質**
>
> ① $\log_a a^k = k$
>
> ② $\log_a a = 1,\ \log_a 1 = 0$
>
> ③ $\log_a N^k = k\log_a N$
>
> ④ $\log_a MN = \log_a M + \log_a N$
>
> ⑤ $\log_a \dfrac{M}{N} = \log_a M - \log_a N$
>
> ⑥ $\log_a b = \dfrac{\log_c b}{\log_c a}$

① $\log_a a^k = k$

　$\log_a a^k$ は、「a を何乗すると a^k になるか」を表すので、当然 k になります。

② $\log_a a = 1,\ \log_a 1 = 0$

　$\log_a a$ は、「a を何乗すると a になるか」を表すので、$a^1 = a$ より 1 です。また、$\log_a 1$ は「a を何乗すると 1 になるか」を表すので、$a^0 = 1$ より 0 になります。

③ $\log_a N^k = k \log_a N$

$\log_a N = x$ とすると、$a^x = N$ より、

$$a^{kx} = N^k$$

が成り立ちます。上の式は「a を kx 乗すると N^k になる」ことを表すので、

$$\log_a N^k = kx = k \log_a N$$

となります。

④ $\log_a MN = \log_a M + \log_a N$

$\log_a M = x,\ \log_a N = y$ とすると、$a^x = M,\ a^y = N$ なので、

$$MN = a^x \times a^y = a^{x+y}$$

上の式は「a を $x + y$ 乗すると MN になる」ことを表すので、

$$\log_a MN = x + y = \log_a M + \log_a N$$

となります。真数同士の掛け算を、対数の足し算で表すことができる公式です。

⑤ $\log_a \dfrac{M}{N} = \log_a M - \log_a N$

$\log_a M = x,\ \log_a N = y$ とすると、$a^x = M,\ a^y = N$ なので、

$$\frac{M}{N} = \frac{a^x}{a^y} = a^{x-y}$$

上の式は「a を $x - y$ 乗すると $\dfrac{M}{N}$ になる」ことを表すので、

$$\log_a \frac{M}{N} = x - y = \log_a M - \log_a N$$

となります。真数同士の割り算を、対数の引き算で表すことができる公式です。

⑥ $\log_a b = \dfrac{\log_c b}{\log_c a}$

$\log_a b = x$, $\log_c a = y$, $\log_c b = z$ とおくと、

$$b = a^x \ \cdots① 、 \ a = c^y \ \cdots② 、 \ b = c^z \ \cdots③$$

式①③より、 $a^x = c^z \quad \cdots④$

式④に式②を代入して、

$$(c^y)^x = c^z \quad \Rightarrow \quad c^{xy} = c^z$$

したがって、

$$xy = z \quad \Rightarrow \quad x = \frac{z}{y} \quad \Rightarrow \quad \log_a b = \frac{\log_c b}{\log_c a}$$

となります。この公式は、対数の底を任意の値に変更したいときに使います。

対数関数

$y = \log_a x$ のように、真数 x を入力すると、その対数を出力する関数を、a を底とする x の対数関数といいます。ただし、a は1でない正の定数（$a > 0$, $a \neq 1$）で、定義域は $x > 0$ とします。

対数関数のグラフを描いてみましょう。対数関数 $y = \log_a x$ のグラフは、$a > 1$ のときと、$0 < a < 1$ の場合とに分けて考えます。

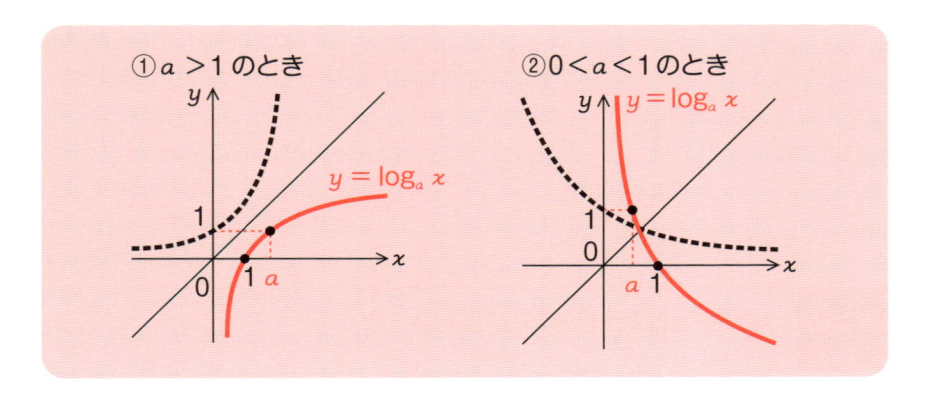

① $a > 1$ のとき

グラフは x の増加にしたがって y も増加する単調増加になります。

② $0 < a < 1$ のとき

グラフは x の増加にしたがって y が減少する単調減少になります。

$\log_a 1 = 0$、$\log_a a = 1$ より、対数関数のグラフはかならず $(1,\ 0)$ と $(a,\ 1)$ の 2 点を通ります。また、$y = \log_a x$ のグラフは、$y = a^x$ のグラフと直線 $y = x$ をはさんで対称になります。じつは、$y = \log_a x$ は、指数関数 $y = a^x$ の逆関数です。

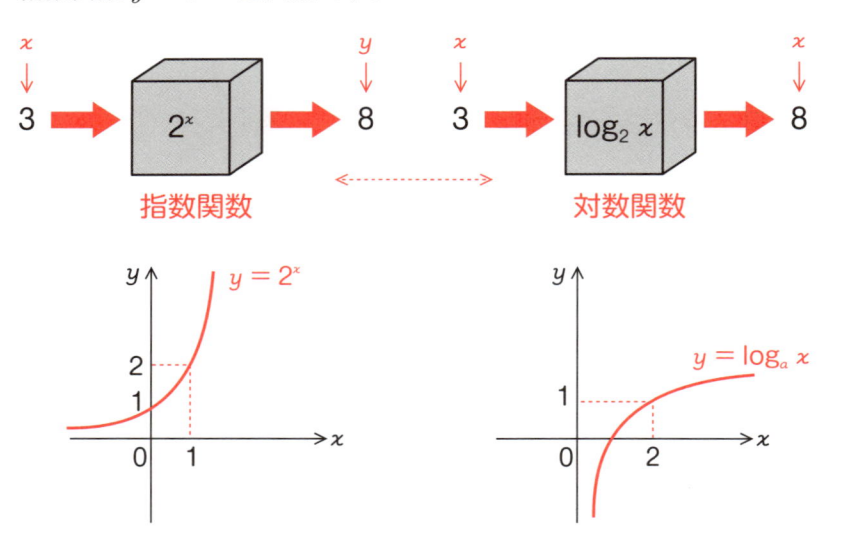

まとめ 対数関数は指数関数の逆関数。

3-7 対数関数・指数関数の微分

対数関数と指数関数の微分について説明します。対数関数を微分すると、ネイピア数と呼ばれる定数が現れます。

ネイピア数ってなんでしょう？

対数関数の微分とネイピア数

まず、対数関数の微分から説明しましょう。対数関数 $y = \log_a x$ $(a > 0,\ a \ne 1)$ を導関数の定義（27 ページ）にしたがって微分すると、次のようになります。

$$(\log_a x)' = \lim_{\Delta x \to 0} \frac{\log_a(x + \Delta x) - \log_a x}{\Delta x}$$

$$\log_a \frac{M}{N} = \log_a M - \log_a N$$

$$= \lim_{\Delta x \to 0} \frac{1}{\Delta x} \log_a \frac{x + \Delta x}{x}$$

$$= \lim_{\Delta x \to 0} \frac{1}{\Delta x} \log_a \left(1 + \frac{\Delta x}{x}\right)$$

ここで、（ややトリッキーですが）$\frac{x}{\Delta x} = n$ とおきます。n は、Δx を 0 に近づけると無限大に大きくなります。また、$\Delta x = \frac{x}{n}$ より、

$$= \lim_{n \to \infty} \frac{n}{x} \log_a \left(1 + \frac{1}{n}\right) \quad \leftarrow n = \frac{x}{\Delta x} \text{ を代入}$$

$$= \lim_{n \to \infty} \frac{1}{x} \log_a \left(1 + \frac{1}{n}\right)^n \quad \cdots ①$$

この式の中に現れた $\left(1 + \frac{1}{n}\right)^n$ は、n を無限大に大きくしていくと、

117

ある定数に近づきます（右表参照）。この定数を**ネイピア数**といい、記号 e で表します。

n	$\left(1+\dfrac{1}{n}\right)^n$
1	2
10	2.59374246
100	2.704813829
1000	2.716923932
1000	2.716923932
10000	2.718145927
100000	2.718268237
$\vdots$	$\vdots$
∞	2.718281828

$$\text{ネイピア数}: e = \lim_{n \to \infty}\left(1+\frac{1}{n}\right)^n = \underset{\text{ネイピア数}}{2.7182818\cdots}$$

式①をネイピア数 e を使って書き直すと、次のようになります。

$$(\log_a x)' = \frac{1}{x}\log_a e = \frac{1}{x}\frac{\log_e e}{\log_e a} = \frac{1}{x\log_e a}$$

↑ 対数の底を e に変換

底をネイピア数 e とする対数を、とくに**自然対数**といいます。x の自然対数 $\log_e x$ は、$\ln x$ と書いたり、単に底を省略して $\log x$ と書いたりします。すなわち、

対数関数の微分①

$$(\log_a x)' = \frac{1}{x\log a} \quad \leftarrow \text{底が } a\,(a>0,\ a\neq1) \text{ の場合}$$

また、ネイピア数 e を底とする対数関数 $y = \log x$ は、微分すると

$$(\log x)' = \frac{1}{x \log_e e} = \frac{1}{x}$$

$\rightarrow 1$

のように、単純な分数関数となります。

対数関数の微分②

$$(\log x)' = \frac{1}{x} \quad \leftarrow 底が e の場合（自然対数の微分）$$

なお、$\log_a x$ の x には負の値は指定できませんが、絶対値をとって $\log_a |x|$ とすれば、負の値も指定できます。

$$x > 0 のとき、\quad (\log_a |x|)' = (\log_a x)' = \frac{1}{x \log a}$$

$$x < 0 のとき、\quad (\log_a |x|)' = (\log_a -x)'$$

$$= \frac{1}{(-x) \log a} \cdot (-x)'$$

$$= -\frac{1}{x \log a} \cdot (-1) = \frac{1}{x \log a}$$

以上から、

$$(\log_a |x|)' = \frac{1}{x \log a} \qquad (\log |x|)' = \frac{1}{x}$$

xの絶対値 $\qquad$ xの絶対値

となります。

例題 1 次の関数を微分しなさい。

① $y = \log_{10} x$ ② $y = \log_2 |3x|$ ③ $y = \log (x^2 + 2x - 1)$

119

① $y = \log_{10} x$ の微分

$$y' = \frac{1}{x \log 10}$$

② $y = \log_2 |3x|$ の微分

$$y' = \frac{1}{3x \log 2} \cdot (3x)' = \frac{3}{3x \log 2} = \frac{1}{x \log 2}$$

($\longrightarrow 3$)

③ $y = \log (x^2 + 2x - 1)$ の微分

$$y' = \frac{1}{x^2 + 2x - 1} \cdot (x^2 + 2x - 1)' = \frac{2x + 2}{x^2 + 2x - 1}$$

($\longrightarrow 2x + 2$)

例題1の②と③は、合成関数の微分です。一般に、$\log_a f(x)$ や $\log f(x)$ の微分は次のようになります。これらも公式として覚えておきましょう。

$$\{\log_a f(x)\}' = \frac{f'(x)}{f(x) \log a} \qquad \{\log f(x)\}' = \frac{f'(x)}{f(x)}$$

指数関数の微分

指数関数 $y = a^x$ を x についての式にすると、$x = \log_a y$ となります。両辺を y で微分すると、

$$\frac{dx}{dy} = \frac{1}{y \log a}$$

指数関数 $y = a^x$ の微分は、逆関数の微分公式より、

$$\frac{dy}{dx} = \frac{1}{\frac{dx}{dy}} = \frac{1}{\frac{1}{y \log a}} = y \log a = a^x \log a$$

となります。また、$a = e$ のとき、

$$(e^x)' = e^x \log e = e^x$$

($\longrightarrow 1$)

となります。e^x は、微分しても e^x になるとという不思議な特徴があります。

指数関数の微分

$$(a^x)' = a^x \log a \qquad (e^x)' = e^x$$

└ e^x は微分しても e^x

例題 2 次の関数を微分しなさい。

① $y = 5^{2x}$　　② $y = e^{-x}$　　③ $y = xe^x$

① **$y = 5^{2x}$ の微分**

合成関数の微分公式を使います。

$$y' = 5^{2x} \log 5 \cdot (2x)' = 2 \cdot 5^{2x} \log 5$$

└→ 2

② **$y = e^{-x}$ の微分**

合成関数の微分公式を使います。

$$y' = e^{-x} \cdot (-x)' = e^{-x} \cdot (-1) = -e^{-x}$$

└→ -1

③ **$y = xe^x$ の微分**

積の微分公式を使います。

$$y' = (x)' \cdot e^x + x \cdot (e^x)' = 1 \cdot e^x + x \cdot e^x = e^x(1+x)$$

└→ 1　　└→ e^x

| まとめ | ・対数関数を微分すると、ネイピア数 e が現れる。
・$\log x$ の微分は $\dfrac{1}{x}$、$\log f(x)$ の微分は $\dfrac{f'(x)}{f(x)}$。
・e^x は微分しても e^x になる。 |

3-8 対数微分法

対数の微分は、普通の方法では微分するのが難しい関数を微分するときに役立つことがあります。これを対数微分法といいます。

どんなやり方なんだろう？

対数微分法

　ここまでの説明で、たいていの関数は微分できるようになるのですが、普通の方法では微分できなかったり、面倒な計算が必要な関数はまだあります。そんなときに役立つのが、対数の微分を使う**対数微分法**というテクニックです。

　例題を使って説明しましょう。

例題1 次の関数を微分しなさい。

$$① \ y = \frac{x+1}{(x-1)^2 (x+2)^3} \qquad ② \ y = x^x \ (x > 0)$$

① $y = \dfrac{x+1}{(x-1)^2 (x+2)^3}$ の微分

　この関数は、商の微分公式（36ページ）や積の微分公式（35ページ）を使って微分できますが、計算がかなり面倒です。対数微分法を使うと、積の微分が和の微分になって、計算がスマートになります。

手順1 まず、両辺に log をつけます。このとき、真数（対数関数の入力）には絶対値の記号をつけてください。

$$\log|y| = \log\left|\frac{x+1}{(x-1)^2(x+2)^3}\right| = \log\frac{|x+1|}{|x-1|^2|x+2|^3}$$

手順2 対数の性質を利用して、右辺を対数同士の和と差に変形します。

$$\log|y| = \log|x+1| - \log|x-1|^2|x+2|^3 \quad \leftarrow \log\frac{M}{N} = \log M - \log N$$

$$= \log|x+1| - (\log|x-1|^2 + \log|x+2|^3) \leftarrow \log MN$$

$$= \log|x+1| - 2\log|x-1| - 3\log|x+2| \qquad = \log M + \log N$$

手順3 両辺を x で微分します。右辺は対数関数の微分より、

$$(右辺) = \frac{1}{x+1} - \frac{2}{x-1} - \frac{3}{x+2} \quad \leftarrow (\log x)' = \frac{1}{x}$$

左辺 $\log|y|$ は陰関数の微分（69 ページ）より、

$$(左辺) = \frac{d}{dy}(\log|y|) \cdot \frac{dy}{dx} = \frac{1}{y} \cdot \frac{dy}{dx}$$

となります。したがって、

$$\frac{1}{y} \cdot \frac{dy}{dx} = \frac{1}{x+1} - \frac{2}{x-1} - \frac{3}{x+2}$$

$$= \frac{(x-1)(x+2) - 2(x+1)(x+2) - 3(x+1)(x-1)}{(x+1)(x-1)(x+2)} \quad \leftarrow 通分する$$

$$= \frac{(x^2+x-2) - 2(x^2+3x+2) - 3(x^2-1)}{(x+1)(x-1)(x+2)}$$

$$= \frac{x^2+x-2-2x^2-6x-4-3x^2+3}{(x+1)(x-1)(x+2)}$$

$$= \frac{-4x^2-5x-3}{(x+1)(x-1)(x+2)}$$

$$\frac{dy}{dx} = y \cdot \frac{-4x^2-5x-3}{(x+1)(x-1)(x+2)} \quad \leftarrow 左辺の \frac{1}{y} を右辺に移項$$

$$= \frac{x+1}{(x-1)^2(x+2)^3} \cdot \frac{-4x^2-5x-3}{(x+1)(x-1)(x+2)}$$

$$= -\frac{4x^2 + 5x + 3}{(x-1)^3(x+2)^4} \quad \cdots \text{(答)}$$

となります。

② $y = x^x$ の微分

　指数関数 $y = a^x$ は底が定数ですが、この関数は底も指数も変数です。対数微分法はこのような関数の微分にも使えます。

[手順1] ①と同様に、両辺に $\log$ をつけます。条件 $x > 0$ より、両辺は正の数になるので、絶対値の記号は必要ありません。

$$\log y = \log x^x$$

[手順2] 対数の性質を利用して、右辺を変形します。

$$= x \log x$$

[手順3] 両辺を x で微分します。

$$\frac{d}{dy}(\log y) \cdot \frac{dy}{dx} = (x)' \log x + x(\log x)'$$

$$\underset{\frac{1}{y}}{\qquad} \qquad \underset{1}{\qquad} \qquad \underset{\frac{1}{x}}{\qquad}$$

$$\frac{1}{y} \cdot \frac{dy}{dx} = 1 \cdot \log x + x \cdot \frac{1}{x} = \log x + 1$$

$$\Rightarrow \quad \frac{dy}{dx} = y \cdot (\log x + 1) = x^x(\log x + 1) \quad \cdots \text{(答)}$$

まとめ　対数微分法の手順
　①両辺に $\log$ をつけ、必要なら絶対値をつける。
　②対数の性質を利用して、右辺を変形する。
　③両辺を x で微分する。

第 4 章

微分の応用

関数の極限

> ここでは関数の極限と、苦手な人の多い $\varepsilon - \delta$ 論法について説明します。

> お手柔らかにお願いします。

関数の極限

関数 $f(x)$ は、x の部分に何らかの実数を入れると、対応する値を出力します。この x を、a という値にだんだん近づけていったとき、$f(x)$ の値がどうなるかを考えてみましょう。

右の図のように、x を a に限りなく近づけていくと、$f(x)$ の値が b というただ 1 つの値に限りなく近づくとき、「関数 $f(x)$ は $x \to a$ で b に収束する」といい、b を極限値といいます。式で表すと、次のようになります。

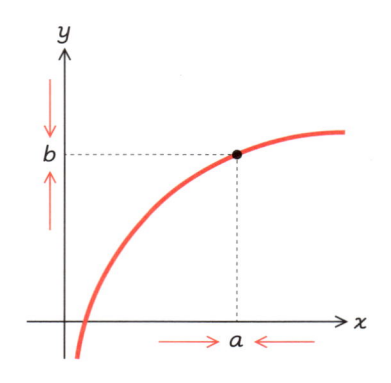

$$\lim_{x \to a} f(x) = b$$

細かくいうと、x を a に近づけるやり方は 2 通りあります。ひとつは「① a より大きい側から a に近づける」方法、もうひとつは「② a より小さい側から a に近づける」方法です。式では、

①の方法を $\displaystyle \lim_{x \to a+0} f(x)$

②の方法を $\displaystyle \lim_{x \to a-0} f(x)$

のように書いて区別します。とくに区別しない場合は、$\displaystyle \lim_{x \to a} f(x)$ と書きます。

例題 次の関数の極限を求めなさい。

$$① \lim_{x \to 1} \frac{2x^2 + x - 3}{x - 1} \qquad ② \lim_{x \to \infty} \frac{x^2 - 5x + 11}{2x^2 + 3x - 4}$$

① $\displaystyle \lim_{x \to 1} \frac{2x^2 + x - 3}{x - 1}$

そのまま x に 1 を代入すると、分子と分母が両方とも 0 になってしまいます。この形は $\frac{0}{0}$ の**不定形**と呼ばれ、このままでは極限を求めることができません。

そこで、分母が 0 にならないように式を変形します。

$$\begin{aligned}
\lim_{x \to 1} \frac{2x^2 + x - 3}{x - 1} &= \lim_{x \to 1} \frac{(2x + 3)(x - 1)}{x - 1} \\
&= \lim_{x \to 1} (2x + 3) \\
&= 2 \cdot 1 + 3 \\
&= 5 \quad \cdots \text{(答)}
\end{aligned}$$

② $\displaystyle \lim_{x \to \infty} \frac{x^2 - 5x + 11}{2x^2 + 3x - 4}$

これも、そのまま $x \to \infty$ にすると、分子と分母が両方とも ∞ になってしまいます。この形は $\frac{\infty}{\infty}$ の不定形と呼ばれます。このような場合は、分子と分母を、分母の最高次の項である x^2 で割ります。

$$\lim_{x \to \infty} \frac{x^2 - 5x + 11}{2x^2 + 3x - 4} = \lim_{x \to \infty} \frac{1 - \dfrac{5}{x} + \dfrac{11}{x^2}}{2 + \dfrac{3}{x} - \dfrac{4}{x^2}}$$

分母と分子を x^2 で割る

$$= \frac{1 - 0 + 0}{2 + 0 - 0}$$

← 分母が∞の分数は 0 になる

$$= \frac{1}{2} \quad \cdots \text{(答)}$$

このような関数の極限の問題は、高校の数学で習います。

$\varepsilon - \delta$ 論法

高校の数学では扱いませんが、関数の極限 $\lim_{x \to a} f(x) = b$ が成り立つことを厳密に示すには、$\varepsilon - \delta$ 論法（イプシロン－デルタ論法）と呼ばれる証明方法を使います。そこで、$\varepsilon - \delta$ 論法について説明しておきましょう。

$\varepsilon - \delta$ 論法とは、次のようなものです。

> **$\varepsilon - \delta$ 論法**
>
> 関数 $f(x)$ において、どのような正の数 ε をとっても、
>
> $\quad 0 < |x - a| < \delta \quad$ ならば $\quad |f(x) - b| < \varepsilon$
>
> を満たす正の数 δ がかならず存在するなら、
>
> $\quad \lim_{x \to a} f(x) = b$
>
> が成り立つ。

何言ってるかぜんぜんわかりません！

たしかに、入り組んでいてわかりにくいですね。まずはグラフを使っ

て説明しましょう。例題1の関数 $f(x) = \dfrac{2x^2 + x - 3}{x - 1}$ は、$x \neq 1$ のとき、

$$f(x) = \frac{2x^2 + x - 3}{x - 1} = \frac{(2x + 3)(x - 1)}{x - 1} = 2x + 3$$

のような直線のグラフとなりま
す。$x = 1$ のときは分母が 0
になるため、定義できませ
ん。

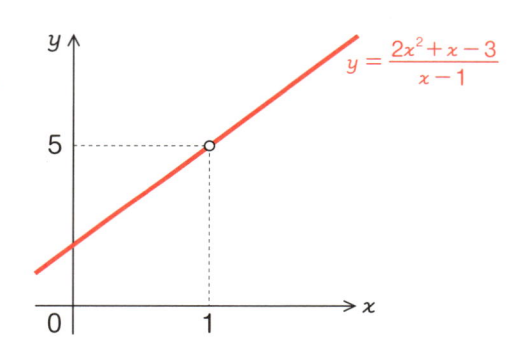

　次の図のように、$f(x) = 5$ を中心に、幅 ε の範囲 $(5 - \varepsilon < f(x) < 5 + \varepsilon)$ をとります ($|f(x) - 5| < \varepsilon$)。次に、この範囲にすっぽりと収まるような x の範囲を $x = 1$ を中心にとり、この範囲を $1 - \delta < x < 1 + \delta$ とします ($|x - 1| < \delta$)。

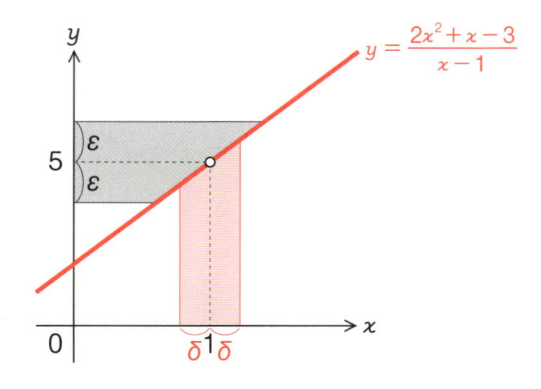

たとえば $\varepsilon = 1$ とおいた場合は、$\delta = 0.5$ とすれば、

$$0 < |x - 1| < 0.5 \quad \text{ならば} \quad |f(x) - 5| < 1$$

が成り立ちます。また、$\varepsilon = 0.1$ とおいた場合は、$\delta = 0.05$ とすれば、

$$0 < |x-1| < 0.05 \quad \text{ならば} \quad |f(x) - 5| < 0.1$$

が成り立ちます。このように ε の値を小さくしていくと、それにつれて δ の値も小さくなります。しかし、たとえ ε を $0.0000\cdots01$ のようにどんなに小さくしたとしても、そのなかに収まるような x の範囲 $1 - \delta < x < 1 + \delta$ が存在するのであれば、関数 $f(x)$ は $x \to 1$ で 5 に収束する、すなわち、

$$\lim_{x \to 1} \frac{2x^2 + x - 3}{x - 1} = 5$$

が成り立ちます。これが、$\varepsilon - \delta$ 論法による関数の極限の定義です。

うーん、わかったような、わからないような…

　だったら今度は、収束しない場合を考えてみましょう。たとえば、関数 $f(x) = \dfrac{2x^2 + x - 3}{x - 1}$ が $x \to 1$ で 6 に収束するかどうかを調べてみます。
　先ほどと同じように、$f(x) = 6$ を中心に、幅 ε の範囲をとります。次に、この範囲にすっぽりと収まるような x の範囲を $x = 1$ を中心にとり、この範囲を $1 - \delta < x < 1 + \delta$ とします。

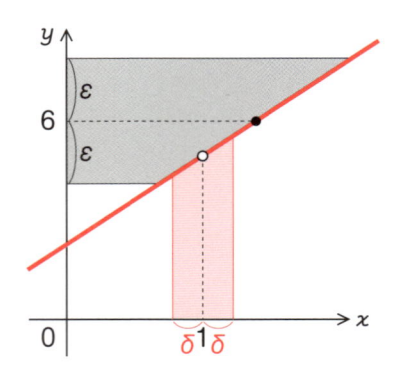

　上の図のように、ε の幅をじゅうぶんに大きくとれば、それに収まるように $1 - \delta < x < 1 + \delta$ の範囲をとれますね。しかし、次のように ε の幅を狭くするとどうでしょう。

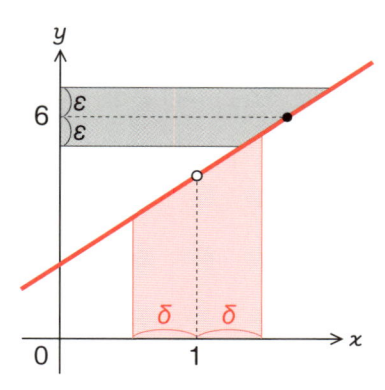

δ の値をどのようにとっても、$1 - \delta < x < 1 + \delta$ は ε の範囲の外側にはみ出てしまいます。つまり、関数 $f(x)$ は $x \to 1$ で 6 には収束しないことがわかります。

グラフだけではなく、数式を使っても確認しておきましょう。

$$\lim_{x \to 1} \frac{2x^2 + x - 3}{x - 1} = 5$$

が成り立つことを $\varepsilon - \delta$ 論法で示すには、$f(x) = \dfrac{2x^2 + x - 3}{x - 1}$ において、どのような正の数 ε をとっても、

$$0 < |x - 1| < \delta \quad \text{ならば} \quad |f(x) - 5| < \varepsilon$$

を満たす正の数 δ が存在することを示せば OK です。そこで、

$$|f(x) - 5| = \left| \frac{2x^2 + x - 3}{x - 1} - 5 \right|$$
$$= \left| \frac{(2x + 3)(x - 1)}{x - 1} - 5 \right|$$
$$= |2x + 3 - 5| = |2x - 2| = 2|x - 1|$$

より、

$$0 < |x - 1| < \delta \quad ならば \quad |f(x) - 5| = 2|x - 1| < 2\delta$$

が成り立ちます。したがって、正の数 ε をどのようにとっても、$2\delta < \varepsilon$（$\therefore \delta < \dfrac{\varepsilon}{2}$）となるように正の数 δ をとれば、

$$|f(x) - 5| < \varepsilon$$

が成り立ちます。よって、

$$\lim_{x \to 1} \frac{2x^2 + x - 3}{x - 1} = 5$$

なお、$\varepsilon - \delta$ 論法は文章で書くと長たらしいので、次のような論理記号を使って表すのが一般的です。

$\varepsilon - \delta$ 論法（論理記号版）

$${}^{\forall}\varepsilon > 0, \ {}^{\exists}\delta > 0 \ \ \text{s.t.} \ \ 0 < |x - a| < \delta \ \Rightarrow \ |f(x) - b| < \varepsilon$$
$$ならば、\ \lim_{x \to a} f(x) = b$$

${}^{\forall}$ は「すべての」、${}^{\exists}$ は「存在する」という意味で、${}^{\forall}\varepsilon > 0, \ {}^{\exists}\delta > 0$ は「すべての正の数 ε について、正の数 δ が存在する」という意味です。s.t. は英語の such that（〜のような）の略で、${}^{\exists}\delta > 0$ にかかっています。全体を文章で表すと、次のようになります。

「すべての正の数 ε について、$0 < |x - a| < \delta$ ならば $|f(x) - b| < \varepsilon$ が成り立つような正の数 δ が存在するとき、関数 $f(x)$ は $x \to a$ で b に収束する」

なるほど、最初の文章と同じ意味になりますね。

はさみうちの原理の証明

ところで、第3章では、

$$\lim_{x \to 0} \frac{\sin \theta}{\theta} = 1$$

のような関数の極限を、図形によって証明しました（94ページ）。この証明に使った「はさみうちの原理」を覚えていますか？

はさみうちの原理

関数 $f(x)$、$g(x)$、$h(x)$ があり、$f(x) \leqq g(x) \leqq h(x)$ で、x を a に限りなく近づけると、$f(x)$、$h(x)$ がどちらも極限値 b に限りなく近づくならば、$\lim_{x \to a} g(x) = b$ が成り立つ。

じつは、この原理の証明にも $\varepsilon - \delta$ 論法を使います。上の「はさみうちの原理」を、$\varepsilon - \delta$ 論法を使って言い換えてみましょう。

仮定① : $f(x) \leqq g(x) \leqq h(x)$
仮定② : $^{\forall}\varepsilon > 0,\ ^{\exists}\delta_1 > 0$ s.t. $0 < |x - a| < \delta_1 \Rightarrow |f(x) - b| < \varepsilon$
仮定③ : $^{\forall}\varepsilon > 0,\ ^{\exists}\delta_2 > 0$ s.t. $0 < |x - a| < \delta_2 \Rightarrow |h(x) - b| < \varepsilon$
ならば、
$^{\forall}\varepsilon > 0,\ ^{\exists}\delta > 0$ s.t. $0 < |x - a| < \delta \Rightarrow |g(x) - b| < \varepsilon$

仮定①は $f(x) \leqq g(x) \leqq h(x)$、仮定②と仮定③は、関数 $f(x)$ と $h(x)$ がどちらも $x \to a$ で b に収束することを、$\varepsilon - \delta$ 論法で表したものです。仮定①〜③が成り立つなら、

$$\varepsilon > 0,\quad \delta > 0 \text{ s.t. } 0 < |x - a| < \delta \Rightarrow |g(x) - b| < \varepsilon$$

すなわち関数 $g(x)$ も $x \to a$ で b に収束すると言っています。この原理

は次のように証明できます。

証明 $\delta < \delta_1$, $\delta < \delta_2$ となるように δ をとると、仮定②③より、$0 < |x - a| < \delta$ のとき、

$$b - \varepsilon < f(x) < b + \varepsilon \quad \text{かつ} \quad b - \varepsilon < h(x) < b + \varepsilon$$

が成り立ちます。また、$f(x) \leqq g(x) \leqq h(x)$ より、

$$b - \varepsilon < f(x) \leqq g(x) \quad \text{かつ} \quad g(x) \leqq h(x) < b + \varepsilon$$

ですから、

$$b - \varepsilon < g(x) < b + \varepsilon \quad \text{すなわち} \quad |g(x) - b| < \varepsilon$$

となります。

まとめ ・関数の極限を厳密に証明するには、$\varepsilon - \delta$ 論法を使う。

 前の節で説明した関数の極限を使って、関数の連続性について説明します。

 また $\varepsilon - \delta$ 論法ですね。

関数の連続性とは

たとえば $y = ax + b$ といった1次関数や、$y = ax^2 + bx + c$ といった2次関数は、グラフにすると切れ目なく線がつながっています。このような特徴を**関数の連続性**といいます。

関数 $f(x)$ において、x の値を a に近づけたとき、a の左右どちらから近づけていっても $f(a)$ にたどりつくなら、「**関数 $f(x)$ は $x = a$ で連続している**」ということができます。

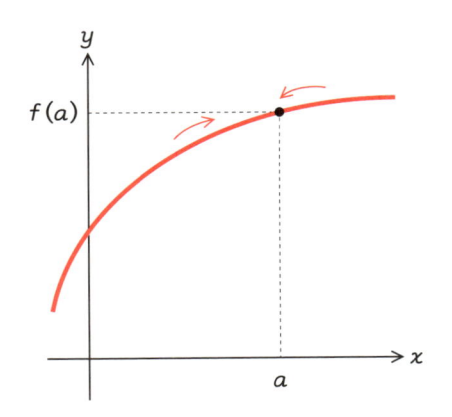

つまり、関数 $f(x)$ が $x = a$ で連続であるとは、$\displaystyle \lim_{x \to a} f(x) = f(a)$ が成り立つことを意味しています。

> 関数 $f(x)$ が $x = a$ で連続であるとは、$\lim_{x \to a} f(x) = f(a)$ が成り立つこと。

たとえば、$f(x) = \dfrac{2x^2 + x - 3}{x - 1}$ の場合を考えてみましょう。この関数の $x \to 1$ における極限は

$$\lim_{x \to 1} \frac{2x^2 + x - 3}{x - 1} = \lim_{x \to 1} \frac{(2x + 3)(x - 1)}{x - 1} = \lim_{x \to 1} (2x + 3) = 2 \cdot 1 + 3 = 5$$

ですが、$f(1)$ は分母が0になってしまうため定義できません。したがって、

$$\lim_{x \to 1} f(x) \neq f(1)$$

より、関数 $f(x)$ は $x = 1$ で連続ではありません。

■ $\varepsilon - \delta$ 論法による連続性の証明

関数の連続性も、厳密に示す場合には $\varepsilon - \delta$ 論法による証明が必要です。関数 $f(x)$ が $x = a$ で連続することを示すには、$\lim_{x \to a} f(x) = f(a)$ が成り立つことを示せばよいわけですから、$\varepsilon - \delta$ 論法を使うと次のようになります。

> **$\varepsilon - \delta$ 論法による関数の連続性**
>
> $^{\forall}\varepsilon > 0,\ ^{\exists}\delta > 0$ s.t. $0 < |x - a| < \delta \ \Rightarrow \ |f(x) - f(a)| < \varepsilon$
> ならば、関数 $f(x)$ は $x = a$ で連続である。

例題1 関数 $f(x) = x^2$ が $x = 1$ で連続であることを、$\varepsilon - \delta$ 論法で示しなさい。

解 関数 $f(x) = x^2$ が $x = 1$ で連続であることを $\varepsilon - \delta$ 論法で示すには、

$$^{\forall}\varepsilon > 0,\ ^{\exists}\delta > 0 \quad \text{s.t.} \quad 0 < |x - 1| < \delta \ \Rightarrow \ |f(x) - f(1)| < \varepsilon$$

を示します（正の数 ε をどのようにとっても、「$0 < |x-1| < \delta$ ならば $|f(x) - f(1)| < \varepsilon$」となるような正の数 δ が存在する）。

そこでまず、$|f(x) - f(1)|$ を次のように変形します。

$$\begin{aligned}
|f(x) - f(1)| = |x^2 - 1^2| &= |(x-1)(x+1)| \\
&= |(x-1)\{(x-1) + 2\}| \\
&= |(x-1)^2 + 2(x-1)| \\
&\leqq |x-1|^2 + 2|x-1|
\end{aligned}$$

これより、

$$0 < |x-1| < \delta \quad \text{ならば} \quad |f(x) - f(1)| \leqq |x-1|^2 + 2|x-1| < \delta^2 + 2\delta$$

が成り立ちます。よって、$\delta^2 + 2\delta = \varepsilon$ となるような δ が存在すれば、$0 < |x-1| < \delta \Rightarrow |f(x) - f(1)| < \varepsilon$ が成り立ちます。そこで 2 次方程式

$$\delta^2 + 2\delta - \varepsilon = 0$$

を解くと、

$$\delta = \frac{-2 \pm \sqrt{2^2 - 4 \cdot (-\varepsilon)}}{2} = -1 \pm \sqrt{1 + \varepsilon}$$

↑ 1 より大きい

$0 < \delta$ より、$\delta = -1 + \sqrt{1 + \varepsilon}$ とすれば、ε がどのような正の数であっても $|f(x) - f(1)| < \varepsilon$ が成り立ちます。

ゆえに、$\lim_{x \to 1} f(x) = f(1)$ が成り立つので、関数 $f(x) = x^2$ は $x = 1$ で連続であるといえます。… （答）

■ 関数の微分可能性と連続性

これまで厳密には説明してきませんでしたが、関数には微分できるものとできないものがあります。

一般に、関数 $f(x)$ について、微分係数 $f'(a)$ が存在するとき、関数 $f(x)$ は $x = a$ において微分可能であるといいます。

微分係数は、次のような式で求めましたね（26ページ）。

$$f'(a) = \lim_{\Delta x \to 0} \frac{f(a + \Delta x) - f(a)}{\Delta x}$$

微分係数 $f'(a)$ が存在するのは、この式の値（極限値）が、あるひとつの値に収束するときであるといえます。

> 微分係数 $f'(a) = \lim\limits_{\Delta x \to 0} \dfrac{f(a + \Delta x) - f(a)}{\Delta x}$ が存在するとき、関数 $f(x)$ は $x = a$ で微分可能という。

$x = a + \Delta x$ とおくと、$\Delta x \to 0$ のとき $x \to a$、また、$\Delta x = x - a$ より、

$$f'(a) = \lim_{x \to \Delta x} \frac{f(a + \Delta x) - f(a)}{\Delta x} = \lim_{x \to a} \frac{f(x) - f(a)}{x - a}$$

となります。関数 $f(x)$ が $x = a$ で微分可能なら $f'(a)$ が存在します。このとき、

$$\lim_{x \to a} \{f(x) - f(a)\} = \lim_{x \to a} \left\{ \frac{f(x) - f(a)}{x - a} \cdot (x - a) \right\} = f'(a) \cdot 0 = 0$$

（$x - a$ を掛けて割る、$= f'(a)$、$= 0$）

よって、

$$\lim_{x \to a} f(x) = f(a)$$

が成り立ち、関数 $f(x)$ が $x = a$ で連続であることがわかります。

> 関数 $f(x)$ が $x = a$ で微分可能であるとき、関数 $f(x)$ は $x = a$ で連続である。

注意が必要なのは、関数 $f(x)$ が $x = a$ で微分可能であれば $x = a$ で連続ですが、連続ならば微分可能とは限らないことです。

　たとえば、次の関数をみてみましょう。

$$f(x) = |x| \quad \leftarrow \text{連続だが、微分可能ではない関数の例}$$

$\lim\limits_{x \to 0} |x| = |0| = 0,\ f(0) = |0| = 0$ より、$\lim\limits_{x \to 0} f(x) = f(0)$ が成り立つので、関数 $f(x)$ は $x = 0$ で連続です。しかしこの関数の $x = 0$ における微分係数は、

$$f'(1) = \lim_{\Delta x \to 0} \frac{|1 + \Delta x| - |1|}{\Delta x} = \frac{0}{0}$$

のような不定形になってしまい、求めることができません。

　$f(x) = |x|$ のグラフは次のように $x = 0$ の点でとがっていて、接線を1本に決めることができないのです。接線が引けなければ、接線の傾きも求められないので、微分することはできません。

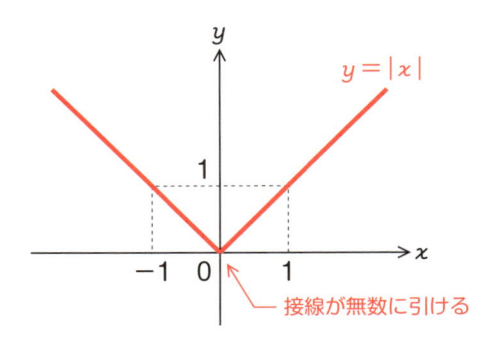

のグラフ中のラベル：

y

$y = |x|$

1

$-1 \quad 0 \quad 1$

x

接線が無数に引ける

まとめ　• 微分可能な関数は連続しているが、連続している関数が微分可能とは限らない。

4-3 ロルの定理

> この節では、ロルの定理について説明します。ここからしばらくは理論的な話が続くけど、がんばってついてきください。

> お手柔らかにお願いします。

最大値・最小値の定理

まずは、前提となる最大値・最小値の定理から説明しましょう。

最大値・最小値の定理

関数 $f(x)$ が閉区間 $[a, b]$ で連続であるとき、$f(x)$ はこの区間内に最大値および最小値をもつ。

> 「閉区間」ってなんですか？

閉区間は $a \leqq x \leqq b$ のように端点 a, b が範囲に含まれる実数の範囲で、記号では $[a, b]$ のように表します。

閉区間に対し、$a < x < b$ のように端点を含まない範囲を開区間といい、(a, b) と表します。また、$a < x \leqq b$ や $a \leqq x < b$ のように閉区間と開区間が混ざっている場合を半開区間といい、$(a, b]$, $[a, b)$ のように表します。

最大値・最小値の定理は、関数 $f(x)$ がある閉区間内で切れ目なくつながっていれば、その区間内に最大値 M となるような x と、最小値 m となるような x がかならず存在するというものです。

例として、関数 $f(x) = \tan x$ の場合で考えてみましょう。

例1：閉区間 $\left[-\dfrac{\pi}{3},\ \dfrac{\pi}{3}\right]$

$f(x) = \tan x$は、閉区間 $\left[-\dfrac{\pi}{3},\right.$ $\left.\dfrac{\pi}{3}\right]$ で連続なので、この区間で最大値と最小値をもちます。$x = \dfrac{\pi}{3}$ のとき最大値 $\sqrt{3}$、$x = -\dfrac{\pi}{3}$ のとき最小値 $-\sqrt{3}$ になります。

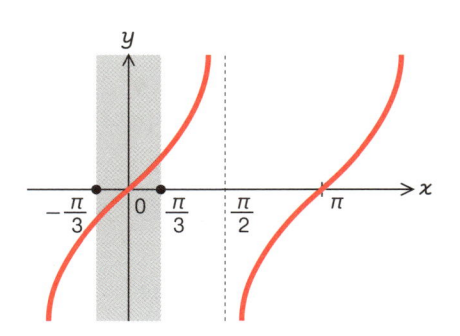

例2：閉区間 $[0,\ \pi]$

$f(x) = \tan x$ は $x = \dfrac{\pi}{2}$ で不連続なため、閉区間 $[0,\ \pi]$ では連続ではありません。そのため、この区間では最大値も最小値も存在しません。

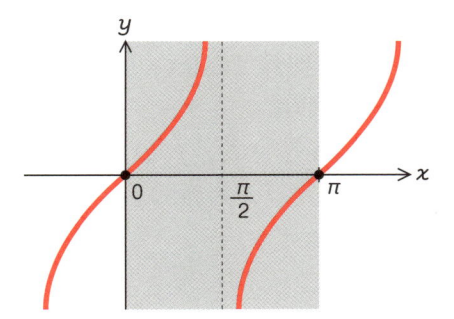

例3：開区間 $\left(0,\ \dfrac{\pi}{2}\right)$

開区間 $\left(0,\ \dfrac{\pi}{2}\right)$ は $x = \dfrac{\pi}{2}$ を含まないので、$f(x) = \tan x$ はこの区間で連続です。しかし、閉区間ではないので最大値も最小値も存在しません。

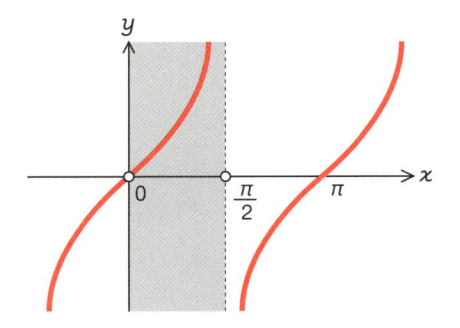

最大値・最小値の定理は当たり前のように見えますが、実数とは何かという根本的な問題にかかわるため、証明は簡単ではありません。本書では証明を省略します。

ロルの定理

最大値・最小値の定理から、次のロルの定理を導くことができます。

> **ロルの定理**
>
> 　閉区間 $[a, b]$ で連続で、開区間 (a, b) で微分可能な関数 $f(x)$ について、$f(a) = f(b)$ ならば、$f'(c) = 0$ となる実数 $c (a < c < b)$ が少なくとも 1 つは存在する。

　関数 $f(x)$ は $a \leqq x \leqq b$ で連続、かつ $a < x < b$ で微分可能なので、右図のように ab 間で切れ目のない、なめらかな曲線をイメージしてください。また、$f(a) = f(b)$ なので、両端の高さは等しくなります。

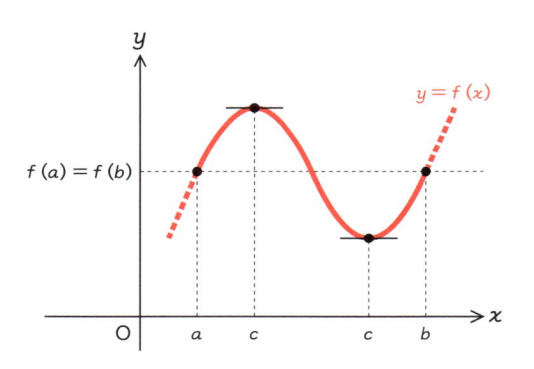

　開区間 (a, b) で微分可能という条件ですけど、$x = a$ や $x = b$ では微分可能じゃなくていいんですか？

　実数 c の範囲は $a < c < b$ なので、$x = a$ や $x = b$ で微分可能かどうかは関係ないんです。たとえば右図のように、$x = a$ や b でとがっている関数でも、ロルの定理は成り立ちます。

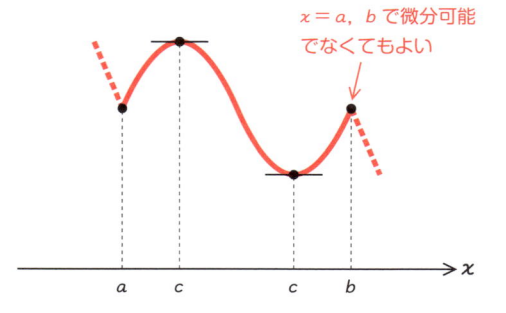

$x = a, b$ で微分可能でなくてもよい

　ロルの定理は、次のように証明できます。

証明 次の３つのケースに分けて考えます。

ケースⅠ：区間内に、$f(a)$ より大きい $f(x)$ が存在する場合

ケースⅡ：区間内に、$f(a)$ より小さい $f(x)$ が存在する場合

ケースⅢ：区間内に、$f(a)$ より大きい $f(x)$ も、$f(a)$ より小さい $f(x)$ も存在しない場合

ケースⅠ：区間内に $f(a)$ より大きい $f(x)$ が存在する場合、最大値・最小値の定理から $f(x)$ は最大値をもちます。そのときの x を c $(a < c < b)$ とすると、$f(c)$ は最大値なので、$x = c$ から h $(h \neq 0)$ だけずれた $f(c + h)$ は $f(c)$ より小さく、$f(c) > f(c + h)$ となります。よって、

$$f(c + h) - f(c) < 0$$

が成り立ちます。

① $h > 0$ のとき：$\dfrac{\overset{-}{f(c + h) - f(c)}}{\underset{+}{h}} < 0$ なので、

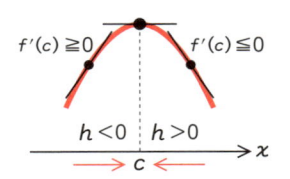

$$\therefore \quad \lim_{h \to +0} \frac{f(c + h) - f(c)}{h} = f'(c) \leqq 0$$

② $h < 0$ のとき：$\dfrac{\overset{-}{f(c + h) - f(c)}}{\underset{-}{h}} > 0$ なので、

$$\therefore \quad \lim_{h \to -0} \frac{f(c + h) - f(c)}{h} = f'(c) \geqq 0$$

① $f'(c) \leqq 0$、② $f'(c) \geqq 0$ より、$f'(c)$ が存在するならば $f'(c) = 0$ となります。

ケースⅡ：区間内に $f(a)$ より小さい $f(x)$ が存在する場合、最大値・最小値の定理から $f(x)$ は最小値をもちます。そのときの x を c $(a < c < b)$ とすると、$f(c)$ は最小値なので、$x = c$ から h $(h \neq 0)$ だけずれ

た $f(c+h)$ は $f(c)$ より大きく、$f(c) < f(c+h)$ となります。よって、

$$f(c+h) - f(c) > 0$$

が成り立ちます。

③ $h > 0$　のとき　$\dfrac{\overset{+}{\boxed{f(c+h) - f(c)}}}{\boxed{h}} > 0$

$\therefore\ \displaystyle\lim_{h\to+0} \dfrac{\overset{+}{f(c+h) - f(c)}}{h} = f'(c) \geqq 0$

④ $h < 0$　のとき　$\dfrac{\overset{+}{\boxed{f(c+h) - f(c)}}}{\underset{-}{\boxed{h}}} < 0$

$\therefore\ \displaystyle\lim_{h\to-0} \dfrac{f(c+h) - f(c)}{h} = f'(c) \leqq 0$

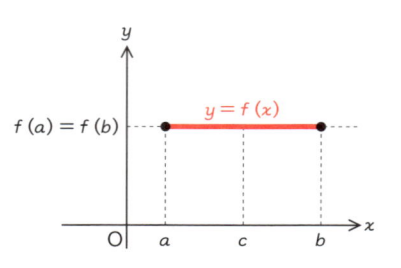

　③ $f'(c) \geqq 0$、④ $f'(c) \geqq 0$ より、$f'(c)$ が存在するならば $f'(c) = 0$ となります。

ケースⅢ：区間内に $f(a)$ より大きい $f(x)$ も、$f(a)$ より小さい $f(x)$ も存在しない場合、$f(x)$ の値は区間内で一定です（右図）。このとき $f'(x) = 0$ となるので、$f'(c) = 0$ となるような $c\ (a < c < b)$ が存在します。

　ケースⅠ〜Ⅲより、ロルの定理が成り立ちます。

まとめ　• ロルの定理は、最大値・最小値の定理から導くことができる。

4-4 平均値の定理

> ロルの定理の次は、平均値の定理です。だんだん複雑に
> なっていきますが、がんばってついてきてください。

なんとかがんばります！

平均値の定理

平均値の定理とは、次のような定理です。

平均値の定理

閉区間 $[a,\ b]$ で連続で、開区間 $(a,\ b)$ で微分可能な関数
$f(x)$ について、

$$f'(c) = \frac{f(b) - f(a)}{b - a}$$

となる実数 $c\ (a < c < b)$ が、少なくとも1つは存在する。

$\dfrac{f(b) - f(a)}{b - a}$ は、右図
のように曲線上の2点
$(a,\ f(a))$ と $(b,\ f(b))$
を結ぶ直線の傾きであ
り、関数 $f(x)$ の ab 間
の平均変化率（20ペー
ジ）を表します。平均
値の定理は、微分係数
がこの平均変化率に等

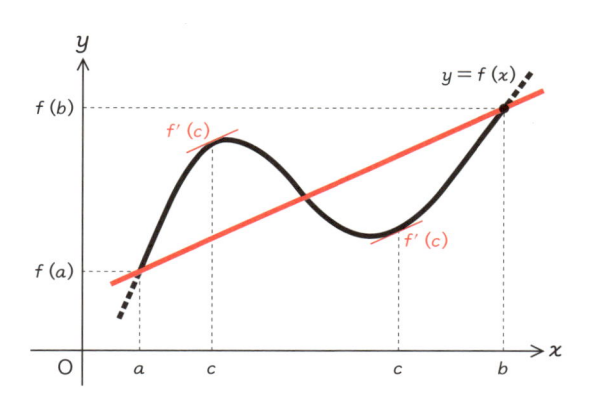

しくなるような点が、区間内にかならず存在することを示しています。

　この定理は、前節のロルの定理から、次のように導くことができます。

証明 点 $(a,\ f(a))$ と点 $(b,\ f(b))$ を通る直線は、傾きが $\dfrac{f(b) - f(a)}{b - a}$ で、点 $(a,\ f(a))$ を通るので、

$$y = \frac{f(b) - f(a)}{b - a}(x - a) + f(a)$$

と表せます。この直線と、$y = f(x)$ との差をとった関数を $g(x)$ とおくと、

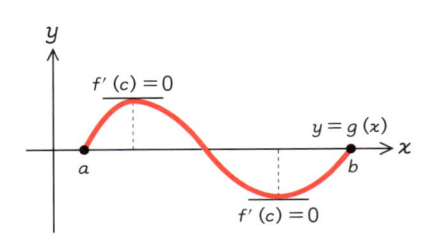

$$g(x) = f(x) - \left\{ \frac{f(b) - f(a)}{b - a}(x - a) + f(a) \right\}$$

$$= f(x) - \frac{f(b) - f(a)}{b - a}(x - a) - f(a)$$

　関数 $f(x)$ が閉区間 $[a,\ b]$ で連続、開区間 $(a,\ b)$ で微分可能であれば、関数 $g(x)$ も閉区間 $[a,\ b]$ で連続、開区間 $(a,\ b)$ で微分可能です。また、

$$g(a) = \cancel{f(a)} - \frac{f(b) - f(a)}{b - a}\underset{\raisebox{0.5em}{$\scriptstyle \to 0$}}{(a - a)} - \cancel{f(a)} = 0$$

$$g(b) = f(b) - \frac{f(b) - f(a)}{b - \cancel{a}}(b \cancel{- a}) - f(a)$$

$$= f(b) - f(b) + f(a) - f(a) = 0$$

より、$g(a) = g(b)$ なので、ロルの定理より、$g'(c) = 0$ となる実数 $c\ (a < c < b)$ が存在します。

　関数 $g(x)$ を微分すると、

$$g'(x) = f'(x) - \frac{f(b) - f(a)}{b - a}$$

ですから、$g'(c) = 0$ のとき、

$$g'(c) = f'(c) - \frac{f(b) - f(a)}{b - a} = 0$$
$$\Rightarrow \quad f'(c) = \frac{f(b) - f(a)}{b - a}$$

が成り立ちます。以上から、平均値の定理が成り立つことがわかります。

第4章 微分の応用

例題1 関数 $f(x) = x^3 + 3x^2 - 6x + 4$ について、$a = -3$、$b = 3$ のとき、平均値の定理

$$\frac{f(b) - f(a)}{b - a} = f'(c)$$

を満たす c $(a < c < b)$ の値を求めなさい。

解 $f(x) = x^3 + 3x^2 - 6x + 4$ は、閉区間 $[-3, 3]$ で連続、開区間 $(-3, 3)$ で微分可能なので、平均値の定理が成り立ちます。そこで、

$$\frac{f(b) - f(a)}{b - a} = f'(c)$$

に $a = -3$、$b = 3$ を代入すると、$f'(x) = 3x^2 + 6x - 6$ より、

$$\frac{f(3) - f(-3)}{3 - (-3)} = \underset{f'(c)}{\underline{3c^2 + 6c - 6}}$$

となります。

$$f(-3) = (-3)^3 + 3 \cdot (-3)^2 - 6 \cdot (-3) + 4 = 22$$
$$f(3) = 3^3 + 3 \cdot 3^2 - 6 \cdot 3 + 4 = 40$$

ですから、

$$\frac{40 - 22}{3 - (-3)} = 3c^2 + 6c - 6$$

$$3 = 3c^2 + 6c - 6$$

$$3c^2 + 6c - 9 = 0$$

$$c^2 + 2c - 3 = 0$$

$$(c + 3)(c - 1) = 0 \qquad \therefore c = -3, 1$$

$a < c < b$ より、$c = 1$ … （答）

■ コーシーの平均値の定理

コーシーの平均値の定理は、さきほど説明した平均値の定理を発展させたものです。

> **コーシーの平均値の定理**
>
> 閉区間 [a, b] で連続で、開区間 (a, b) で微分可能な 2 つの関数 $f(x)$ と $g(x)$ について、$g'(x) \neq 0$、$g(a) \neq g(b)$ のとき、
> $$\frac{f(b) - f(a)}{g(b) - g(a)} = \frac{f'(c)}{g'(c)} \quad (a < c < b)$$
> となる実数 c $(a < c < b)$ が、少なくとも 1 つは存在する。

何を言っているのかわかりにくいですが、図で表すと次のようになります。

図のように、区間 $[a, b]$ において、$y = f(x)$ の両端を結んだ直線 AB の傾きを m、$y = g(x)$ の両端を結んだ直線 CD の傾きを n とすると、2 つの傾きの比 $\frac{m}{n}$ は一定の値になります。

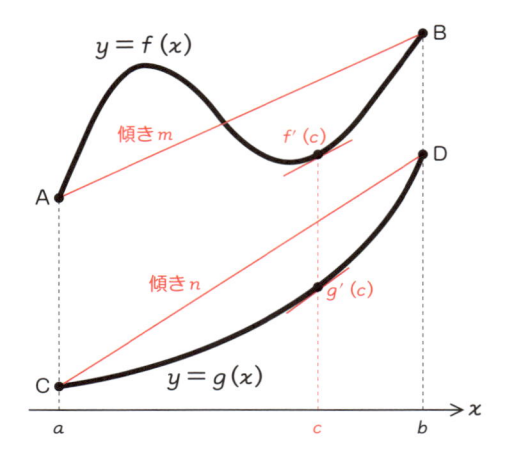

このとき、関数 $f(x)$ と $g(x)$ の接線の傾きの比 $\dfrac{f'(x)}{g'(x)}$ が、$\dfrac{m}{n}$ と等しくなるような x の値が、区間内にかならず存在するというのが、コーシーの平均値の定理の主張です。

証明 ここで、関数 $f(x)$ と関数 $g(x)$ の関係を、

$$\begin{cases} Y = f(x) \\ X = g(x) \end{cases}$$

として、横軸に X、縦軸に Y をとったグラフで表してみましょう。すると $\dfrac{f(b) - f(a)}{g(b) - g(a)}$ は、このグラフの ab 間の平均変化率を表すことがわかります。

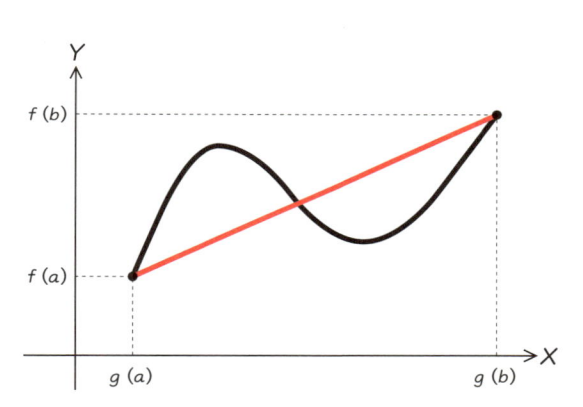

この曲線の両端 $(g(a),\ f(a))$ と $(g(b),\ f(b))$ を結ぶ直線は、次のような式で表せます。

$$Y = \frac{f(b) - f(a)}{g(b) - g(a)}(X - g(a)) + f(a)$$

この直線と、$Y = f(x)$ との差をとった関数を $h(x)$ とおくと、

$$h(x) = f(x) - \left\{ \frac{f(b) - f(a)}{g(b) - g(a)}(X - g(a)) + f(a) \right\}$$

$$= f(x) - \frac{f(b) - f(a)}{g(b) - g(a)}(g(x) - g(a)) - f(a)$$

$f(x)$ と $g(x)$ はどちらも $[a,\ b]$ で連続、$(a,\ b)$ で微分可能なので、$h(x)$ も $[a,\ b]$ で連続、$(a,\ b)$ で微分可能です。また、

$$h(a) = f(a) - \frac{f(b) - f(a)}{g(b) - g(a)}(g(a) - g(a)) - f(a) = 0$$

149

$$h(b) = f(b) - \frac{f(b) - f(a)}{g(b) - g(a)}(g(b) - g(a)) - f(a)$$

$$= f(b) - f(b) + f(a) - f(a) = 0$$

より、$h(a) = h(b)$ なので、ロルの定理より、$h'(c) = 0 \ (a < c < b)$ となる c が、少なくとも1つが存在します。

$h(x)$ を微分すると、

$$h'(x) = f'(x) - \frac{f(b) - f(a)}{g(b) - g(a)}g'(x)$$

$x = c$ を代入すると、

$$h'(c) = f'(c) - \frac{f(b) - f(a)}{g(b) - g(a)}g'(c) = 0$$

$$\Rightarrow \quad \frac{f'(c)}{g'(c)} = \frac{f(b) - f(a)}{g(b) - g(a)}$$

となり、コーシーの平均値の定理が成り立ちます。

まとめ ・平均値の定理は、ロルの定理から導くことができる。

4-5 ロピタルの定理

それでは、いよいよロピタルの定理について説明します。これはとても便利な定理なんですよ。

それは楽しみです！

ロピタルの定理の使い方

ロピタルの定理は、ある形の関数の極限を求めるときに、たいへん便利な定理です。

まずは、この定理の簡単バージョンで、使い方を説明しましょう。

ロピタルの定理（簡単バージョン）

関数 $f(x)$、$g(x)$ は $x = c$ を含む開区間 $(a,\ b)$ で微分可能であるとする（$a < c < b$）。このとき、<u>ある条件を満たせば</u>、

$$\lim_{x \to c} \frac{f(x)}{g(x)} = \lim_{x \to c} \frac{f'(x)}{g'(x)}$$

が成り立つ。

「ある条件を満たせば」というのが気になりますけど。

この条件が重要なんですが、詳しくは後ほど正式バージョンで説明します。さっそく、この定理を使って極限を計算してみましょう。

例題 1 次の関数の極限を求めなさい。

$$\lim_{x \to 0} \frac{1 - \cos x}{x^2}$$

解 この式は、ロピタルの定理を使わなくても、

$$\lim_{x \to 0} \frac{1 - \cos x}{x^2} = \lim_{x \to 0} \frac{(1 - \cos x)(1 + \cos x)}{x^2(1 + \cos x)}$$

$$= \lim_{x \to 0} \frac{\overbrace{1 - \cos^2 x}^{\sin^2 x}}{x^2} \cdot \frac{1}{1 + \cos x}$$

$$= \lim_{x \to 0} \left(\frac{\sin x}{x} \right)^2 \cdot \frac{1}{1 + \cos x} = 1^2 \cdot \frac{1}{1 + 1} = \frac{1}{2}$$

のように求めることができます。しかし $f(x) = 1 - \cos x$, $g(x) = x^2$ としてロピタルの定理を使うと（後ほど説明しますが、条件はクリアしています）、

$$\lim_{x \to 0} \frac{1 - \cos x}{x^2} = \lim_{x \to 0} \frac{(1 - \cos x)'}{(x^2)'} \quad \leftarrow \text{ロピタルの定理を適用}$$

$$= \lim_{x \to 0} \frac{\sin x}{2x}$$

$$= \lim_{x \to 0} \frac{\sin x}{x} \cdot \frac{1}{2}$$

$$= 1 \cdot \frac{1}{2} = \frac{1}{2}$$

のように、かなり計算が楽になります。

　ロピタルの定理は高校数学では習いませんが、知っていると超便利なので、予備校などでは「裏技」として教わる場合もあるようです。

ロピタルの定理の条件

　ただし、ロピタルの定理はどんな場合でも使えるわけではないので注意が必要です。正式バージョンは次のようになります。

ロピタルの定理（正式バージョン）

　関数 $f(x)$、$g(x)$ は、$x = c$ を含む開区間 (a, b) 上で微分可能で、以下の条件を満たすものとする。

(i) $\displaystyle \lim_{x \to c} f(x) = \lim_{x \to c} g(x) = 0$

(ii) 開区間 (a, b) 上の $x = c$ を除くすべての点で $g'(x) \neq 0$ である。

(iii) 極限 $\displaystyle \lim_{x \to c} \frac{f'(x)}{g'(x)}$ が存在する。

このとき、

極限 $\displaystyle \lim_{x \to c} \frac{f(x)}{g(x)}$ が存在し、$\displaystyle \lim_{x \to c} \frac{f(x)}{g(x)} = \lim_{x \to c} \frac{f'(x)}{g'(x)}$ が成り立つ。

　条件 (i) ～ (iii) について順番に説明しましょう。

　条件 (i) は、極限 $\displaystyle \lim_{x \to c} \frac{f(x)}{g(x)}$ が、そのまま計算すると $\dfrac{0}{0}$ の不定形になることを表します。この条件は、

$$(\text{i}') \ \lim_{x \to c} f(x) = \pm\infty, \quad \lim_{x \to c} g(x) = \pm\infty$$

に入れ替えてもかまいません。条件 (i') は、極限 $\displaystyle \lim_{x \to c} \frac{f(x)}{g(x)}$ が $\dfrac{\pm\infty}{\pm\infty}$ の不定形になることを示します。

　ロピタルの定理は、$\dfrac{0}{0}$ の不定形か、$\dfrac{\pm\infty}{\pm\infty}$ の不定形の極限を計算するときに使うということですね。

次の条件 (ii) は、$g'(x) = 0$ にな
るときは使えないことを示します。
ただし、右図のように $x = c$ の点
だけは $g'(c) = 0$ でも OK です。

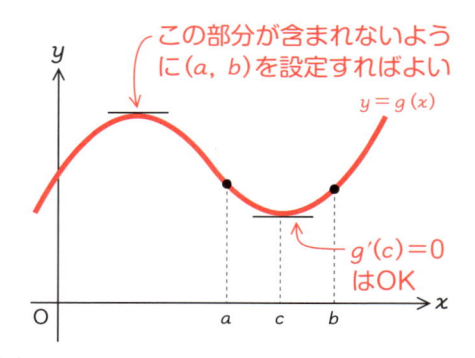

この部分が含まれないよう
に (a, b) を設定すればよい

$y = g(x)$

$g'(c) = 0$
は OK

この条件は、開区間 (a, b) を、
$g'(x) = 0$ になる点が含まれな
いように上手に設定してくださ
い、という意味でもあります。

次の条件 (iii) は、極限 $\lim\limits_{x \to c} \dfrac{f'(x)}{g'(x)}$ が計算できないなら、この定理は
成立しませんということ。以上の条件 (i) 〜 (iii) がすべてそろって、は
じめて

$$\lim_{x \to c} \frac{f(x)}{g(x)} = \frac{f'(x)}{g'(x)}$$

が成り立ちます。

けっこう厳しい条件ですね…

実際にやってみると、それほどでもないですよ。たとえば、先ほどの
例題 1 で計算した

$$\lim_{x \to 0} \frac{1 - \cos x}{x^2}$$

が、条件 (i) 〜 (iii) に当てはまるかどうかを確認してみましょう。

(i)　$\lim\limits_{x \to 0}(1 - \cos x) = 0,$　$\lim\limits_{x \to 0} x^2 = 0$ より、条件 (i) が成り立つ。

(ii)　$(x^2)' = 2x$ は $x = 0$ のとき 0、それ以外では $2x \neq 0$ なので、条件
(ii) が成り立つ。

(iii) $\displaystyle\lim_{x\to 0}\frac{(1-\cos x)'}{(x^2)'}=\lim_{x\to 0}\frac{\sin x}{2x}=\lim_{x\to 0}\frac{\sin x}{x}\cdot\frac{1}{2}=1\cdot\frac{1}{2}=\frac{1}{2}$ より、

$\displaystyle\lim_{x\to 0}\frac{(1-\cos x)'}{(x^2)'}$ が存在するので、条件 (iii) が成り立つ。

以上のように、条件 (i) ～ (iii) が成立するので、$\displaystyle\lim_{x\to 0}\frac{1-\cos x}{x^2}$ が存在し、その値は $\dfrac{1}{2}$ であるといえるのです。

> ロピタルの定理があてはまらない場合もあるんですか。

条件 (i) ～ (iii) があてはまらない場合には、ロピタルの定理は適用できません。たとえば、

$$\lim_{x\to 0}\frac{x^2+3x-2}{x-1}$$

は、$\displaystyle\lim_{x\to 0}(x^2+3x-2)=-2,\ \lim_{x\to 0}(x-1)=-1$ より、条件 (i) に当てはまらないので、ロピタルの定理は適用できません。

例題2 次の関数の極限を求めなさい。

① $\displaystyle\lim_{x\to 0}\frac{e^x-1}{x}$　　② $\displaystyle\lim_{x\to 0}x\log x$　　③ $\displaystyle\lim_{x\to 0}\frac{x-\sin x}{x^3}$

① $\displaystyle\lim_{x\to 0}\frac{e^x-1}{x}$
条件 (i) ～ (iii) を確認します。

(i) $\displaystyle\lim_{x\to 0}(e^x-1)=\lim_{x\to 0}x=0$ より、条件 (i) が成り立つ。

(ii) $(x)'=1$ より、条件 (ii) が成り立つ。

(iii) $\displaystyle\lim_{x\to 0}\frac{(e^x-1)'}{(x)'}=\lim_{x\to 0}\frac{e^x}{1}=\frac{1}{1}=1$ より、条件 (iii) が成り立つ。

(i) 〜 (iii) より、ロピタルの定理が成立するので、

$$\lim_{x \to 0} \frac{e^x - 1}{x} = \lim_{x \to 0} \frac{(e^x - 1)'}{(x)'} = 1 \quad \cdots (答)$$

② $\displaystyle\lim_{x \to 0} x \log x$

$x \log x = \dfrac{\log x}{x^{-1}}$ と変形して、条件 (i) 〜 (iii) を確認します。

(i) $\displaystyle\lim_{x \to 0} \log x = -\infty,\ \lim_{x \to 0} x^{-1} = \infty$ より、条件 (i′) が成り立つ。

$\uparrow e^{-\infty} \to 0$ $\qquad \uparrow \dfrac{1}{\infty} \to 0$

(ii) $(x^{-1})' = -x^{-2} = -\dfrac{1}{x^2} \neq 0$ より、条件 (ii) が成り立つ。

(iii) $\displaystyle\lim_{x \to 0} \frac{(\log x)'}{(x^{-1})'} = \lim_{x \to 0} \frac{\dfrac{1}{x}}{-\dfrac{1}{x^2}} = \lim_{x \to 0}(-x) = 0$ より、条件 (iii) が成り立つ。

$\uparrow$ 値が 0 になるのは、存在しない
という意味ではありません。

(i) 〜 (iii) より、ロピタルの定理が成立するので、

$$\lim_{x \to 0} x \log x = \lim_{x \to 0} \frac{(\log x)'}{(x^{-1})'} = 0 \quad \cdots (答)$$

③ $\displaystyle\lim_{x \to 0} \frac{x - \sin x}{x^3}$

(i) $\displaystyle\lim_{x \to 0}(x - \sin x) = \lim_{x \to 0} x^3 = 0$ より、条件 (i) が成り立つ。

(ii) $(x^3)' = 3x^2 \neq 0\,(x \neq 0)$ より、(ii) が成り立つ。

(iii) $\displaystyle\lim_{x \to 0} \frac{(x - \sin x)'}{(x^3)'} = \lim_{x \to 0} \frac{1 - \cos x}{3x^2}$ ですが、条件 (iii) が成り立つかどうかはまだわかりません。そこで、$\displaystyle\lim_{x \to 0} \frac{1 - \cos x}{3x^2}$ にさらにロピタルの定理を適用すると、

(i) $\displaystyle \lim_{x \to 0} (1 - \cos x) = \lim_{x \to 0} 3x^2 = 0$ より、条件 (i) が成り立つ。

(ii) $(3x^2)' = 6x \neq 0 \, (x \neq 0)$ より、 (ii) が成り立つ。

(iii) $\displaystyle \lim_{x \to 0} \frac{(1 - \cos x)'}{(3x^2)'} = \lim_{x \to 0} \frac{\sin x}{6x} = \boxed{\lim_{x \to 0} \frac{\sin x}{x}} \cdot \frac{1}{6} = \frac{1}{6}$ より、条件 (iii) が

　→1

　成り立つ。

　以上より、ロピタルの定理が成立するので、

$$\lim_{x \to 0} \frac{x - \sin x}{x^3} \xrightarrow{\text{ロピタルの定理}} \lim_{x \to 0} \frac{(x - \sin x)'}{(x^3)'} = \lim_{x \to 0} \frac{1 - \cos x}{3x^2} \xrightarrow{\text{ロピタルの定理}} \lim_{x \to 0} \frac{(1 - \cos x)'}{(3x^2)'}$$

$$= \frac{1}{6} \quad \cdots \text{（答）}$$

ロピタルの定理の証明

　ロピタルの定理の証明を示しましょう。証明の手順は、まずこの定理の右側極限バージョンを証明します。すると、左側極限バージョンは同様の手順で証明できるので、両方合わせてロピタルの定理の証明となります。

　ではまず、ロピタルの定理の右側極限バージョンを示しましょう。

ロピタルの定理（右側極限バージョン）

　関数 $f(x)$、$g(x)$ は、開区間 (a, b) 上で微分可能で、以下の条件を満たすものとする。

(i) $\displaystyle \lim_{x \to a+0} f(x) = \lim_{x \to a+0} g(x) = 0$

(ii) 開区間 (a, b) 上のすべての点で $g'(x) \neq 0$ である。

(iii) 右側極限 $\displaystyle \lim_{x \to a+0} \frac{f'(x)}{g'(x)}$ が存在する。

　このとき、

なお、条件 (i) は、

$$(\text{i}')\ \lim_{x \to a+0} f(x) = \pm\infty,\ \ \lim_{x \to a+0} g(x) = \pm\infty$$

に入れ替えても成り立ちますが、条件 (i') の証明は本書では省略します。

証明 条件 (i) より、$f(x)$ と $g(x)$ は $x \to 0$ で 0 に収束します。$f(a)$ と $f(b)$ については定義されていないので、ここで

$$f(a) = g(a) = 0$$

と定義しましょう。すると、関数 $f(x)$、$g(x)$ は、$a < x < b$ となるような任意の x について、閉区間 $[a,\ x]$ で連続で、開区間 $(a,\ x)$ で微分可能です（右図）。また、条件 (ii) より $g'(x) = 0$ ですから、コーシーの平均値の定理（148ページ）が成り立つ条件がそろい、

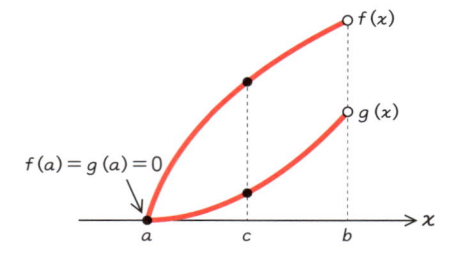

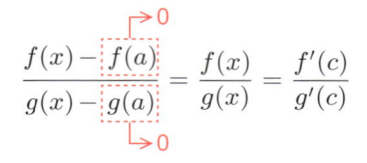

$$\frac{f(x) - f(a)}{g(x) - g(a)} = \frac{f(x)}{g(x)} = \frac{f'(c)}{g'(c)}$$

となるような実数 $c\ (a < c < x)$ が存在することがわかります。

ここで、$x \to a + 0$ のとき、$c \to a + 0$ であり、条件 (iii) より極限 $\lim\limits_{x \to a+0} \dfrac{f'(x)}{g'(x)}$ が存在するので、

$$\lim_{x \to a+0} \frac{f(x)}{g(x)} = \lim_{x \to a+0} \frac{f'(c)}{g'(c)} = \lim_{c \to a+0} \frac{f'(c)}{g'(c)}$$

$$\therefore \quad \lim_{x \to a+0} \frac{f(x)}{g(x)} = \lim_{x \to a+0} \frac{f'(x)}{g'(x)} \quad \cdots ①$$

となります。

同様の手順で、ロピタルの定理の左側極限バージョンも証明でき、

$$\lim_{x \to a-0} \frac{f(x)}{g(x)} = \lim_{x \to a-0} \frac{f'(x)}{g'(x)} \quad \cdots ②$$

が成り立つので、式①②より、

$$\lim_{x \to a} \frac{f(x)}{g(x)} = \lim_{x \to a} \frac{f'(x)}{g'(x)}$$

となります。

ロピタルの定理は、この章で説明した定理から、次のような順で導かれることを覚えておいてください。

最大値・最小値の定理

ロルの定理

平均値の定理

コーシーの平均値の定理

ロピタルの定理

　これまでに説明したロピタルの定理は、$x \to 0$ のように、x をある特定の値に近づけた場合に成り立つものでした。じつは、ロピタルの定理は、$x \to \infty$ のように、x を無限大にした場合でも成り立ちます。このバージョンについてもみておきましょう（証明は省略します）。

ロピタルの定理（x → ∞ バージョン）

　関数 $f(x)$、$g(x)$ は、開区間 (a, ∞) 上で微分可能で、以下の条件を満たすものとする。

(i) $\lim\limits_{x \to \infty} f(x) = \lim\limits_{x \to \infty} g(x) = 0$

(ii) 開区間 (a, ∞) 上のすべての点で $g'(x) \neq 0$ である。

(iii) 極限 $\lim\limits_{x \to \infty} \dfrac{f'(x)}{g'(x)}$ が存在する。

　このとき、

極限 $\lim\limits_{x \to \infty} \dfrac{f(x)}{g(x)}$ が存在し、$\lim\limits_{x \to \infty} \dfrac{f(x)}{g(x)} = \lim\limits_{x \to \infty} \dfrac{f'(x)}{g'(x)}$ が成り立つ。

※条件 (i) は、「(i′) $\lim\limits_{x \to \infty} f(x) = \pm\infty$, $\lim\limits_{x \to \infty} g(x) = \pm\infty$」に入れ替えてもよい。

例題 3 次の関数の極限を求めなさい。

① $\lim\limits_{x \to \infty} \dfrac{\log x}{x}$ 　　② $\lim\limits_{x \to \infty} \dfrac{x}{e^x}$

① $\lim\limits_{x \to \infty} \dfrac{\log x}{x}$

　$\log x$ と x はどちらも微分可能な関数で、

(i) $\displaystyle\lim_{x\to\infty} \log x = \infty,\ \lim_{x\to\infty} x = \infty$

(ii) $(x)' = 1 \neq 0$

(iii) $\displaystyle\lim_{x\to\infty} \frac{(\log x)'}{(x)'} = \lim_{x\to\infty} \frac{\frac{1}{x}}{1} = \lim_{x\to\infty} \frac{1}{x} = 0$ より、$\displaystyle\lim_{x\to\infty} \frac{(\log x)'}{(x)'}$ が存在する。

(i) 〜 (iii) よりロピタルの定理が成り立つので、

$$\lim_{x\to\infty} \frac{\log x}{x} = \lim_{x\to\infty} \frac{(\log x)'}{(x)'} = 0 \ \cdots \text{(答)}$$

② $\displaystyle\lim_{x\to\infty} \frac{x}{e^x}$

x と e^x はどちらも微分可能な関数で、

(i) $\displaystyle\lim_{x\to\infty} x = \infty,\ \lim_{x\to\infty} e^x = \infty$

(ii) $(e^x)' = e^x \neq 0$

(iii) $\displaystyle\lim_{x\to\infty} \frac{(x)'}{(e^x)'} = \lim_{x\to\infty} \frac{1}{e^x} = \frac{1}{e^\infty} = 0$ より、$\displaystyle\lim_{x\to\infty} \frac{(x)'}{(e^x)'}$ が存在する。

(i) 〜 (iii) よりロピタルの定理が成り立つので、

$$\lim_{x\to\infty} \frac{x}{e^x} = \lim_{x\to\infty} \frac{(x)'}{(e^x)'} = 0 \ \cdots \text{(答)}$$

まとめ	・ロピタルの定理は不定形の関数の極限を簡単に求めることができる（適用条件に注意）。 ・ロピタルの定理は、最大値・最小値の定理→ロルの定理→平均値の定理→コーシーの平均値の定理→ロピタルの定理の順に導くことができる。

テイラー展開やマクローリン展開は、簡単にいうと、さまざまな関数を多項式で代用してしまおうという、すごい方法なんですよ。

微分にも、いろいろな応用があるんですね。

関数の 1 次近似

関数 $f(x)$ の曲線を、点 $(t,\ f(t))$ を中心にうんと拡大すると、傾きが $f'(t)$ の直線とみなすことができます。この直線を遠くからみると、$y = f(x)$ の $x = t$ における接線となります。

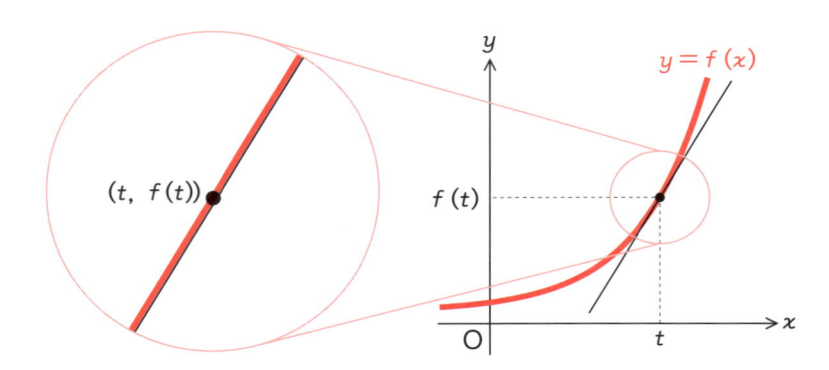

つまり関数 $f(x)$ は、$x = t$ のごく近くであれば、$x = t$ における接線で代用できるということです。とくに $f(x)$ が複雑な関数の場合、直線で代用できれば計算がすごく楽になります。

関数 $f(x)$ の $x = t$ における接線は、点 $(t,\ f(t))$ を通り、傾きが

$f'(t)$ の直線なので、

$$y = f'(t)(x - t) + f(t)$$

↑傾き

と書けます。この直線の式を、$y = f(x)$ の $x = t$ 付近における **1 次近似**といいます。

> **1 次近似（接線の式）**
>
> 関数 $f(x)$ の $x = t$ 付近における 1 次近似（接線）の式
>
> $$y = f'(t)(x - t) + f(t)$$

例題1 関数 $f(x) = e^x$ の $x = 0$ 付近における 1 次近似の式を求めよ。

解 $f(x) = e^x$ の微分は $f'(x) = e^x$ なので、$f'(0) = e^0 = 1$。よって、この関数の $x = 0$ における 1 次近似は、

$$y = 1 \cdot (x - 0) + 1 = x + 1 \quad \cdots \text{（答）}$$

となります。すなわち、関数 $f(x) = e^x$ は、$x = 0$ 付近では直線 $y = x + 1$ に近似します。

ところで、前節の例題で、$\displaystyle\lim_{x \to 0} \frac{e^x - 1}{x}$ という極限値をロピタルの定理を使って求めましたね（155 ページ）。

$$\lim_{x \to 0} \frac{e^x - 1}{x} = \lim_{x \to 0} \frac{(e^x - 1)'}{(x)'} = \lim_{x \to 0} \frac{e^x}{1} = 1$$

この式は、x を 0 に近づけると $\dfrac{e^x - 1}{x}$ が 1 に近づくことを表しています。つまり、$x = 0$ の付近では

$$\lim_{x \to 0} \frac{e^x - 1}{x} \fallingdotseq 1 \;\; \Rightarrow \;\; e^x \fallingdotseq x + 1$$

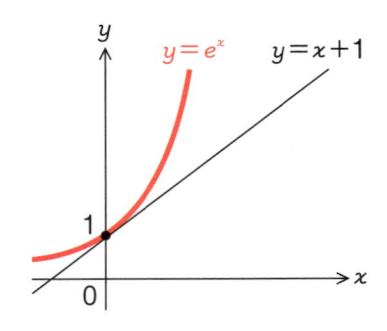

　この式からも、$f(x) = e^x$ が $x = 0$ 付近では直線 $y = x + 1$ に近似できることがわかります。

近似の精度を上げる

　関数 $f(x)$ は、$x = t$ 付近であれば、

$$y = f'(t)(x - t) + f(t)$$

という1次近似（接線）の式で代用できることを説明しました。しかしこの直線は、点 $(t,\ f(t))$ から遠ざかるにつれ、$f(x)$ の曲線とのズレが大きくなります。このズレは、関数 $f(x)$ が曲線であるのに対し、1次近似の式が直線であるために生じます。

　そこで今度は、関数 $f(x)$ を2次関数で代用することを考えてみましょう。これを 2次近似 といいます。

　まず、関数 $f(x)$ と $x = t$ 付近で近似する2次関数を $g(x)$ として、

$$g(x) = f(t) + f'(t)(x - t) + a(x - t)^2 \quad \cdots ①$$

この値はこれから求めます

とおきます。式①は、$x = t$ のとき、

$$g(t) = f(t) + f'(t)(t - t) + a(t - t)^2 = f(t)$$

となるので、$x = t$ のとき $f(t)$ と値が一致します。また、

$$g'(t) = f'(t) + 2a(x - t)$$

より、$g(x)$ の $x = t$ における微分係数は、

$$g'(t) = f'(t) + 2a(t - t) = f'(t)$$

となるので、$x = t$ における傾きも関数 $f(x)$ と同じです。

ここまでは 1 次近似と同様ですが、2 次近似ではさらに関数 $f(x)$ に近づけるために、関数 $g(x)$ の「曲がり具合」を、関数 $f(x)$ に合わせます。

 「曲がり具合」ってどう表すんですか？

曲線は場所によって傾きが変化しますから、「傾きの変化率」によって曲がり具合をシミュレートします。具体的には、$f(x)$ を 2 回微分した $f''(x)$ が、傾きの変化率を表します。

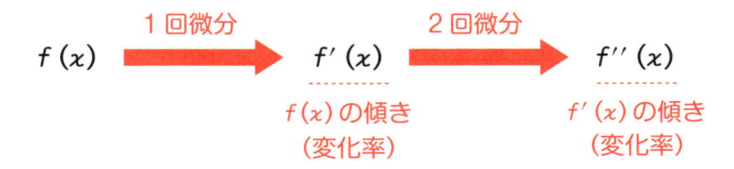

$g(x)$ の微分 $g'(x) = f'(t) + 2a(x - t)$ をさらに微分すると、

$$g''(x) = 2a$$

となるので、$x = t$ における関数 $g(x)$ の傾きの変化率は $g''(t) = 2a$ です。この値を、関数 $f(x)$ の「傾きの変化率」$f''(t)$ と一致させるので、

$$2a = f''(t) \quad \Rightarrow \quad a = \frac{f''(t)}{2}$$

以上から、関数 $f(x)$ の $x = t$ における 2 次近似は、

$$g(x) = f(t) + f'(t)(x-t) + \frac{f''(t)}{2}(x-t)^2$$

となります。

たとえば、例題 1 で取り上げた $f(x) = e^x$ の $x = 0$ における 2 次近似は、$f'(x) = e^x$，$f''(x) = e^x$ より、

$$g(x) = f(0) + f'(0)x + \frac{f''(0)}{2}x^2 = 1 + x + \frac{1}{2}x^2$$

グラフにすると、1 次近似より 2 次近似のほうが本物に近づいていることがわかりますね。

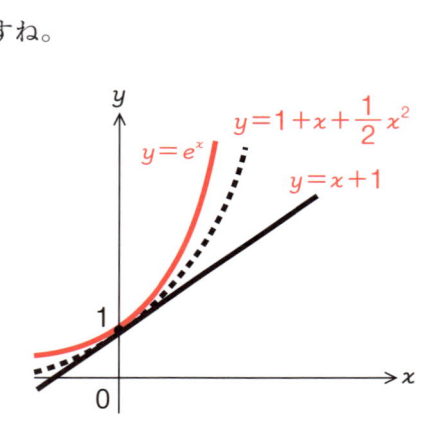

近似式をより本物に近づけるには、3 次近似、4 次近似、…のように次数をさらに増やしていきます。たとえば 3 次近似の場合は

$$g(x) = f(t) + f'(t)(x-t) + \frac{f''(t)}{2}(x-t)^2 + b(x-t)^3$$

この値はこれから求めます

とおきます。$g(x)$ を 3 回微分すると、

$$g'(x) = f'(t) + f''(t)(x-t) + 3b(x-t)^2$$
$$g''(x) = f''(t) + 6b(x-t)$$
$$g'''(x) = 6b$$

となるので、$g'''(t) = f'''(t)$ より、

$$6b = f'''(t) \quad \Rightarrow \quad b = \frac{f'''(t)}{6}$$

以上から、関数 $f(x)$ の $x = t$ における 3 次近似は、

$$g(x) = f(t) + f'(t)(x - t) + \frac{f''(t)}{2}(x - t)^2 + \frac{f'''(t)}{6}(x - t)^3$$

（2!、3!）

この操作を繰り返すと、関数 $f(x)$ は次のような多項式で表すことができます（以下、$f(x)$ を n 回微分したものを $f^{(n)}(x)$ と書きます）。

$$g(x) = f(t) + f'(t)(x - t) + \frac{f''}{2!}(x - t)^2 + \frac{f'''(t)}{3!}(x - t)^3$$
$$+ \cdots + \frac{f^{(n)}(t)}{n!}(x - t)^n$$

この操作を無限に行ったものを、テイラー展開といいます。

テイラーの定理

テイラー展開は、次のような定理をもとにしています。この定理をテイラーの定理といいます。

テイラーの定理

関数 $f(x)$ が開区間 (a, b) 上で $n + 1$ 回微分可能であれば、

$$f(b) = f(a) + \frac{f'(a)}{1!}(b - a) + \frac{f''(a)}{2!}(b - a)^2 + \cdots +$$
$$\frac{f^{(n)}(a)}{n!}(b - a)^n + R_{n+1}$$

ただし、$R_{n+1} = \frac{f^{(n+1)}(c)}{(n+1)!}(b - a)^{n+1}$

となる c $(a < c < b)$ が存在する。

例として、$f(x) = e^x$、$a = 0$、$n = 2$ の場合で説明しましょう。

e^x は何度微分しても e^x ですから、

$$f(0) = e^0 = 1, \; f'(0) = e^0 = 1, \; f''(0) = e^0 = 1$$

となります。これらをテイラーの定理の式に当てはめると、

$$f(b) = f(0) + \frac{f'(0)}{1!}(b-0) + \frac{f''(0)}{2!}(b-0)^2 + R_3$$

$$= 1 + b + \frac{1}{2}b^2 + R_3$$

2 次近似

右辺の「$1 + b + \frac{1}{2}b^2$」の部分は、$f(x) = e^x$ の $x = 0$ 付近での 2 次近似の式に、$x = b$ を代入したものです。つまり R_3 は、関数 $f(x)$ の $x = b$ の値と、その 2 次近似との誤差を表しています（右図）。

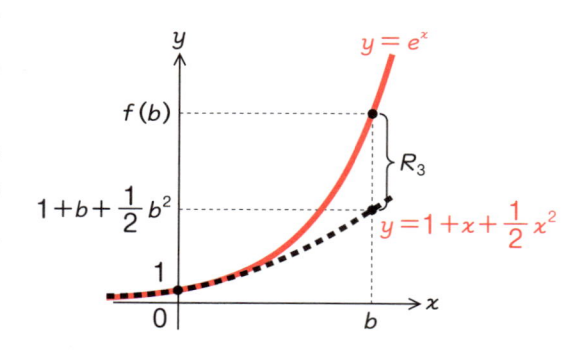

この誤差を

$$R_3 = \frac{f'''(c)}{3!}(b-0)^3 = \frac{e^c}{6}b^3$$

とすると、上の式を満たすような c が、0 と b の間に存在する、というのがテイラーの定理の主張です。この誤差 R_{n+1} は、ラグランジュの剰余項と呼ばれます。

証明 テイラーの定理を証明するには、

$$R_{n+1} = \frac{K}{(n+1)!}(b-a)^{n+1}$$

とおき、$K = f^{(n+1)}(c)\,(a < c < b)$ が成り立つことを示します。

そこでまず、

$$f(b) = f(a) + \frac{f'(a)}{1!}(b-a) + \frac{f''(a)}{2!}(b-a)^2 + \cdots + \frac{f^{(n)}(a)}{n!}(b-a)^n$$
$$+ \frac{K}{(n+1)!}(b-a)^{n+1}$$

とおき、次のような関数 $F(x)$ を定義します。

$$F(x) = f(b) - \left\{ f(x) + \frac{f'(x)}{1!}(b-x) + \frac{f''(x)}{2!}(b-x)^2 + \cdots \right.$$
$$\left. \cdots + \frac{f^{(n)}(x)}{n!}(b-x)^n + \frac{K}{(n+1)!}(b-x)^{n+1} \right\} \quad \cdots ①$$

この関数 $F(x)$ は、閉区間 $[a,\ b]$ で連続で、開区間 $(a,\ b)$ で微分可能です。また、

$$F(a) = f(b) - \left\{ f(a) + \frac{f'(a)}{1!}(b-a) + \frac{f''(a)}{2!}(b-a)^2 + \cdots \right.$$
$$\left. \cdots + \frac{f^{(n)}(a)}{n!}(b-a)^n + \frac{K}{(n+1)!}(b-a)^{n+1} \right\} = 0$$

$$\hookrightarrow f(b)$$

$$F(b) = f(b) - \left\{ f(b) + \frac{f'(b)}{1!}(b-b) + \frac{f''(a)}{2!}(b-b)^2 + \cdots \right.$$
$$\hookrightarrow 0 \qquad \hookrightarrow 0$$
$$\left. \cdots + \frac{f^{(n)}(b)}{n!}(b-b)^n + \frac{K}{(n+1)!}(b-b)^{n+1} \right\} = 0$$
$$\hookrightarrow 0 \qquad\qquad \hookrightarrow 0$$

ですから、ロルの定理（142 ページ）が成り立ち、

$$F'(c) = 0$$

となるような実数 $c\,(a < c < b)$ が存在します。

式①の両辺を微分すると、

$$F'(x) = 0 - \left[f'(x) + \left\{ \frac{f'(x)}{1!}(b-x) \right\}' + \left\{ \frac{f''(x)}{2!}(b-x)^2 \right\}' + \cdots \right.$$

$$\left. \cdots + \left\{ \frac{f^{(n)}(x)}{n!}(b-x)^n \right\}' + \left\{ \frac{K}{(n+1)!}(b-x)^{n+1} \right\}' \right]$$

$\square$ の部分は、それぞれ積の微分公式を使って微分すると

$$= 0 - \left\{ f'(x) + f''(x)(b-x) - f'(x) + \frac{f'''(x)}{2!}(b-x)^2 - f''(x)(b-x) \right.$$

$$\left. + \cdots + \frac{f^{(n+1)}(x)}{n!}(b-x)^n - \frac{f^{(n)}(x)}{(n-1)!}(b-x)^{n-1} - \frac{K}{n!}(b-x)^n \right\}$$

となり、各項が打ち消し合って、残った項は

$$F'(x) = -\frac{f^{(n+1)}(x)}{n!}(b-x)^n + \frac{K}{n!}(b-x)^n = \frac{(b-x)^n}{n!}(K - f^{(n+1)}(x))$$

となります。ロルの定理により、

$$F'(c) = \frac{(b-c)^n}{n!}(K - f^{(n+1)}(c)) = 0$$

$$\longrightarrow > 0$$

となる c が存在するので、$K = f^{(n+1)}(c)$ が成り立ちます。

テイラー展開とマクローリン展開

　テイラーの定理の b を x に置き換えると、この式は関数 $f(x)$ が n 次近似の式＋剰余項 R_{n+1} で表せることを示しています。

$$f(x) = f(a) + \frac{f'(a)}{1!}(x-a) + \frac{f''(a)}{2!}(x-a) + \cdots +$$

$$\frac{f^{(n)}(a)}{n!}(x-a)^n + R_{n+1}$$

$\uparrow$ n次近似の式

$\llcorner$ 剰余項

関数によっては、n の数を増やすにつれて、R_{n+1} の値が小さくなっていきます。もし、$n \to \infty$ のとき $R_{n+1} \to 0$ となるなら、関数 $f(x)$ は無限に続く多項式で表せます。これをテイラー展開といいます。

> **テイラー展開**
>
> 関数 $f(x)$ が $x = a$ を含む区間で無限に微分可能で、$\lim\limits_{n \to \infty} R_{n+1} = 0$ のとき、次の式が成り立つ。
>
> $$f(x) = f(a) + \frac{f'(a)}{1!}(x-a) + \frac{f''(a)}{2!}(x-a)^2 + \cdots + \frac{f^{(n)}(a)}{n!}(x-a)^n + \cdots$$

テイラー展開の式から最初の 2 つの項だけを取り出すと、$f(x) = f(a) + f'(a)(x-a)$ となり、$x = a$ における 1 次近似（接線）の式になります。

また、テイラー展開の a を $a = 0$ にしたものを、とくにマクローリン展開といいます。

> **マクローリン展開**
>
> 関数 $f(x)$ が $x = 0$ を含む区間で無限に微分可能で、$\lim\limits_{n \to \infty} R_{n+1} = 0$ のとき、次の式が成り立つ。
>
> $$f(x) = f(0) + \frac{f'(0)}{1!}x + \frac{f''(0)}{2!}x^2 + \cdots + \frac{f^{(n)}(0)}{n!}x^n + \cdots$$

> マクローリン展開で、もとの関数を完全に代用できるんですか？

マクローリン展開は、関数 $f(x)$ を $x = 0$ 付近での無限次の近似で表したものです。一般に、関数 $f(x)$ 全体を近似できるわけではなく、近似できる x の範囲は限られています。この範囲を収束半径といいます。

では、例題でいくつかの関数のマクローリン展開を求めてみましょう。

例題2 次の関数のマクローリン展開を求めなさい（ただし、$-\infty <$ $x < \infty$とする）。

収束半径

① e^x　　② $\sin x$　　③ $\cos x$

① e^x

e^x は何回微分しても e^x なので、

$$f(0) = f'(0) = f''(0) = f'''(0) = \cdots = e^0 = 1$$

これらをマクローリン展開の式に代入すると、次のようになります。

$$e^x = f(0) + f'(0)x + \frac{f''(0)}{2!}x^2 + \frac{f'''(0)}{3!}x^3 + \cdots$$

$$= 1 + \frac{1}{1!}x + \frac{1}{2!}x^2 + \frac{1}{3!}x^3 + \frac{1}{4!}x^4 + \frac{1}{5!}x^5 + \cdots \ \cdots (答)$$

② $\sin x$

$f(x) = \sin x$ を複数回微分すると、

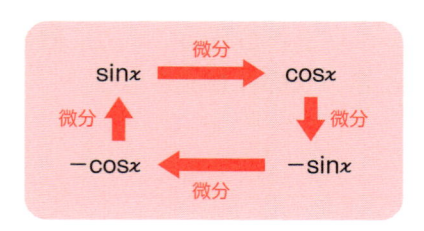

のような繰返しとなり、無限に微分できます。これらに $x = 0$ を代入すると、

$$
\begin{array}{ccccc}
f(0) & = & \sin 0 = & 0 \\
f'(0) & = & \cos 0 = & 1 \\
f''(0) & = & -\sin 0 = & 0 \\
f'''(0) & = & -\cos 0 = & -1 \\
\vdots & & \vdots & \vdots
\end{array}
$$

のように、0, 1, 0, −1, …のサイクルになります。これらをマクローリン展開の式に代入すると、次のようになります。

$$\sin x = 0 + \frac{1}{1!}x + \frac{0}{2!}x^2 + \frac{-1}{3!}x^3 + \frac{0}{4!}x^4 + \frac{1}{5!}x^5 + \frac{0}{6!}x^6 + \frac{-1}{7!}x^7 + \cdots$$

$$= x - \frac{1}{3!}x^3 + \frac{1}{5!}x^5 - \frac{1}{7!}x^7 + \cdots \ \cdots \text{(答)}$$

③ cos*x*

$f(x) = \cos x$ を複数回微分すると、

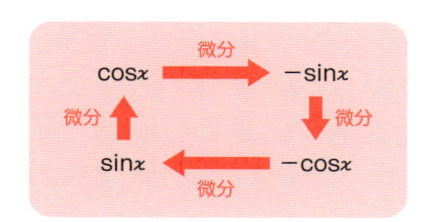

のような繰返しとなり、無限に微分できます。これらに $x = 0$ を代入すると、

$$
\begin{array}{rcrr}
f(0) & = & \cos 0 = & 1 \\
f'(0) & = & -\sin 0 = & 0 \\
f''(0) & = & -\cos 0 = & -1 \\
f'''(0) & = & \sin 0 = & 0 \\
\vdots & & \vdots & \vdots
\end{array}
$$

のように、1, 0, −1, 0, …のサイクルになります。これらをマクローリン展開の式に代入すると、次のようになります。

$$\cos x = 1 + \frac{0}{1!}x + \frac{-1}{2!}x^2 + \frac{0}{3!}x^3 + \frac{1}{4!}x^4 + \frac{0}{5!}x^5 + \frac{-1}{6!}x^6 + \cdots$$

$$= 1 - \frac{1}{2!}x^2 + \frac{1}{4!}x^4 - \frac{1}{6!}x^6 + \cdots \ \cdots \text{(答)}$$

マクローリン展開でオイラーの公式が導ける

$f(x) = e^x$ のマクローリン展開に、$x = i\theta$ $(i^2 = -1)$ を代入すると、

$$e^{i\theta} = 1 + \frac{1}{1!}(i\theta) + \frac{1}{2!}(i\theta)^2 + \frac{1}{3!}(i\theta)^3 + \frac{1}{4!}(i\theta)^4 + \frac{1}{5!}(i\theta)^5 + \frac{1}{6!}(i\theta)^6 + \cdots$$

$$= 1 + i\theta - \frac{1}{2!}\theta^2 - i\frac{1}{3!}\theta^3 + \frac{1}{4!}\theta^4 + i\frac{1}{5!}\theta^5 - \frac{1}{6!}\theta^6 - i\frac{1}{7!}\theta^7 + \cdots$$

$$= \left(1 - \frac{1}{2!}\theta^2 + \frac{1}{4!}\theta^4 - \frac{1}{6!}\theta^6 + \cdots\right) + i\left(\theta - \frac{1}{3!}\theta^3 + \frac{1}{5!}\theta^5 - \frac{1}{7!}\theta^7 + \cdots\right)$$

$$= \cos\theta + i\sin\theta$$

となります。この公式を オイラーの公式 といいます。

オイラーの公式

$$e^{i\theta} = \cos\theta + i\sin\theta$$

また、オイラーの公式に $\theta = \pi$ を代入すると、

$$e^{i\pi} = \cos\pi + i\sin\pi = -1 + i\cdot 0 = -1$$

$$\therefore e^{i\pi} + 1 = 0$$

となり、有名なオイラーの等式となります。オイラーの等式は、ネイピア数 e と円周率 π、虚数単位 i、数字の 1 と 0 でシンプルに構成され、「数学におけるもっとも美しい定理」とも呼ばれます。

まとめ	• 関数 $f(x)$ を多項式で近似させたものをテイラー展開といい、とくに $x = 0$ 付近での近似させた式をマクローリン展開という。 • オイラーの公式はマクローリン展開から導ける。

積分の基礎のキソ

積分と面積

この章からは、心機一転「積分」について勉強します。まずは積分とは何かという話からはじめましょう。

積分って「微分の逆」のことじゃないんですか？

グラフの面積を求める

　高校数学では、「**積分は微分を逆に操作したもの**」と習います。もちろん、それは間違ってないのですが、はじめに微分があって、「じゃあ、その逆も必要だよね」ということで積分が生まれたわけではありません。積分は微分とは別個に考案され、後になって「これって微分の逆だよね」ということがわかったのです。

　では、積分はなんのためにあるかというと、もともとは**面積を求める手法**として発展しました。

　例として、右図のような2次関数 $f(x) = x^2$ のグラフを考えてみましょう。このグラフの曲線と x 軸に囲まれた $x = 0$ から a までの領域の面積を S とします。この面積 S を求めます。

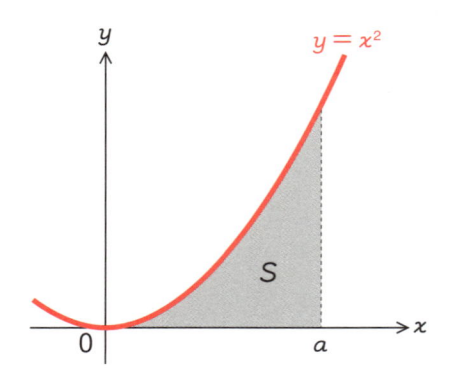

手順1 てはじめに、$x = 0$ から a までを N 等分し、領域を N 本の細切れにスライスします。

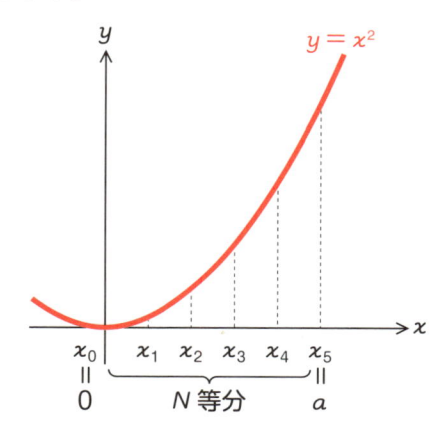

スライス1本の横幅を Δx とすると、$\Delta x = \dfrac{a}{N}$ なので、座標 x_n は

$$x_n = \Delta x \times n = \frac{a}{N}n$$

で求められます。

手順2 細切れにしたスライスの中に、長方形の短冊を敷きます。

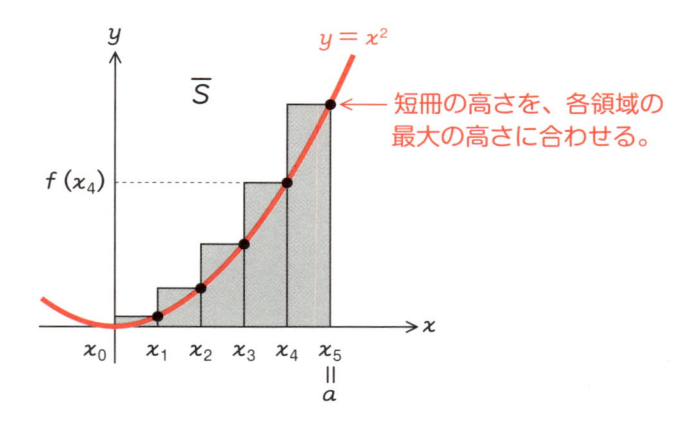

短冊の高さを、各領域の最大の高さに合わせる。

図のように、短冊の高さを各領域の最大の高さに合わせて敷き詰める

177

と、短冊の端が領域から少しはみ出します。このとき、n 番目の短冊の高さは $f(x_n)$ で求められるので、短冊 1 本の面積は

$$f(x_n) \times \Delta x = (x_n)^2 \times \frac{a}{N} = \left(\frac{a}{N}n\right)^2 \times \frac{a}{N} = \frac{a^3}{N^3}n^2$$

となります。$n = 1$ から $n = N$ まで、N 本の短冊の面積をすべて足し合わせると、

$$\begin{aligned}
\overline{S} &= \sum_{n=1}^{N} \frac{a^3}{N^3}n^2 = \frac{a^3}{N^3}\sum_{n=1}^{N} n^2 \\
&= \frac{a^3}{N^3} \cdot \frac{1}{6}N(N+1)(2N+1) \\
&= \frac{a^3}{6N^3}(2N^3 + 3N^2 + N) \\
&= \left(\frac{1}{3} + \frac{1}{2N} + \frac{1}{6N^2}\right)a^3
\end{aligned}$$

> **memo　Σの公式**
>
> $$\sum_{n=1}^{N} n = \frac{1}{2}N(N+1)$$
>
> $$\sum_{n=1}^{N} n^2 = \frac{1}{6}N(N+1)(2N+1)$$

となります。この値 $\overline{S}$ は、領域の面積 S に近い値になるはずです。このように、細かく分割したものを足し合わせることを積分といいます。

> でも、正確な面積にはならないですよね？

　そのとおりです。短冊の端が領域からはみ出ているので、$\overline{S}$ は領域の実際の面積 S より大きくなってしまいます。

[手順3] そこで今度は、短冊を領域からはみ出さないように敷き詰めてみましょう。短冊の高さを、各領域の最小の高さに合わせます。すると、次のようになりますね。

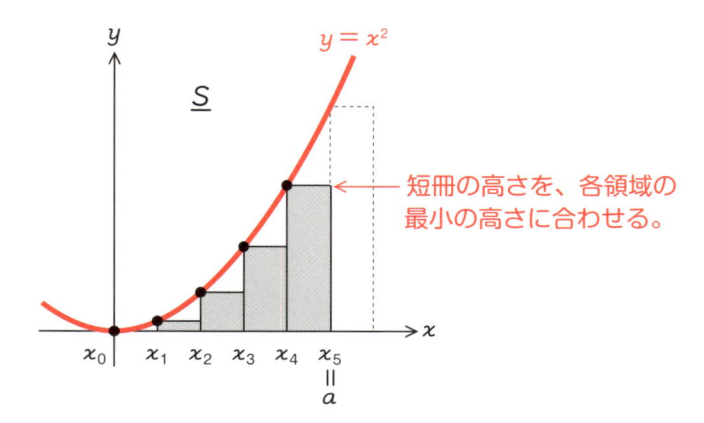

短冊の高さを、各領域の最小の高さに合わせる。

先ほどと同じように、短冊の面積をすべて足し合わせます。よく見ると、この短冊の合計は、先ほど求めた $\overline{S}$ から右端の短冊の面積を除いたものですね。なので、$\overline{S}$ を求める式の N を $N-1$ に置き換えれば求めることができます。

$$\underline{S} = \frac{a^3}{N^3} \sum_{n=1}^{N-1} n^2 = \frac{a^3}{N^3} \cdot \frac{1}{6}(N-1)\{(N-1)+1\}\{2(N-1)+1\}$$

$$= \frac{a^3}{6N^3} N(N-1)(2N-1)$$

$$= \frac{a^3}{6N^3}(2N^3 - 3N^2 + N)$$

$$= \left(\frac{1}{3} - \frac{1}{2N} + \frac{1}{6N^2}\right) a^3$$

短冊と領域のあいだにすき間があるため、$\underline{S}$ の値は領域の実際の面積 S より若干小さい値になります。すなわち、

$$\underline{S} < S < \overline{S}$$

が成り立ちます。

「帯に短し、たすきに長し」ですね。

手順4 $\overline{S}$も $\underline{S}$も、短冊の横幅を小さくすれば、はみ出しやすき間の面積が小さくなって、目標とする面積 S に近づきます。つまり、領域を N 等分するときの N の値をどんどん大きくしていけばよいのです。

そこで、N を無限大に大きくしたときの $\overline{S}$ と $\underline{S}$ の極限をとりましょう。すると、

$$\lim_{N\to\infty} \overline{S} = \lim_{N\to\infty} \left(\frac{1}{3} + \frac{1}{2N} + \frac{1}{6N}\right) a^3 = \frac{1}{3}a^3$$

$$\lim_{N\to\infty} \underline{S} = \lim_{N\to\infty} \left(\frac{1}{3} - \frac{1}{2N} + \frac{1}{6N}\right) a^3 = \frac{1}{3}a^3$$

となって、$\overline{S}$ と $\underline{S}$ は $N \to \infty$ で等しく、$\frac{1}{3}a^3$ になります。したがって「はさみ打ちの原理」により、あいだにある面積 S も $\frac{1}{3}a^3$ になります。

分割数を無限にすると、正確な面積になるんですね。

積分とはこのように、**領域を細かく分割し、それらの面積を足し合わせることで領域の面積を求める**操作です。分割を限りなく細分化することにより、その結果は正確になります。

積分は微分の逆の操作

面積 S は、関数 $f(x) = x^2$ と x 軸とのあいだの $x = 0$ から $x = a$ までの領域の面積を表しています。定数 a には任意の値を入れることができますから、a を x に置き換えれば、

$$S(x) = \frac{1}{3}x^3$$

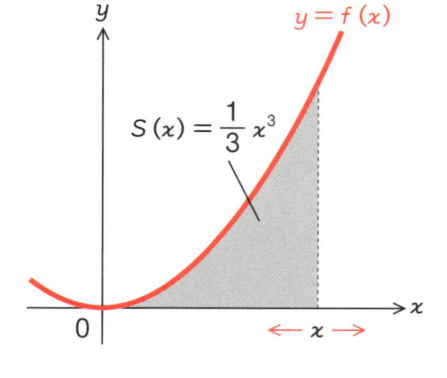

のように、任意の幅の面積を求める関数と考えることができます。

ところで、この関数 $S(x)$ を微分すると、

$$S'(x) = \frac{1}{3}(x^3)' = \frac{3}{3}x^2 = x^2$$

となり、もとの関数 $f(x) = x^2$ に等しくなります。これは偶然でしょうか？

偶然じゃないですか？

もちろん、偶然ではありません！

一般に、$y = f(x)$ と x 軸とのあいだの、0 から任意の x までの面積を $S(x)$ とすると、

$$S'(x) = f(x)$$

が成り立つのです。この現象を「微分積分学の基本定理」といいます。

> 関数 $f(x)$ のグラフで囲まれた面積を表す関数は、微分すると元の関数 $f(x)$ に戻る（微分積分学の基本定理）。

言い換えると、面積を求めたいときは、その元の関数に対して微分と逆の操作を行えばいいということになりますね。

たとえば、右図のような直角三角形の面積はどうでしょうか？

三角形の面積「底辺×高さ×$\frac{1}{2}$」より、この直角三角形の面積は $\frac{1}{2}a^2$ とすぐわかります。

一方、この直角三角形は直線 $y = x$

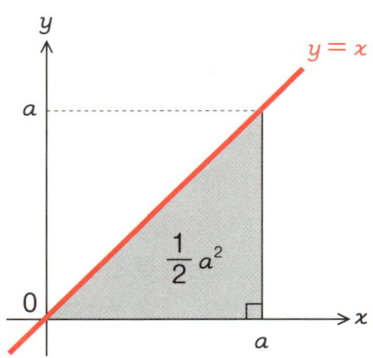

と x 軸のあいだの $x = 0$ から $x = a$ までの領域です。そこで「微分すると x になる関数」を考えると、x^2 を微分すると $2x$ ですから、この係数 2 を打ち消すために $\frac{1}{2}$ を掛け、$\frac{1}{2}x^2$ とすれば「微分すると x になる関数」になりますね。すなわち、

$$S(x) = \frac{1}{2}x^2$$

この関数に $x = a$ を代入すれば、たしかに三角形の面積 $\frac{1}{2}a^2$ が求められます。

この節では、$f(x) = x^2$ のグラフで囲まれた面積を、たくさんの短冊に分割してそれらの面積を足し合わせるという方法で求めました。しかし「微分積分学の基本定理」によれば、いちいちこんな手順によらなくても、「微分すると $f(x)$ になる関数」を求めることで一発で計算できます。積分を「微分の逆の操作」というのはこのためです。

まとめ

- 積分は、細かく分割して足し合わせることで面積を求める操作。
- 「微分積分学の基本定理」のおかげで、元の関数に対して微分と逆の操作を行うことで面積を求められるようになった。そのため「微分の逆の操作」のことを積分という。

5-2 微分積分学の基本定理

この節では、なぜ積分が「微分の逆」で計算できるのかを
きちんと説明します。

そんなの当たり前だと思ってましたけど、違うんですね。

積分記号の意味

前回は、積分が面積を
求める操作であるという
ことを示しました。右図
のように、関数 $f(x)$ の
グラフと x 軸に囲まれた
領域の $x = a$ から $x = b$ ま
での面積 S を求めること
を、「**関数 $f(x)$ を $x = a$
から $x = b$ まで積分する**」

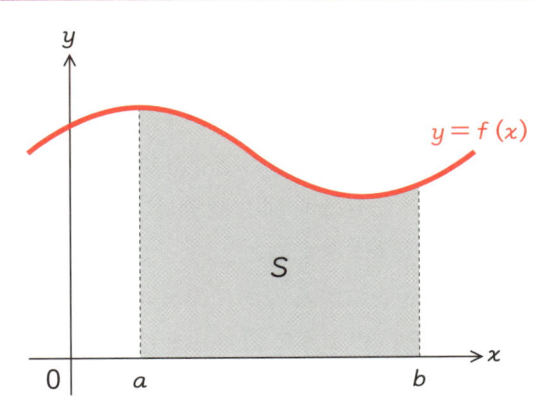

といい、次のような記号を使った式で表します。

$$S = \int_a^b f(x)\,dx$$

a から b まで
足し合わせる

短冊の面積

この式が何を表しているのかをきちんと確認しておきましょう。「領
域を細かく分割して足し合わせる」というのが、積分のもともとの意味
でしたね。$f(x)$ は領域 S を細長い短冊に切り分けたときの短冊の長さ、

dx は短冊の横幅を表します（dx は、限りなく 0 に近づけた Δx という意味）。$\int_a^b$ は、短冊の面積「$f(x)\,dx$」を、$x = a$ から $x = b$ まですべて足し合わせる、という意味です。短冊は長方形ですが、横幅 dx は限りなく 0 に近いので、$y = f(x)$ が曲線でも誤差は生じません。

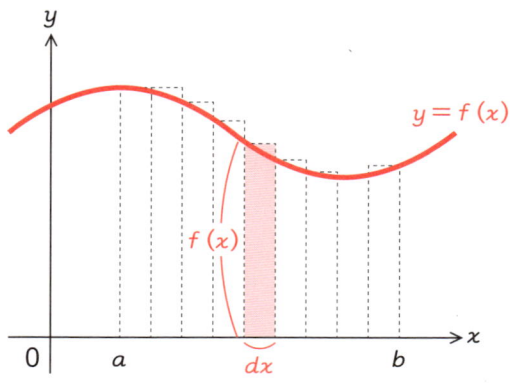

積分記号 $\int$ は、「合計」を意味する英語 Sum の頭文字 S を、長く引き伸ばしたものです。

なぜ、積分は「微分の逆」で計算できるのか

このように「領域を細かく分割して足し合わせる」のが積分の本来の操作なのですが、実際の積分計算でそんな作業をすることはほとんどありません。なぜなら同じ計算は、「微分すると $f(x)$ になる関数を求める」という操作をすることで、ずっと簡単にできるからです。

これを可能にするのが「微分積分学の基本定理」です。前の節では、この定理を次のように紹介しました。

「**関数 $f(x)$ のグラフで囲まれた面積を表す関数は、微分すると元の関数 $f(x)$ に戻る**」

ここで「関数 $f(x)$ のグラフで囲まれた面積を表す関数」を $S(x)$ とし、次のように表します（x が 2 種類でてきて紛らわしいので、$f(x)$ の代わりに $f(t)$ とします）。

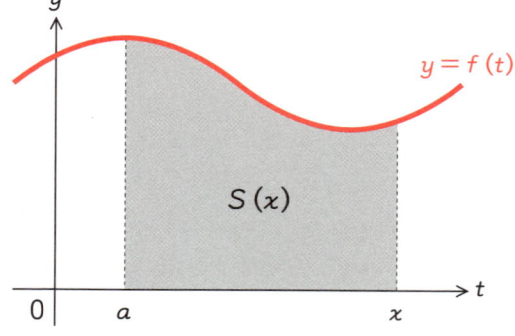

$$S(x) = \int_a^x f(t)\,dt$$

　微分積分学の基本定理は、この関数 $S(x)$ を微分すると $f(x)$ になると主張します。このことを式で書くと次のようになります。

微分積分学の基本定理

$$S'(x) = \frac{d}{dx}\left\{\int_a^x f(t)\,dt\right\} = f(x) \quad \cdots ①$$

　この式が成り立つことは後ほど示すので、いまはこの式が成り立つという前提で話をすすめましょう。ここで、「微分すると $f(x)$ になる関数」を、次のように $F(x) + C$ とおけば、

$$\frac{d}{dx}\left\{F(x) + C\right\} = f(x)$$

となるので、式①より、

$$\int_a^x f(t)dt = F(x) + C \quad \cdots ②$$

が成り立ちます。

　$F(x)$ はわかりますが、C はなんですか？

　この C は**積分定数**といって、「値は決まってないけど、ここに何らかの定数が入るよ」ということを表しています。

　たとえば、微分すると x^2 になる関数は、じつは $\dfrac{1}{3}x^3$ 以外にも

$$\left.\begin{array}{l} \dfrac{1}{3}x^3 + 1 \\[1.2em] \dfrac{1}{3}x^3 + 27 \\[1.2em] \dfrac{1}{3}x^3 - 81 \\[0.6em] \quad\vdots \end{array}\right\} \text{微分すると } x^2 \text{ になる}$$

などなど無数にありますね。この定数を仮に C で表しているわけです。

さて、式②に $x = a$ を代入すると、

$$\int_a^a f(t)dt = F(a) + C$$

となりますが、この式は左辺からわかるように、$t = a$ から $t = a$ までの領域の面積を表すので、ゼロになります。したがって、

$$F(a) + C = 0 \quad \Rightarrow \quad C = -F(a)$$

これを式②に代入すると、

$$\int_a^x f(t)dt = F(x) - F(a)$$

面積 $S(x)$ $\qquad$ 微分すると $f(x)$ になる関数

となります。

このような計算を定積分というのですが、ここでのポイントは、

定積分については、後ほどあらためて説明します。

「細かく分けて足し合わせる」積分の計算（左辺）が、「微分すると $f(x)$ になる関数」（右辺）を使ってできた！」

ということです。

そして、この画期的な計算方法を可能としているのが、式①の「微分積分学の基本定理」です。この定義が、その名のとおり微分と積分を結び付ける基本的な定理であることが、おわかりいただけたでしょうか。

微分積分学の基本定理の証明

それでは、「微分積分学の基本定理」の式

$$\frac{d}{dx}\left\{\int_a^x f(t)dt\right\} = f(x)$$

が成り立つことを示しましょう。まず、先ほどと同じように、

$$S(x) = \int_a^x f(t)dt$$

とおきます。$S(x)$ は、次の図のように $y = f(t)$ に囲まれた $t = a$ から $t = x$ までの領域の面積を表していますね。同様に $S(x + \Delta x)$ は、$y = f(t)$ に囲まれた $t = a$ から $t = x + \Delta x$ までの領域の面積を表します。

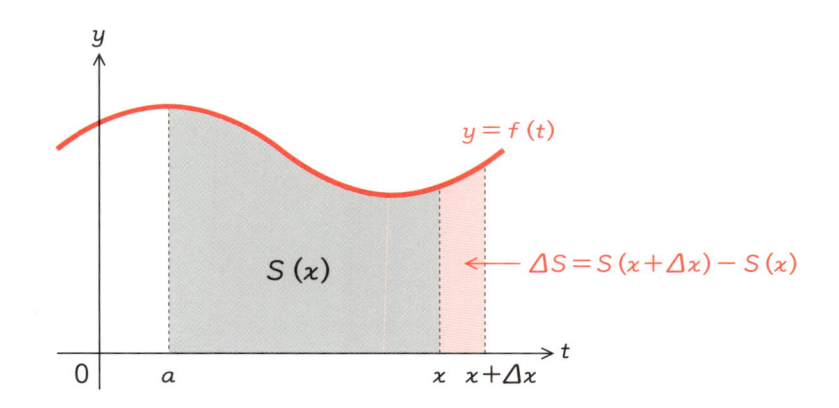

上の図の色のついた細長い部分の面積を ΔS とすると、ΔS は、$S(x + \Delta x)$ と $S(x)$ との差を表すので、

$$\Delta S = S(x + \Delta x) - S(x)$$

と書けます。この部分を取り出して検討しましょう。

右図のように $f(x) < f(x + \Delta x)$ が成り立つ場合、ΔS の面積は高さ $f(x) \times$ 横幅 Δx の長方形よりは大きく、高さ $f(x + \Delta x) \times$ 横幅 Δx の長方形よりは小さいですね。つまり、

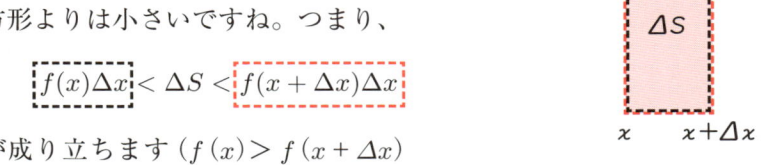

$$f(x)\Delta x < \Delta S < f(x + \Delta x)\Delta x$$

が成り立ちます（$f(x) > f(x + \Delta x)$ の場合は不等号の向きが逆になりますが、考え方は同じです）。

そこで、面積が ΔS と等しくなるような横幅 Δx の長方形を考えると、

187

その高さはやはり $f(x)$ より大きく、$f(x + \Delta x)$ より小さくなるはずです。この高さを k とすると、$k = f(c)$ となるような c は x と $x + \Delta x$ のあいだに存在し、次の式が成り立ちます。

$$\Delta S = f(c)\Delta x \quad \Rightarrow \quad S(x + \Delta x) - S(x) = f(c)\Delta x$$

$$\Rightarrow \quad \frac{S(x + \Delta x) - S(x)}{\Delta x} = f(c) \quad \longleftarrow \text{両辺} \div \Delta x$$

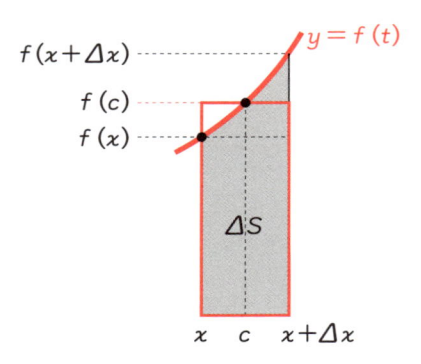

Δx を限りなく 0 に近づけると $x + \Delta x$ は x に近づくので、「はさみうちの原理」により、c もまた x に近づきます。よって、

$$\lim_{\Delta x \to 0} \frac{S(x + \Delta x) - S(x)}{\Delta x} = \lim_{c \to x} f(c) = f(x) \quad \longleftarrow \Delta x \text{を0に近づける}$$

この式の左辺は $S(x)$ の微分ですから、

$$S'(x) = f(x) \qquad \therefore \quad \frac{d}{dx}\left\{ \int_a^x f(t)dt \right\} = f(x)$$

となります。以上で、「微分積分学の基本定理」が成り立つことが証明できました。

> **まとめ** ・微分積分学の基本定理により、積分は「細かく分けて足し合わせる」代わりに「微分の逆の操作」で計算できる。

5-3 不定積分

この節では、いよいよ「微分の逆操作」の積分、不定積分について説明します。

高校の積分は、最初に不定積分を習うんですよね。

不定積分は原始関数を求めること

　積分はもともと面積を求める計算手法で、その方法は「細かく分割して足し合わせる」というものでした。しかし微分積分学の基本定理の発見により、「微分すると $f(x)$ になる関数」を使って計算できるようになった、ということを前回までに説明しました。

　「微分すると $f(x)$ になる関数」を $f(x)$ の**原始関数**といい、一般に記号 $F(x)$ で表します。$f(x)$ の原始関数 $F(x)$ は、微分すると $f(x)$ になります。すなわち、

$$F'(x) = f(x)$$

　ただし、一般に $f(x)$ の原始関数はひとつとは限りません。たとえば、$\sin x$ は微分すると $\cos x$ になるので、$\cos x$ の原始関数です。しかし微分すると $\cos x$ になる関数は、$\sin x$ のほかにも、

$$\left.\begin{array}{l} \sin x + 1 \\ \sin x + 2 \\ \sin x - 3 \\ \vdots \end{array}\right\}$$ 微分 $\longrightarrow \cos x$

189

のように無数にあります。これは、定数は微分すると 0 になって消えてしまうためです。そのため、原始関数には一般に定数を表す記号 C を足し、$F(x) + C$ と書きます。この C を積分定数というのでした。

　関数 $f(x)$ の原始関数 $F(x) + C$ を求めることを、関数 $f(x)$ の**不定積分**といい、次のように書きます。

$$\int f(x)\,dx = F(x) + C$$

微分

不定積分には $\int_a^b$ のような範囲の指定がないので、面積は計算できません。不定積分は面積ではなく、単に原始関数を求めるための操作だと考えてください。

> 不定積分 $\int f(x)\,dx$ は、$f(x)$ の原始関数 $F(x) + C$ を求める操作

　一般に、「関数 $f(x)$ を積分する」といった場合は、関数 $f(x)$ を不定積分することをいいます。関数 $f(x)$ の不定積分とは、「微分すると $f(x)$ になる関数（＝原始関数）」を求めることです。積分を「微分の逆の操作」というのはこのためです。

不定積分の基本公式

　まず、不定積分の基本的な性質を確認しておきましょう。

> **不定積分の基本公式**
>
> ①$kf(x)$ の積分 : $\displaystyle\int kf(x)\,dx = k\int f(x)\,dx$
>
> ②和と差の積分 : $\displaystyle\int \{f(x) \pm g(x)\}\,dx = \int f(x)\,dx \pm \int g(x)\,dx$

③x^n の積分：$\displaystyle\int x^n dx = \dfrac{1}{n+1}x^{n+1}+C$

④定数項の積分：$\displaystyle\int k dx = kx + C$

① $kf(x)$ の積分

微分公式 $\{kf(x)\}' = kf'(x)$ より、

$$\{kF(x)\}' = kF'(x) = kf(x)$$

よって、　$\displaystyle\int kf(x)dx = kF(x) + C$　…①

一方、　$\displaystyle k\int f(x)dx = k\{F(x) + C\} = kF(x) + kC$　…②

　$kC = C$ とみなせば、式①②の右辺はどちらも $kF(x) + C$ となるので、

$$\int kf(x)\,dx = k\int f(x)\,dx$$

が成り立ちます。

例：$\displaystyle\int 4x^2 dx = 4\int x^2 dx$

　$kC = C$ になるのはなぜですか？

　積分定数 C は「任意の定数」という意味なので、任意の定数に定数 k を掛けても任意の定数であることに変わりないんです。

191

②和と差の積分

微分公式 $\{f(x) \pm g(x)\}' = f'(x) \pm g'(x)$ より、$\{F(x) \pm G(x)\}' = F'(x) \pm G'(x) = f(x) \pm g(x)$ となります。よって、

$$\int \{f(x) \pm g(x)\}dx = F(x) \pm G(x) + C \quad \cdots ③$$

微分

一方、$\displaystyle \int f(x)dx \pm \int g(x)dx = \{F(x) + C_1\} \pm \{G(x) + C_2\}$
$$= F(x) \pm G(x) + C_1 \pm C_2 \quad \cdots ④$$

$C_1 \pm C_2 = C$ とみなせば、式③④の右辺はどちらも $F(x) \pm G(x) + C$ となるので、

$$\int \{f(x) \pm g(x)\}\,dx = \int f(x)\,dx \pm \int g(x)\,dx$$

となります。

例：$\displaystyle \int (x^2 + 3x)dx = \int x^2 dx + \int 3x dx$

③ x^n の積分

$F(x) = x^{n+1}$ を微分すると、$F'(x) = (n+1)x^n$ になります。したがって、

$$\int (n+1)x^n dx = x^{n+1} + C$$

微分

$$(n+1) \int x^n dx = x^{n+1} + C \quad \longleftarrow 定数を外に出す$$

両辺を $(n+1)$ で割ると、次の公式を得ます。

$$\int x^n dx = \frac{1}{n+1}x^{n+1} + C$$

例：$\displaystyle\int x^3 dx = \frac{1}{3+1}x^{3+1} + C = \frac{1}{4}x^4 + C$

④定数項の積分

$f(x) = kx^0$ を積分すると、

$$\int k\,x^0\,dx = k\int x^0 dx = k\frac{1}{0+1}x^1 + C = kx + C$$

$\underset{\longleftarrow 1}{}$

よって、

$$\int k\,dx = \boxed{kx} + C$$

微分

が成り立ちます。

例：$\displaystyle\int 4dx = 4x + C$

例題 1 次の関数を積分しなさい。

$$① \int (3x^2 + 2x - 1)dx \qquad ② \int \frac{1}{x^2}dx \qquad ③ \int \sqrt{x}\,dx$$

解

$$① \int (3x^2 + 2x - 1)dx = 3\int x^2 dx + 2\int x dx - \int 1 dx$$
$$= 3\cdot\frac{1}{3}x^3 + 2\cdot\frac{1}{2}x^2 - x + C$$
$$= x^3 + x^2 - x + C \quad \cdots (答)$$

$$② \int \frac{1}{x^2}dx = \int x^{-2}dx = \frac{1}{-2+1}x^{-2+1} + C = -\frac{1}{x} + C \quad \cdots (答)$$

$$③ \int \sqrt{x}\,dx = \int x^{\frac{1}{2}}dx = \frac{1}{\frac{1}{2}+1}x^{\frac{1}{2}+1} + C = \frac{2}{3}x^{\frac{3}{2}} + C$$
$$= \frac{2}{3}\sqrt{x^3} + C = \frac{2}{3}x\sqrt{x} + C \quad \cdots (答)$$

いろいろな関数の積分

不定積分は微分の逆操作であることから、次のような公式が成り立ちます。

いろいろな関数の積分①

	微分		積分

① $(\log|x|)' = \dfrac{1}{x}$ $\iff$ $\displaystyle\int \dfrac{1}{x}\,dx = \log|x| + C$

② $(\log|f(x)|)' = \dfrac{f'(x)}{f(x)}$ $\iff$ $\displaystyle\int \dfrac{f'(x)}{f(x)}\,dx = \log|f(x)| + C$

③ $(e^x)' = e^x$ $\iff$ $\displaystyle\int e^x\,dx = e^x + C$

④ $(a^x)' = a^x \log a$ $\iff$ $\displaystyle\int a^x\,dx = \dfrac{a^x}{\log a} + C$

⑤ $(\cos x)' = -\sin x$ $\iff$ $\displaystyle\int \sin x\,dx = -\cos x + C$

⑥ $(\sin x)' = \cos x$ $\iff$ $\displaystyle\int \cos x\,dx = \sin x + C$

⑦ $(\tan x)' = \dfrac{1}{\cos^2 x}$ $\iff$ $\displaystyle\int \dfrac{1}{\cos^2 x}\,dx = \tan x + C$

> $\log x$ の積分とか、$\tan x$ の積分とかは公式にないんですね。

「微分すると $\log x$ になる関数」や「微分すると $\tan x$ になる関数」は、それほど単純には見つからないんです。これらについては後で説明しますね。

例題 2 次の関数を積分しなさい。

① $\displaystyle\int \left\{ \dfrac{1}{3x} + \dfrac{2}{x+1} \right\} dx$ ② $\displaystyle\int 3^x\,dx$ ③ $\displaystyle\int (\cos x - \sin x)\,dx$

解

① $\displaystyle\int \left\{ \dfrac{1}{3x} + \dfrac{2}{x+1} \right\} dx = \dfrac{1}{3} \int \dfrac{1}{x}\,dx + 2 \int \dfrac{1}{x+1}\,dx$

$$= \frac{1}{3} \log |x| + 2 \log |x + 1| + C$$

② $\displaystyle \int 3^x dx = \frac{3^x}{\log 3} + C$

③ $\displaystyle \int (\cos x - \sin x)dx = \int \cos x dx - \int \sin x dx = \sin x + \cos x + C$

積分の応用公式

以下の公式は、大学レベルになります。

いろいろな関数の積分②

① $\displaystyle \int \frac{1}{\sqrt{1-x^2}} dx = \arcsin x + C \quad (-1 < x < 1)$

② $\displaystyle \int \frac{1}{\sqrt{a^2-x^2}} dx = \arcsin \frac{x}{a} + C \quad (a > 0, \ -a < x < a)$

③ $\displaystyle \int \frac{1}{1+x^2} dx = \arctan x + C$

④ $\displaystyle \int \frac{1}{a^2+x^2} dx = \frac{1}{a} \arctan \frac{x}{a} + C \quad (a \neq 0)$

⑤ $\displaystyle \int \frac{1}{\sqrt{x^2+a}} dx = \log |x + \sqrt{x^2+a}| + C \quad (a \neq 0)$

⑥ $\displaystyle \int \sqrt{x^2+a} \, dx = \frac{1}{2} (x\sqrt{x^2+a} + a\log |x + \sqrt{x^2+a}|) + C$

これらの公式は、それぞれ右辺を微分すると積分する前の関数になることで証明できます。

① $\displaystyle (\arcsin x)' = \frac{1}{\sqrt{1 - x^2}}$

② $\displaystyle \left(\arcsin \frac{x}{a} \right)' = \frac{1}{\sqrt{1 - \left(\dfrac{x}{a} \right)^2}} \cdot \left(\frac{x}{a} \right)' = \frac{1}{\sqrt{\dfrac{a^2 - x^2}{a^2}}} \cdot \frac{1}{a} = \frac{1}{\sqrt{a^2 - x^2}}$

合成関数の微分

③ $(\arctan x)' = \dfrac{1}{1+x^2}$

④ $\left(\dfrac{1}{a}\arctan\dfrac{x}{a}\right)' = \dfrac{1}{a}\cdot\dfrac{1}{1+\left(\dfrac{x}{a}\right)^2}\cdot\left(\dfrac{x}{a}\right)' = \dfrac{1}{a}\cdot\dfrac{1}{\dfrac{a^2+x^2}{a^2}}\cdot\dfrac{1}{a} = \dfrac{1}{a^2+x^2}$

合成関数の微分

　公式⑤については、右辺の絶対値内の式 $x+\sqrt{x^2+a}$ が正の場合のみ示します（負の場合も同様に証明できます）。

$\dfrac{f'(x)}{f(x)}$　　合成関数の微分

⑤ $\left\{\log\left(x+\sqrt{x^2+a}\right)\right\}' = \dfrac{\{x+(x^2+a)^{\frac{1}{2}}\}'}{x+\sqrt{x^2+a}} = \dfrac{1+\dfrac{1}{2}(x^2+a)^{-\frac{1}{2}}\cdot 2x}{x+\sqrt{x^2+a}}$

分母と分子に $\sqrt{x^2+a}$ を掛ける

$= \dfrac{1+\dfrac{x}{\sqrt{x^2+a}}}{x+\sqrt{x^2+a}} = \dfrac{\sqrt{x^2+a}+x}{\sqrt{x^2+a}\,(x+\sqrt{x^2+a})}$

$= \dfrac{1}{\sqrt{x^2+a}}$

⑥ $\dfrac{1}{2}\left\{x\sqrt{x^2+a}+a\log\left|x+\sqrt{x^2+a}\right|\right\}'$

積の微分　　この部分は公式⑤と同じ

$= \dfrac{1}{2}\left[(x)'\sqrt{x^2+a}+x\left\{(x^2+a)^{\frac{1}{2}}\right\}' + a\left\{\log\left|x+\sqrt{x^2+a}\right|\right\}'\right]$

$= \dfrac{1}{2}\left\{\sqrt{x^2+a}+\dfrac{x}{2}(x^2+a)^{-\frac{1}{2}}\cdot 2x+\dfrac{a}{\sqrt{x^2+a}}\right\}$

$= \dfrac{1}{2}\left\{\dfrac{(\sqrt{x^2+a})^2}{\sqrt{x^2+a}}+\dfrac{x^2}{\sqrt{x^2+a}}+\dfrac{a}{\sqrt{x^2+a}}\right\}$ ← 通分する

$= \dfrac{1}{2}\cdot\dfrac{2(x^2+a)}{\sqrt{x^2+a}} = \dfrac{(x^2+a)\sqrt{x^2+a}}{(\sqrt{x^2+a})^2} = \dfrac{(x^2+a)\sqrt{x^2+a}}{x^2+a} = \sqrt{x^2+a}$

分母と分子に $\sqrt{x^2+a}$ を掛ける

例題3 次の関数を積分しなさい。

$$① \int \frac{1}{\sqrt{4-x^2}}dx \quad ② \int \frac{1}{3+x^2}dx \quad ③ \int \frac{1}{\sqrt{x^2+1}}dx \quad ④ \int \sqrt{x^2-3}dx$$

解

① $\displaystyle\int \frac{1}{\sqrt{4-x^2}}dx = \arcsin \frac{x}{2} + C$ ← 公式②

② $\displaystyle\int \frac{1}{3+x^2}dx = \frac{1}{\sqrt{3}} \arctan \frac{x}{\sqrt{3}} + C$ ← 公式④

③ $\displaystyle\int \frac{1}{\sqrt{x^2+1}}dx = \log \left|x + \sqrt{x^2+1}\right| + C$ ← 公式⑤

④ $\displaystyle\int \sqrt{x^2-3}dx = \frac{1}{2}\left(x\sqrt{x^2-3} - 3\log\left|x+\sqrt{x^2-3}\right|\right) + C$ ← 公式⑥

まとめ
- 不定積分 $\int f(x)\,dx$ は、関数 $f(x)$ の原始関数 $F(x) + C$ を求める計算のこと。

5-4 置換積分

置換積分は、そのままでは積分が難しい関数を積分するための重要なテクニックです。ぜひともマスターしておきましょう。

わかりました！がんばります。

置換積分

はじめに、置換積分の公式を示します。

置換積分の公式

$g(x) = t$ と置換したとき、$\displaystyle\int f(g(x)) \cdot g'(x)\, dx = \int f(t)\, dt$

公式だけでは、どう使うのかサッパリわからないですね……

　置換積分は、公式よりも手順を覚えたほうが理解が早いです。とはいえ、証明を先に済ませてしまいましょう。まず、右辺の被積分関数 $f(t)$ の原始関数を $F(t) + C$ とおきます。

$$\int f(t)dt = F(t) + C$$

この式の両辺を x で微分すると、右辺は

$$(右辺) = \frac{d}{dx}\{F(t) + C\} = \frac{d}{dx}F(t)$$

（C の下に $\rightarrow 0$ の注記）

また左辺は

$$(左辺) = \frac{d}{dx}\int f(t)dt = \frac{d}{dt}\int f(t)dt \cdot \frac{dt}{dx} = f(t) \cdot \frac{dt}{dx}$$

$$= f(g(x)) \cdot g'(x)$$

（$\frac{d}{dt}\int f(t)dt \cdot \frac{dt}{dx}$ 部分：合成関数の微分、$f(t)\cdot\frac{dt}{dx}$：$g(x)$）

となるので、

$$f(g(x)) \cdot g'(x) = \frac{d}{dx}F(t)$$

この式の両辺を x で積分すると、

$$\int f(g(x)) \cdot g'(x)dx = F(t) + C$$

$$\therefore \int f(g(x)) \cdot g'(x)dx = \int f(t)dt$$

となります。

置換積分の手順

それでは、次の不定積分を例に、置換積分の手順を説明します。

$$\int (3x+2)^4 dx$$

手順1 $(3x+2)^4$ は、式を展開してから積分することもできますが、計算が面倒です。そこでまず、

$$3x + 2 = t \quad \cdots ①$$

とおきましょう。こうすれば $(3x+2)^4$ は t^4 になって、ずっと積分しやすくなりますね。ただし、変数を x から t に変えたので、記号 dx も dt に置き換えなければなりません。

手順2 式①の両辺を x で微分します。左辺は 3 になります。また、右辺は「t を x で微分する」という意味で $\dfrac{dt}{dx}$ と書けます。

$$3 = \frac{dt}{dx}$$

右辺の $\dfrac{dt}{dx}$ を便宜的に分数とみなして、「$dx = \cdots$」の形に変形すると、

$$dx = \frac{1}{3} dt \quad \cdots ②$$

を得ます。

手順3 式①②を積分の式に置き換えて積分します。

$$\int (3x+2)^4 \, \underbrace{dx}_{\to t} = \int t^4 \cdot \frac{1}{3} dt$$

$$= \frac{1}{3} \int t^4 dt$$

$$= \frac{1}{3} \cdot \frac{1}{5} t^5 + C$$

$$= \frac{1}{15} (3x+2)^5 + C \quad \cdots （答）$$

↳ 最後に t を戻すのを忘れない！

この手順が公式にどう当てはまるのか、よくわからないんですけど。

$f(x) = x^4$、$g(x) = 3x + 2 = t$、$g'(x) = 3$ として公式に当てはめると、

$$\int \underbrace{(3x+2)^4}_{f(g(x))} \cdot \underbrace{3}_{g'(x)} \, dx = \int t^4 dt$$

となりますね。両辺を 3 で割れば、

$$\int (3x+2)^4 dx = \frac{1}{3}\int t^4 dt$$

となって、手順3の式と同じになります。このように、左辺が $f(g(x)) \cdot g'(x)$ の形になるように t を置き換えるのが、置換積分のコツになります。

例題1 次の不定積分を求めなさい。

① $\displaystyle\int \sin(2x-5)dx$　　　② $\displaystyle\int \frac{e^{2x}}{e^x-1}dx$

解

① $\displaystyle\int \sin(2x-5)\,dx$

$2x-5=t$ とおき、両辺を x で微分します。

$$2 = \frac{dt}{dx} \quad \therefore dx = \frac{1}{2}dt$$

$$\begin{aligned}
\int \sin(2x-5)\,dx &= \int \sin t \cdot \frac{1}{2}dt \\
&= \frac{1}{2}(-\cos t) + C \\
&= -\frac{1}{2}\cos(2x-5) + C \quad \cdots （答）
\end{aligned}$$

なお、このような $f(ax+b)$ 型の関数の積分は、一般に $ax+b=t$ とおいて置換積分すれば、

$$\int f(ax+b)\,dx = \int f(t) \cdot \frac{1}{a}dt = \frac{1}{a}F(ax+b) + C$$

のように求められます。いちいち置換積分しなくても、次のように公式として覚えてしまったほうがよいでしょう。

$$\int \sin(ax+b)\,dx = -\frac{1}{a}\cos(ax+b) + C$$

$$\int \cos(ax+b)\,dx = \frac{1}{a}\sin(ax+b) + C$$

$$\int e^{ax+b}\,dx = \frac{1}{a}e^{ax+b} + C$$

$$\int \frac{1}{ax+b}\,dx = \frac{1}{a}\log|ax+b| + C$$

② $\displaystyle \int \frac{e^{2x}}{e^x - 1}\,dx$

$e^x - 1 = t$ とおくと、$e^x = t + 1$。また、両辺を x で微分すると、

$$e^x = \frac{dt}{dx} \quad \therefore dx = \frac{1}{e^x}dt = \frac{1}{t+1}dt$$

となります。よって、

$$\int \frac{e^{2x}}{e^x - 1}dx = \int \frac{e^x \cdot e^x}{e^x - 1}dx = \int \frac{(t+1)^2}{t} \cdot \frac{1}{t+1}dt = \int \frac{t+1}{t}dt$$

$$= \int \left(1 + \frac{1}{t}\right)dt$$

$$= t + \log|t| + C$$

$$= e^x - 1 + \log|e^x - 1| + C$$

$$= e^x + \log|e^x - 1| + C \quad \cdots \text{（答）}$$

$C - 1$ はまとめて C とする

置換積分のテクニック

　置換積分には、よく使われるパターンがいくつかあるので、覚えておくと便利です。

$$① \int f(\sin x)\cos x dx \quad \Rightarrow \quad \sin x = t \text{ とおく}$$

$$② \int f(\cos x)\sin x dx \quad \Rightarrow \quad \cos x = t \text{ とおく}$$

$$③ \int \sqrt{a^2+x^2}\, dx \quad \Rightarrow \quad x = a\sin\theta \text{ とおく}$$

例題 2 次の不定積分を求めなさい。

$$① \int \sin^3 x dx \qquad ② \int \frac{1}{\cos x} dx \qquad ③ \int \tan x dx$$

解

①式を次のように変形します。

$$\int \sin^3 x dx = \int \sin^2 x \cdot \sin x dx = \int (1 - \cos^2 x)\sin x\, dx$$

$$\hookrightarrow \sin^2 x + \cos^2 x = 1$$

$\cos x = t$ とおき、両辺を x で微分すると、

$$-\sin x = \frac{dt}{dx} \quad \therefore \sin x dx = -dt$$

よって、次のようになります。

$$\int (1 - \cos^2 x)\sin x\, dx = \int -(1 - t^2)dt = -t + \frac{1}{3}t^3 + C$$

$$t^2 \qquad \sin x dx = -dt$$

$$= -\cos x + \frac{1}{3}\cos^3 x + C \quad \cdots \text{（答）}$$

②式を次のように変形します。

$$\int \frac{1}{\cos x} dx = \int \frac{1}{\cos^2 x} \cdot \cos x dx = \int \frac{1}{1 - \sin^2 x} \cdot \cos x dx$$

$\sin x = t$ とおき、両辺を x で微分すると、

$$\cos x = \frac{dt}{dx} \quad \therefore \cos x dx = dt$$

よって、次のようになります。

$$(与式) = \int \frac{1}{1 - t^2} dt$$
$$= \int \frac{1}{(1 + t)(1 - t)} dt$$

↓部分分数分解

$$= \int \frac{1}{2}\left(\frac{1}{1 + t} + \frac{1}{1 - t}\right) dt$$
$$= \frac{1}{2}\left(\log|1 + t| - \log|1 - t|\right) + C$$

↑ $\log M - \log N = \log \dfrac{M}{N}$

$$= \frac{1}{2}\log\left|\frac{1 + t}{1 - t}\right| + C = \frac{1}{2}\log\left|\frac{1 + \sin x}{1 - \sin x}\right| + C \quad \cdots (答)$$

> **memo** 部分分数分解
>
> $$\frac{1}{1+t} + \frac{1}{1-t} = \frac{(1-t) + (1+t)}{(1+t)(1-t)}$$
> $$= \frac{2}{(1+t)(1-t)}$$
> $$\therefore \frac{1}{(1+t)(1-t)} = \frac{1}{2}\left(\frac{1}{1+t} + \frac{1}{1-t}\right)$$

③式を次のように変形します。

$$\int \tan x dx = \int \frac{\sin x}{\cos x} dx$$

$\cos x = t$ とおき、両辺を x で微分すると、

$$-\sin x = \frac{dx}{dt} \quad \therefore \sin x dx = -dt$$

よって、

$$(与式) = \int \frac{1}{t} \cdot (-dt) = -\log|t| + C = -\log|\cos x| + C \quad \cdots (答)$$

> **まとめ** ・置換積分は公式より手順で覚えよう。

5-5 部分積分①

部分積分をマスターすると、これまで積分できなかった関数の多くが積分できるようになります。

それは、絶対にマスターしないといけませんね。

部分積分とは

部分積分は、2つの関数の積の積分を計算するテクニックです。積の微分公式より、

$$\{f(x)\,g(x)\}' = f'(x)\,g(x) + f(x)\,g'(x)$$

ですが、この式の両辺を積分すると、

$$f(x)g(x) = \int f'(x)g(x)dx + \int f(x)g'(x)dx$$

となります。$g(x)$ は $g'(x)$ の原始関数ですから、$g'(x)$ を $g(x)$、$g(x)$ を $G(x)$ に置きかえれば、

$$f(x)\,G(x) = \int f'(x)\,G(x)dx + \int f(x)g(x)dx$$

となり、次の公式が導けます。

部分積分の公式

$$\int f(x)\,g(x)\,dx = f(x)\,G(x) - \int f'(x)\,G(x)\,dx$$

例として、不定積分 $\displaystyle\int 3xe^x dx$ を求めてみましょう。$f(x) = 3x$、$g(x) = e^x$ とすると、

$$f'(x) = (3x)' = 3 \quad \textcolor{red}{\longleftarrow f(x) \text{を微分}}$$

$$G(x) = e^x \quad \textcolor{red}{\longleftarrow g(x) \text{を積分（積分定数は不要）}}$$

となり、部分積分の公式を適用できます。

このマイナスを間違いやすいので注意

$$\int \underset{f(x)}{\underline{3x}}\,\underset{g(x)}{\underline{e^x}}\,dx = \underset{f(x)}{\underline{3x}} \cdot \underset{G(x)}{\underline{e^x}} - \int \underset{f'(x)}{\underline{3}} \cdot \underset{G(x)}{\underline{e^x}}\,dx$$

$$= 3xe^x - (3e^x + C)$$

$$= 3(x-1)e^x + C$$

> $f(x)=3x$、$g(x)=e^x$ としましたけど、$f(x)=e^x$、$g(x)=3x$ と逆にしてもいいですか？

　$f(x)$ と $g(x)$ の割り当て方にはちゃんとルールがあります。まず、一方が積分できない関数の場合は、積分できないほうを $f(x)$ にします。また、両方とも積分できるときは、微分すると x が消えるほうを $f(x)$ にします。

　$\displaystyle\int 3xe^x dx$ の場合は、$3x$ も e^x も両方とも積分できますが、$3x$ は 1 回微分すれば x が消えます。一方、e^x は何回微分しても x が消えませんから、$f(x) = 3x$、$g(x) = e^x$ とおくわけです。

> $\displaystyle\int f(x)g(x)dx$ の部分積分では、積分できないか、微分すると x が消えるほうを $f(x)$ とする。

　$f(x)$ と $g(x)$ を逆にしてしまうと、かえって複雑な積分になってしまうので注意してください。

例題 次の不定積分を求めなさい。

$$① \int \log x \, dx \qquad ② \int \arcsin x \, dx$$

① $\int \log x \, dx$

微分すると $\log x$ になるような関数は存在しないので、$\log x$ を直接積分することはできません。部分積分は、このような関数の積分に威力を発揮します。

$\log x = \log x \cdot 1$ と考えて、$f(x) = \log x$、$g(x) = 1$ とします。すると、

$$f'(x) = (\log x)' = \frac{1}{x} \quad \textcolor{red}{\leftarrow f(x) を微分}$$

$$G(x) = x \quad \textcolor{red}{\leftarrow g(x) を積分}$$

となり、部分積分の公式を適用できます。

$$\int \log x \, dx = \int \underset{\substack{f(x) \quad g(x)}}{\log x \cdot 1} dx = \underset{\substack{f(x) \quad G(x)}}{\log x \cdot x} - \int \underset{\substack{f'(x)}}{\frac{1}{x}} \cdot \underset{\substack{G(x)}}{x} dx$$

$$= x \log x - \int 1 \, dx$$

$$= x \log x - x + C = x(\log x - 1) + C \quad \cdots \quad \textcolor{red}{(答)}$$

② $\int \arcsin x \, dx$

$\log x$ の場合と同様に、$\arcsin x = \arcsin x \cdot 1$ と考えて、$f(x) = \arcsin x$、$g(x) = 1$ とおきます。すると、

$$f'(x) = (\arcsin x)' = \frac{1}{\sqrt{1-x^2}} \quad \textcolor{red}{\leftarrow f(x) を微分（105ページ）}$$

$$G(x) = x \quad \textcolor{red}{\leftarrow g(x) を積分}$$

となるので、部分積分の公式を適用します。

207

$$\int \arcsin x \, dx = \int \underbrace{\arcsin x}_{f(x)} \cdot \underbrace{1}_{g(x)} dx = \underbrace{\arcsin x}_{f(x)} \cdot \underbrace{x}_{G(x)} - \int \frac{x}{\sqrt{1-x^2}} dx$$

$$= x \arcsin x - \int x(1-x^2)^{-\frac{1}{2}} dx$$

ここで、$\int x(1-x^2)^{-\frac{1}{2}} dx$ の部分には置換積分を使います。$1-x^2 = t$ とおいて両辺を x で微分すると、

$$-2x = \frac{dt}{dx} \quad \therefore \ dx = -\frac{1}{2x} dt$$

となるので、

$$
\begin{aligned}
(与式) &= x \arcsin x - \int x \, t^{-\frac{1}{2}} \cdot -\frac{1}{2x} dt \\
&= x \arcsin x + \frac{1}{2} \int t^{-\frac{1}{2}} dt \\
&= x \arcsin x + \frac{1}{2} \cdot \frac{1}{-\frac{1}{2}+1} t^{-\frac{1}{2}+1} + C \\
&= x \arcsin x + t^{\frac{1}{2}} + C \\
&= x \arcsin x + \sqrt{1-x^2} + C \quad \cdots (答)
\end{aligned}
$$

指数関数×三角関数の積分

　部分積分を使った積分のテクニックとして、次のような指数関数と三角関数の積の不定積分を求めてみましょう。

$$\int e^x \sin x \, dx$$

　まず、$I = \int e^x \sin x \, dx$ とおいて、右辺を部分積分します。e^x と $\sin x$ は、どちらを微分しても x が残ってしまいますが、ここでは $f(x) = e^x$、$g(x) = \sin x$ とおきます。すると、

$$f'(x) = e^x \quad \textcolor{red}{\longleftarrow \ f(x) \text{を微分}}$$

$$G(x) = -\cos x \quad \textcolor{red}{\longleftarrow \ g(x) \text{を積分}}$$

となるので、部分積分の公式より、

$$I = \int e^x \sin x\, dx = e^x(-\cos x) - \boxed{\int e^x(-\cos x)dx}$$

となります。□ の部分に、また指数関数×三角関数の積分が残ってしまいますね。この部分を、もう一度部分積分します。

今回は $f(x) = e^x$、$g(x) = -\cos x$ とおくと、

$$f'(x) = e^x \quad \textcolor{red}{\longleftarrow \ f(x) \text{を微分}}$$

$$G(x) = -\sin x \quad \textcolor{red}{\longleftarrow \ g(x) \text{を積分}}$$

よって、

$$(与式) = e^x(-\cos x) - \left\{ e^x(-\sin x) - \int e^x(-\sin x)dx \right\}$$

$$= -e^x\cos x + e^x\sin x - \boxed{\int e^x \sin x\, dx}$$

□ の部分に、またまた指数関数×三角関数の積分が残ってしまいますが、これは $I = \displaystyle\int e^x \sin x\, dx$ と同じなので、I とおくことができますね。よって、

$$I = -e^x\cos x + e^x\sin x - I$$

$$2I = e^x\sin x - e^x\cos x + \boxed{C}$$

$$\therefore I = \frac{1}{2}e^x(\sin x - \cos x) + C$$

> I の中身は積分定数を含んでいるで、I を左辺にまとめたときに、バランスをとるため右辺にも積分定数を加えます。

まとめ　・部分積分を使いこなせば、積分できる関数がグッと増える。

この節は、部分積分の応用編です。覚えておくと便利なのでぜひマスターしてください。

わかりました！

部分積分の高速計算法

部分積分の計算は複雑になりがちですが、スマートに計算する方法があるので紹介しておきましょう。

以下では簡単のため、関数 $f(x)$ を n 回微分したものを $f^{(n)}$、関数 $g(x)$ を n 回積分したものを $G^{(n)}$ と表記することにします。また、$f(x)$ は k 回微分すると 0 になるものとします。すなわち $f^{(k)} = 0$ です。

    1 回微分   2 回微分 k 回微分

$f(x)$ $f^{(1)}$ $f^{(2)} \cdots$ $f^{(k)}$

    1 回積分   2 回積分 k 回積分

$g(x)$ $G^{(1)}$ $G^{(2)} \cdots$ $G^{(k)}$

$\displaystyle\int f(x)g(x)dx$ を公式にしたがって部分積分すると、次のようになります。

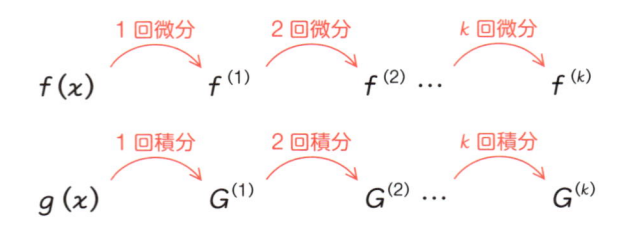

$$\int f(x)g(x)dx = f(x)G^{(1)} - \int f^{(1)}G^{(1)}dx$$

そのまま　　　　　微分

積分

上の式の ⬚ の部分を、さらに部分積分します。

$$= f(x)G^{(1)} - \left\{ f^{(1)}G^{(2)} - \int f^{(2)}G^{(2)}dx \right\}$$

$$= f(x)G^{(1)} - f^{(1)}G^{(2)} + \int f^{(2)}G^{(2)}dx$$

上の式の ⬚ の部分を、さらに部分積分します。

$$= f(x)G^{(1)} - f^{(1)}G^{(2)} + f^{(2)}G^{(3)} - \int f^{(3)}G^{(3)}dx$$

この作業を k 回繰り返します。すると、

$$= f(x)G^{(1)} - f^{(1)}G^{(2)} + f^{(2)}G^{(3)} - f^{(3)}G^{(4)} + \cdots + f^{(k-1)}G^{(k)}$$

$$- \int f^{(k)}G^{(k)}dx \quad \longrightarrow 0$$

最後に残った積分 $\int f^{(k)}G^{(k)}dx$ は、$f^{(k)}=0$ より 0 になります。この結果から、不定積分 $\int f(x)\,g(x)\,dx$ は、

$$f(x)G^{(1)} - f^{(1)}G^{(2)} + f^{(2)}G^{(3)} - f^{(3)}G^{(4)} + \cdots + f^{(k-1)}G^{(k)}$$

のような数列の和に変形できることがわかります。

> プラスとマイナスが交互に出てくるんですね。

そうです。最後に積分定数 C を加えるのを忘れないでくださいね。

$f(x)$ を k 回微分すると 0 になるとき、

$$\int f(x)g(x)dx = f(x)G^{(1)} - f^{(1)}G^{(2)} + f^{(2)}G^{(3)} - f^{(3)}G^{(4)}$$
$$+ \cdots + f^{(k-1)}G^{(k)} + C$$

それでは例として、次の不定積分を求めてみましょう。このような多項式×三角関数の積分には、部分積分を使うんでしたね。

$$\int x^3 \sin x \, dx$$

手順 1 ▷ まず、$f(x)$ と $g(x)$ を決めます。繰り返し微分すると 0 になるほうを $f(x)$ とするので、$f(x) = x^3$、$g(x) = \sin x$ とおきます。

手順 2 ▷ 部分積分の 1 番目の項として、$f(x) = x^3$ と、$\sin x$ の積分 $-\cos x$ との積を書きます（$f(x)$ はそのまま、$g(x)$ は積分する）。

$$\int x^3 \sin x \, dx = x^3(-\cos x)$$

（積分 / そのまま）

手順 3 ▷ 次に、2 番目の項として x^3 の微分 $3x^2$ と、$-\cos x$ の積分 $-\sin x$ との積を書きます。

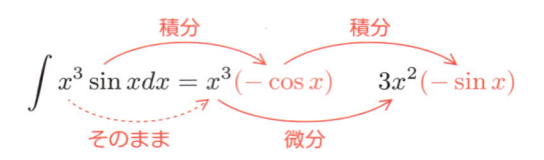

$$\int x^3 \sin x \, dx = x^3(-\cos x) \quad 3x^2(-\sin x)$$

（積分　積分 / そのまま　微分）

手順 4 ▷ 以下同様にして、3 番目以降の項を書いていきます。$f(x)$ の微

分が0になったら終了です。

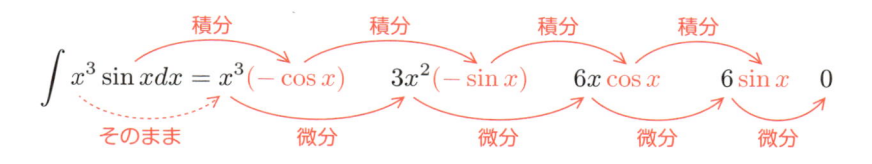

手順5 各項の符号をプラス、マイナス、プラス、マイナス…のように、交互に入れ替えながら結びます。

$$\int x^3 \sin x\,dx = \underline{x^3(-\cos x)} - \underline{3x^2(-\sin x)} + \underline{6x\cos x} - \underline{6\sin x} + 0$$

プラス　　マイナス　　プラス　　マイナス

手順6 最後に積分定数 C を加え、各項を整理すれば完成です。

$$\int x^3 \sin x\,dx = x^3(-\cos x) - 3x^2(-\sin x) + 6x\cos x - 6\sin x + C \leftarrow 積分$$
$$= -x^3\cos x + 3x^2\sin x + 6x\cos x - 6\sin x + C \qquad 定数$$
$$= 3(x^2-2)\sin x - x(x^2-6)\cos x + C \quad \cdots（答）$$

例題1 次の不定積分を求めなさい。

> ① $\displaystyle\int x^4 \cos x\,dx$ 　　② $\displaystyle\int x^3 e^x\,dx$

解

① $\displaystyle\int x^4 \cos x\,dx$

$f(x) = x^4$、$g(x) = \cos x$ として部分積分します。1番目の項は、$f(x) = x^4$ と、$g(x)$ の積分 $\sin x$ との積なので、

$$\int x^4 \cos x\,dx = x^4 \sin x$$

積分

そのまま

ここから、2番目以降の項も同様に書いていくと、次のようになります。

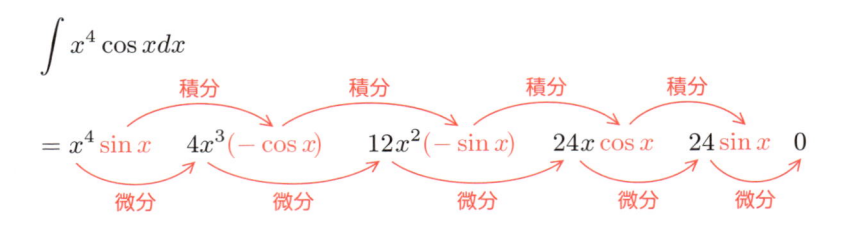

符号を交互に入れ替えながら各項を結び、最後に積分定数 C を加えます。

$$\int x^4 \cos x \, dx$$

$$= x^4 \sin x - 4x^3(-\cos x) + 12x^2(-\sin x) - 24x \cos x + 24 \sin x + C$$

$$= x^4 \sin x + 4x^3 \cos x - 12x^2 \sin x - 24x \cos x + 24 \sin x + C$$

$$= (x^4 - 12x^2 + 24) \sin x + 4x(x^2 - 6) \cos x + C \quad \cdots (答)$$

② $\displaystyle\int x^3 e^x \, dx$

$f(x) = x^3$、$g(x) = e^x$ として部分積分します。各項を書き出すと次のようになります。e^x は何度積分しても e^x のままなので計算は楽ですね。

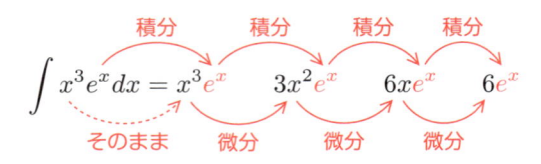

符号を交互に入れ替えながら各項を結び、最後に積分定数 C を加えます。

$$\int x^3 e^x \, dx = x^3 e^x - 3x^2 e^x + 6x e^x - 6e^x + C$$

$$= (x^3 - 3x^2 + 6x - 6)e^x + C \quad \cdots (答)$$

対数関数を含んだ部分積分

前の節では、$\displaystyle\int \log x\,dx$ を $\displaystyle\int 1 \cdot \log x\,dx$ とみなして部分積分する方法を示しました。しかし、対数関数を含むこのような積分では、高速部分積分がうまく使えません。

このような場合は、いったん $t = \log x$ とおいて置換積分します。

$t = \log x$ は、x についての式で表すと $x = e^t$ です。また両辺を x で微分すると、

$$\frac{dt}{dx} = \frac{1}{x} \quad \therefore dx = x\,dt = e^t\,dt$$

となるので、$\displaystyle\int \log x\,dx$ は、

$$\int t e^t\,dt$$

のような多項式×指数関数の積分に変換されます。この形の積分であれば、次のように高速部分積分ができます。

$$\int t e^t\,dt = t e^t - 1 \cdot e^t + C = x \log x - x + C$$

例題 2 次の不定積分を求めなさい。

$$\int (\log x)^2\,dx$$

解 $\log x = t$ とおくと、$x = e^t$。また、$dx = e^t\,dt$ となるので、

$$\int (\log x)^2\,dx = \int t^2 e^t\,dt$$

したがって、

$$\int t^2 e^t dt = t^2 e^t - 2te^t + 2e^t + C$$

（積分／積分／積分／そのまま／微分／微分）

$$= (\log x)^2 \cdot x - 2\log x \cdot x + 2x + C$$
$$= x\{(\log x)^2 - 2\log x + 2\} + C \quad \cdots （答）$$

となります。

定積分は、面積を求める積分です。この節では、定積分の基本的な手順を説明します。

よろしくお願いします。

定積分とは

　この章のはじめに、積分はもともと面積を求める計算手法だったという話をしましたね。右図のように、関数 $f(x)$ と x 軸に囲まれた領域の $x = a$ から $x = b$ までの面積を求める積分は、次のような式で表すことができました（186 ページ）。

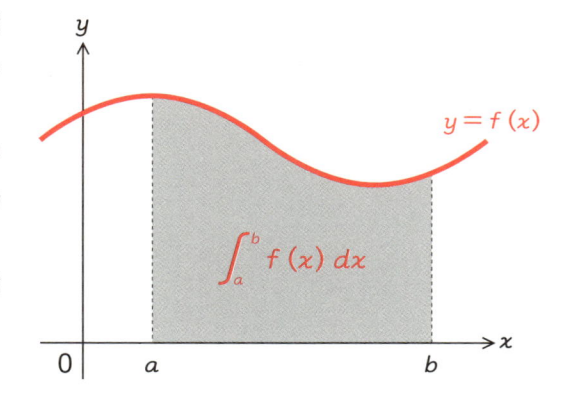

$$\int_a^b f(x)\,dx = F(b) - F(a)$$

　このような積分計算を定積分といいます。

　この式の右辺の $F(b)$ と $F(a)$ は、関数 $f(x)$ の原始関数 $F(x)$ に $x = b$ または $x = a$ を代入したものです。定積分では、このことを次のような記号で表します。

$$\int_a^b f(x)dx = \Big[F(x)\Big]_a^b = F(b) - F(a)$$

　原始関数 $F(x)$ は、関数 $f(x)$ を不定積分して求めます。つまり不定積分は、定積分を計算する手法の一部であるといえます。

定積分の手順

　例として、右図の S の部分の面積を求めてみましょう。面積 S は次のような定積分で求めることができます。

$$\int_5^{10} 3x^2 dx$$

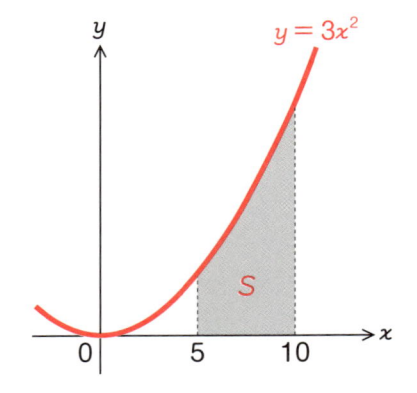

$y = 3x^2$

手順1 ▷ $3x^2$ を不定積分すると、

$$\int 3x^2 dx = 3 \cdot \frac{1}{3}x^3 + C = x^3 + C$$

となります。定積分ではこれを

不定積分

$$\int_5^{10} 3x^2 \, dx = \Big[x^3\Big]_5^{10}$$

のように書きます。積分定数 C は定積分では使いません。

手順2 ▷ $F(x) = x^3$ に $x = 10$ と $x = 5$ を代入し、$F(10) - F(5)$ を求めます。

$$(与式) = \left[\; x^3 \; \right]_5^{10} = F(10) = F(5) = 10^3 - 5^3 = 1000 - 125 = 875$$

不定積分の結果は関数ですが、定積分の結果は実数値になります。

定積分の基本公式

定積分の計算では、次のような公式が使えます。

定積分の基本公式

① $\displaystyle\int_a^b kf(x)dx = k\int_a^b f(x)dx$ （kは定数）

② $\displaystyle\int_a^b \{f(x) \pm g(x)\}\, dx = \int_a^b f(x)dx \pm \int_a^b g(x)dx$

③ $\displaystyle\int_a^b f(x)dx = \int_a^c f(x)dx + \int_c^b f(x)dx$

④ $\displaystyle\int_a^b f(x)dx = -\int_b^a f(x)dx$

⑤ $\displaystyle\int_a^a f(x)dx = 0$

公式①〜⑤が成り立つことは、それぞれ以下のように確認できます（以下、$f(x)$、$g(x)$ の原始関数をそれぞれ $F(x)$、$G(x)$ とします）。

①　$\displaystyle\int_a^b kf(x)dx = \left[kF(x) \right]_a^b = kF(b) - kF(a)$

$\qquad = k\{F(b) - F(a)\}$

$\qquad = k\left[F(x) \right]_a^b = k\int_a^b f(x)dx$

実際の計算では、

$$\int_a^b kf(x)dx = k\left[F(x)\right]_a^b = k\{F(b) - F(a)\}$$

定数を外に出す

の順で計算することが多いです。

$$② \int_a^b \{f(x) \pm g(x)\}dx = \left[F(x) \pm G(x)\right]_a^b$$
$$= \{F(b) \pm G(b)\} - \{F(a) \pm G(a)\}$$
$$= \{F(b) - F(a)\} \pm \{G(b) - G(a)\}$$
$$= \int_a^b f(x)dx \pm \int_a^b g(x)dx$$

$$③ \int_a^b f(x)dx = F(b) - F(a)$$
$$= F(b) - F(a) + F(c) - F(c) \quad \leftarrow F(c) を足して引く$$
$$= \{F(c) - F(a)\} + \{F(b) - F(c)\}$$
$$= \int_a^c f(x)dx + \int_c^b f(x)dx$$

$y = f(x)$

$$\int_a^c f(x)dx \qquad \int_c^b f(x)dx$$

$$④ \int_a^b f(x)dx = F(b) - F(a)$$
$$= -\{F(a) - F(b)\}$$
$$= -\int_b^a f(x)dx$$

$$⑤ \int_a^a f(x)dx = F(a) - F(a) = 0$$

次の定積分を求めなさい。

① $\displaystyle\int_1^2 (6x^2 - 2x + 3)dx$

② $\displaystyle\int_0^1 (2x^2 - x + 3)dx + \int_0^1 (-x^2 + 5x - 3)dx - \int_3^1 (x^2 + 4x)dx$

解

①多項式の定積分は、公式①②にしたがって各項ごとに積分できます。

$$\int_1^2 (6x^2 - 2x + 3)dx = 6\int_1^2 x^2 dx - 2\int_1^2 x dx + \int_1^2 3dx$$
$$= 6\left[\frac{1}{3}x^3\right]_1^2 - 2\left[\frac{1}{2}x^2\right]_1^2 + 3\left[x\right]_1^2$$
$$= 2\left[x^3\right]_1^2 - \left[x^2\right]_1^2 + 3\left[x\right]_1^2$$
$$= 2(2^3 - 1^3) - (2^2 - 1^2) + 3(2 - 1)$$
$$= 2 \cdot 7 - 3 + 3 \cdot 1$$
$$= 14 \quad \cdots \text{(答)}$$

②最初の2つの定積分は積分区間が等しいので、公式②より1つにまとめることができます。

$$\underline{\int_0^1 (2x^2 - x + 3)dx + \int_0^1 (-x^2 + 5x - 3)dx} - \int_3^1 (x^2 + 4x)dx$$

公式②より

$$= \int_0^1 \{(2x^2 - x + 3) + (-x^2 + 5x - 3)\}dx - \int_3^1 (x^2 + 4x)dx$$

$$= \int_0^1 (x^2 + 4x)dx - \boxed{\int_3^1 (x^2 + 4x)dx} \quad \longleftarrow \text{公式④より}$$

$\boxed{}$ の定積分は、積分区間をひっくり返すと1つ目の定積分と積分区間がつながるので、公式③より1つにまとめることができます。

$$= \int_0^1 (x^2 + 4x)dx + \int_1^3 (x^2 + 4x)dx$$

公式③より

$$= \int_0^3 (x^2 + 4x)dx \leftarrow$$

$$= \frac{1}{3}\big[x^3\big]_0^3 + 4 \cdot \frac{1}{2}\big[x^2\big]_0^3$$

$$= \frac{1}{3}(3^3 - 0^3) + 2(3^2 - 0^2)$$

$$= \frac{1}{3} \cdot 27 + 2 \cdot 9$$

$$= 27 \cdots （答）$$

まとめ ・定積分は、関数 $f(x)$ と x 軸で囲まれた $x = a$ から $x = b$ の領域の面積を求める計算法。

置換積分や部分積分は、不定積分だけではなく定積分でも使えます。この節では定積分のための計算テクニックを説明します。

ついていけるよう、がんばります。

定積分の置換積分

　置換積分は定積分でももちろん使えます。ただし、変数を置き換えると積分区間も変化してしまうので注意が必要です。

　例として、次の定積分を計算してみましょう。

$$\int_2^3 x\sqrt{x-2}\,dx$$

$\sqrt{x-2} = t$　… ①　　とおくと

$x = t^2 + 2$

となります。両辺を t で微分すると、

$\dfrac{dx}{dt} = 2t$　∴ $dx = 2tdt$

ここまでは不定積分の置換積分と同じですが、定積分の場合は積分区間についても考えなければなりません。積分区間の $\displaystyle\int_1^2$ は x の区間なので、

これを t の区間に変換します。式①より、

$$x = 2 \text{ のとき、} \quad t = \sqrt{2-2} = 0$$
$$x = 3 \text{ のとき、} \quad t = \sqrt{3-2} = 1$$

以上から、次のようになります。

$$\int_2^3 x\sqrt{x-2}\,dx = \int_0^1 (t^2+2)\,t \cdot 2t\,dt$$

x	$2 \longrightarrow 3$
t	$0 \longrightarrow 1$

$$= 2\int_0^1 (t^4 + 2t^2)\,dt$$
$$= 2\left\{ \frac{1}{5}\left[t^5\right]_0^1 + 2 \cdot \frac{1}{3}\left[t^3\right]_0^1 \right\}$$
$$= 2\left\{ \frac{1}{5}(1^5 - 0^5) + \frac{2}{3}(1^3 - 0^3) \right\}$$
$$= 2\left(\frac{1}{5} + \frac{2}{3} \right) = 2 \times \frac{3+10}{15} = \frac{26}{15} \quad \cdots \text{（答）}$$

例題 1 次の定積分を求めなさい。

$$① \int_0^1 \frac{1}{1+x^2}\,dx \qquad ② \int_0^2 \sqrt{4-x^2}\,dx$$

ヒント ① $x = \tan\theta$ とおきます。② $x = 2\sin\theta$ とおきます。

解

$$① \int_0^1 \frac{1}{1+x^2}\,dx$$

$x = \tan\theta$ とおくと、

$$\frac{1}{1+x^2} = \frac{1}{1+\tan^2\theta} = \cos^2\theta \quad \longleftarrow \tan^2\theta = \frac{1}{\cos^2\theta} - 1 \text{ （84ページ）}$$

また、$x = \tan\theta$ の両辺を θ で微分すると、

$$\frac{dx}{d\theta} = \frac{1}{\cos^2 \theta} \quad \therefore \ dx = \frac{1}{\cos^2 \theta} d\theta$$

$x = 0$ のとき $\quad \tan \theta = 0 \quad \therefore \ \theta = 0$

$x = 1$ のとき $\quad \tan \theta = 1 \quad \therefore \ \theta = \dfrac{\pi}{4}$

以上から、

$$\int_0^1 \frac{1}{1+x^2} = \int_0^{\frac{\pi}{4}} \cos^2 \theta \cdot \underbrace{\frac{1}{\cos^2 \theta} d\theta}_{dx}$$

x	$0 \longrightarrow 1$
θ	$0 \longrightarrow \dfrac{\pi}{4}$

$$= \int_0^{\frac{\pi}{4}} 1 d\theta = \Big[\, \theta \,\Big]_0^{\frac{\pi}{4}} = \frac{\pi}{4} \quad \cdots \ （答）$$

② $\displaystyle\int_0^2 \sqrt{4 - x^2}\ dx$

$\quad x = 2\sin\theta$ とおき、両辺を θ で微分すると、

$$\frac{dx}{d\theta} = 2\cos\theta \quad \therefore \ dx = 2\cos\theta d\theta$$

$x = 0$ のとき $\quad 2\sin\theta = 0 \quad \therefore \ \theta = 0$

$x = 2$ のとき $\quad 2\sin\theta = 2 \quad \therefore \ \theta = \dfrac{\pi}{2}$

以上から、

$$\int_0^2 \sqrt{4 - x^2}\, dx = \int_0^{\frac{\pi}{2}} \sqrt{4 - (2\sin\theta)^2} \cdot 2\cos\theta d\theta$$

x	$0 \longrightarrow 2$
θ	$0 \longrightarrow \dfrac{\pi}{2}$

$$= \int_0^{\frac{\pi}{2}} \sqrt{4 - 4\sin^2\theta} \cdot 2\cos\theta d\theta$$

$$= \int_0^{\frac{\pi}{2}} \sqrt{\underline{4(1 - \sin^2\theta)}} \cdot 2\cos\theta d\theta$$

$$\hookrightarrow \cos^2\theta$$

$$= \int_0^{\frac{\pi}{2}} \sqrt{\underline{4\cos^2\theta}} \cdot 2\cos\theta d\theta$$

$$\hookrightarrow 2\cos\theta$$

$$= 4 \int_0^{\frac{\pi}{2}} \cos^2\theta d\theta$$

$$= 4 \int_0^{\frac{\pi}{2}} \frac{1 + \cos 2\theta}{2} \, d\theta \quad \longleftarrow \quad \text{半角の公式（89ページ）}$$

$$\cos^2 \frac{a}{2} = \frac{1 + \cos a}{2}$$

$$= 4 \cdot \frac{1}{2} \left\{ \left[\theta \right]_0^{\frac{\pi}{2}} + \frac{1}{2} \left[\sin 2\theta \right]_0^{\frac{\pi}{2}} \right\}$$

$$= 2 \left(\frac{\pi}{2} + \frac{1}{2} \underline{\sin \pi} \right)$$
$$\longrightarrow 0$$

$$= \pi \quad \cdots \text{（答）}$$

なお、$y = \sqrt{4 - x^2}$ のグラフは、中心が原点で半径 2 の円の上半分です。右図のように $x = 0$ から $x = 2$ までの領域は、この円の $\frac{1}{4}$ の面積を表します。

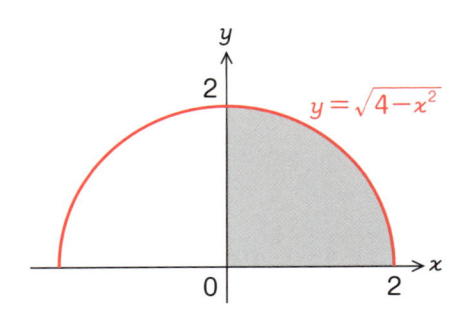

$y = \sqrt{4 - x^2}$

定積分の部分積分

定積分の部分積分は、次の公式にしたがって行います。

> **定積分の部分積分**
>
> $$\int_a^b f(x) g(x) dx = \left[f(x) G(x) \right]_a^b - \int_a^b f'(x) G(x) dx$$

また、次のようにすれば高速部分積分（210 ページ）も利用できます。

$$\int_a^b f(x) g(x) dx = \left[f(x) G^{(1)} \right]_a^b - \left[f^{(1)} G^{(2)} \right]_a^b + \left[f^{(2)} G^{(3)} \right]_a^b$$
$$- \left[f^{(3)} G^{(4)} \right]_a^b + \cdots + \left[f^{(k-1)} G^{(k)} \right]_a^b$$

※$f(x)$ を n 回微分したものを $f^{(n)}$、$g(x)$ を n 回積分したものを $G^{(n)}$ とし、$f^{(k)} = 0$ とする。

例題 2 次の定積分を求めてみよう。

① $\displaystyle\int_1^e x \log x dx$　　② $\displaystyle\int_{-1}^1 (x-1)(x+1)^4 dx$

ヒント ①は公式を、②は高速部分積分を使います。

解

①対数関数を含む部分積分はそのままでは高速部分積分が使えないので、ここでは公式を使います。

$$\int_1^e \underset{g(x)\ f(x)}{x \log x} dx = \left[\frac{1}{2}x^2 \cdot \log x\right]_1^e - \int_1^e \frac{1}{2}x^2 \cdot \frac{1}{x} dx$$

$$= \frac{1}{2}(e^2 \cdot \log e - 1^2 \cdot \log 1) - \frac{1}{2}\left[\frac{1}{2}x^2\right]_1^e$$

$$= \frac{1}{2}e^2 - \frac{1}{4}(e^2 - 1^2) = \frac{1}{4}e^2 + \frac{1}{4} \quad \cdots（答）$$

②定積分の高速部分積分は次のようになります。

$$\int_{-1}^1 \underset{f(x)\quad g(x)}{(x-1)\ (x+1)^4} dx$$

$$= \left[(x-1) \cdot \frac{1}{5}(x+1)^5\right]_{-1}^1 - \left[1 \cdot \frac{1}{5} \cdot \frac{1}{6}(x+1)^6\right]_{-1}^1$$

$$= \frac{1}{5}\{(1-1)(1+1)^5 - (-1-1)(-1+1)^5\} - \frac{1}{30}\{(1+1)^6 - (-1+1)^6\}$$

$$= -\frac{1}{30} \cdot 2^6 = -\frac{64}{30} = -\frac{32}{15} \quad \cdots（答）$$

$\sin^n x$、$\cos^n x$ の定積分

次のような定積分を求めてみましょう。

$$\int_0^{\frac{\pi}{2}} \sin^n x \, dx$$

$I_n = \displaystyle\int_0^{\frac{\pi}{2}} \sin^n x \, dx \quad (n = 0, 1, 2, \cdots)$ とおくと、

$$I_n = \int_0^{\frac{\pi}{2}} \sin^n x \, dx$$

$$= \int_0^{\frac{\pi}{2}} \underbrace{\sin^{n-1} x}_{f(x)} \cdot \underbrace{\sin x}_{g(x)} \, dx$$

$$= \left[\underbrace{\sin^{n-1} x}_{f(x)} \cdot \underbrace{(-\cos x)}_{G(x)} \right]_0^{\frac{\pi}{2}} - \int_0^{\frac{\pi}{2}} \underbrace{(n-1)\sin^{n-2} x \cdot \cos x}_{f'(x)} \cdot \underbrace{(-\cos x)}_{G(x)} \, dx$$

$$= \left(-\sin^{n-1}\frac{\pi}{2} \cdot \cos\frac{\pi}{2} + \sin^{n-1} 0 \cdot \cos 0 \right) + (n-1)\int_0^{\frac{\pi}{2}} \sin^{n-2} x \cdot \cos^2 x \, dx$$

（$\to 0$、$\to 0$）

$$= (n-1)\int_0^{\frac{\pi}{2}} \sin^{n-2} x \cdot \cos^2 x \, dx$$

$$= (n-1)\int_0^{\frac{\pi}{2}} \sin^{n-2} x (1 - \sin^2 x) \, dx \quad \leftarrow \cos^2 x = 1 - \sin^2 x$$

$$= (n-1)\int_0^{\frac{\pi}{2}} (\sin^{n-2} x - \sin^n x) \, dx$$

$$= (n-1)\int_0^{\frac{\pi}{2}} \sin^{n-2} x \, dx - (n-1)\int_0^{\frac{\pi}{2}} \sin^n x \, dx$$

$$= (n-1)I_{n-2} - (n-1)I_n$$

よって、

$$I_n + (n-1)I_n = (n-1)I_{n-2}$$

$$nI_n = (n-1)I_{n-2}$$

$$I_n = \frac{n-1}{n}I_{n-2}$$

が成り立ちます。

なお、$\displaystyle\int_0^{\frac{\pi}{2}} \cos^n x\, dx$ についても同様に計算すると同じ結果になります。すなわち、

> ### $\sin^n x$ と $\cos^n x$ の定積分
>
> ① $I_n = \displaystyle\int_0^{\frac{\pi}{2}} \sin^n x\, dx$ とおくと、$I_n = \dfrac{n-1}{n} I_{n-2}$ $(n=2,\ 3,\ 4,\ \cdots)$
>
> ② $J_n = \displaystyle\int_0^{\frac{\pi}{2}} \cos^n x\, dx$ とおくと、$J_n = \dfrac{n-1}{n} J_{n-2}$ $(n=2,\ 3,\ 4,\ \cdots)$

この公式は、積分区間が $x = 0$ から $x = \dfrac{\pi}{2}$ まで限定です。

例題3 次の定積分を求めなさい。

① $\displaystyle\int_0^{\frac{\pi}{2}} \sin^5 x\, dx$　　② $\displaystyle\int_0^{\frac{\pi}{2}} \cos^6 x\, dx$

解

①公式に $n = 5$、$n = 3$ を代入すると、

$$I_5 = \frac{5-1}{5}I_{5-2} = \frac{4}{5}I_3, \quad I_3 = \frac{3-1}{3}I_{3-2} = \frac{2}{3}I_1$$

よって、

$$I_5 = \frac{4}{5} \cdot \frac{2}{3}I_1 = \frac{8}{15}I_1$$

となります。また、

$$I_1 = \int_0^{\frac{\pi}{2}} \sin x\, dx = \left[-\cos x\right]_0^{\frac{\pi}{2}} = -\left(\cos\frac{\pi}{2} - \cos 0\right) = 1$$

↳ 0　↳ 1

なので、

$$I_5 = \frac{8}{15} \quad \cdots \text{（答）}$$

②公式に $n = 6,\ 4,\ 2$ を代入すると、

$$J_6 = \frac{6-1}{6}J_{6-2} = \frac{5}{6}J_4, \quad J_4 = \frac{4-1}{4}J_{4-2} = \frac{3}{4}J_2, \quad J_2 = \frac{2-1}{2}J_{2-2} = \frac{1}{2}J_0$$

よって、

$$J_6 = \frac{5}{6}\cdot\frac{3}{4}\cdot\frac{1}{2}J_0 = \frac{5}{16}J_0$$

となります。また、

$$J_0 = \int_0^{\frac{\pi}{2}} \cos^0 x\, dx = \int_0^{\frac{\pi}{2}} 1\, dx = \left[\, x \,\right]_0^{\frac{\pi}{2}} = \frac{\pi}{2}$$

なので、

$$J_6 = \frac{5}{16}\cdot\frac{\pi}{2} = \frac{5}{32}\pi \quad \cdots \text{（答）}$$

■ 偶関数・奇関数の定積分

　たとえば $f(x) = x^2$ のグラフは、図のように y 軸をはさんで左右対称になります。このような関数を偶関数といいます。偶関数は、数式では次のように定義できます。

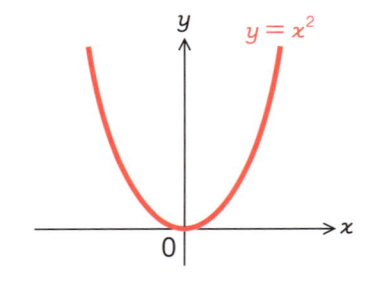

$$f(x) = f(-x) \quad \longleftarrow \text{偶関数}$$

また、$g(x) = x$ のグラフは、図のように原点を中心に対称となります。このような関数を**奇関数**といいます。奇関数は、数式では次のように定義されます。

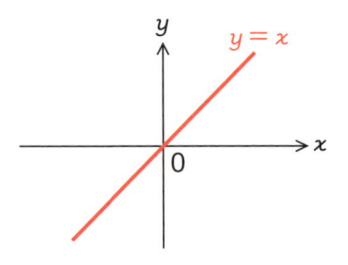

$$g(x) = -g(-x) \quad \longleftarrow \text{奇関数}$$

三角関数では、$\cos x$ は y 軸をはさんで左右対称なので偶関数です。また、$\sin x$ と $\tan x$ は、原点を中心に対称なので奇関数です。

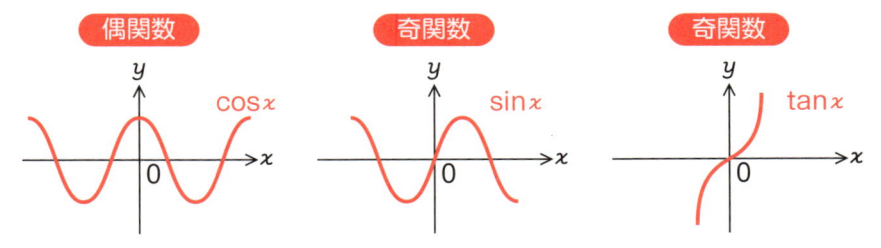

偶関数 $f(x)$ を $x = -a$ から $x = a$ まで定積分した値は、$f(x)$ を $x = 0$ から $x = a$ まで定積分した値の 2 倍になります。また、奇関数 $g(x)$ を $x = -a$ から $x = a$ まで定積分した値は 0 になります。このことは、次のように定積分によって求める面積を考えればわかりますね。

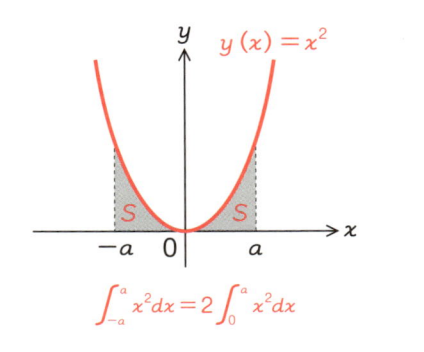

$$\int_{-a}^{a} x^2 dx = 2\int_{0}^{a} x^2 dx$$

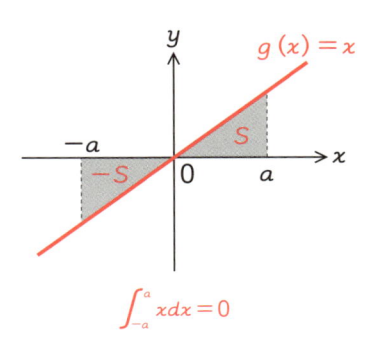

$$\int_{-a}^{a} x dx = 0$$

$$\int_{-a}^{a} 偶関数 dx = 2 \int_{0}^{a} 偶関数 dx$$

$$\int_{-a}^{a} 奇関数 dx = 0$$

例題 3 次の定積分の値を求めなさい。

$$① \int_{-\frac{\pi}{3}}^{\frac{\pi}{3}} x^2 \sin x dx \qquad ② \int_{-1}^{1} |\arcsin x| dx$$

ヒント ①偶関数×奇関数＝奇関数 ② arcsin$x$ は奇関数

解

① $f(x)$ を偶関数、$g(x)$ を奇関数とすると、

$$f(x) g(x) = f(-x) \cdot -g(-x) = -f(-x) g(-x)$$

となるので、偶関数×奇関数は奇関数です。

x^2 は偶関数、$\sin x$ は奇関数なので、$x^2 \sin x$ は奇関数です。したがって、$\int_{-a}^{a} 奇関数 dx = 0$ より、

> **memo**
> 偶関数 × 奇関数＝奇関数
> 偶関数 × 偶関数＝偶関数
> 奇関数 × 奇関数＝偶関数

$$\int_{-\frac{\pi}{3}}^{\frac{\pi}{3}} x^2 \sin x dx = 0 \quad \cdots （答）$$

となります。

② arcsin$x$ は奇関数なので、 $|\arcsin x|$ は偶関数になります。よって、

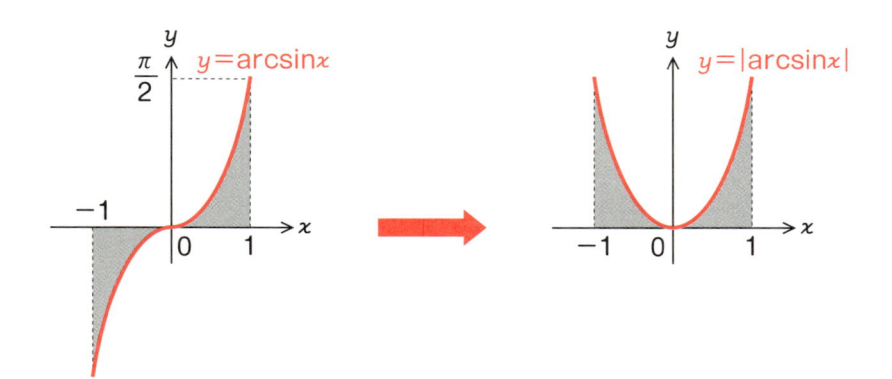

$$\int_{-1}^{1} |\arcsin x|\, dx = 2\int_{0}^{1} \arcsin x\, dx$$

$$= 2\int_{0}^{1} \underset{g(x)}{\underline{1}} \cdot \underset{f(x)}{\underline{\arcsin x}}\, dx \quad \longleftarrow \text{部分積分}$$

$$= 2\left\{ \Big[x\arcsin x \Big]_{0}^{1} - \int_{0}^{1} x \cdot \frac{1}{\sqrt{1-x^2}}\, dx \right\}$$

$$= 2\left\{ 1\cdot\frac{\pi}{2} - \int_{0}^{1} x(1-x^2)^{-\frac{1}{2}}\, dx \right\}$$

$$= \pi - 2\int_{0}^{1} x(1-x^2)^{-\frac{1}{2}}\, dx$$

$1-x^2=t$ とおき、両辺を x で微分すると、

$$-2x\, dx = dt \quad \therefore\ dx = -\frac{1}{2x}dt$$

また、

$$x=0\ \text{のとき、}\quad t=1-0^2=1$$
$$x=1\ \text{のとき、}\quad t=1-1^2=0$$

以上から、

$$(与式) = \pi - 2 \int_1^0 x \cdot t^{-\frac{1}{2}} \cdot -\frac{1}{2x} dt \qquad \begin{array}{c|ccc} x & 0 & \longrightarrow & 1 \\ \hline t & 1 & \longrightarrow & 0 \end{array}$$

$$= \pi + \int_1^0 t^{-\frac{1}{2}} dt$$

$$= \pi + \left[\frac{1}{-\frac{1}{2}+1} t^{-\frac{1}{2}+1} \right]_1^0$$

$$= \pi + 2 \left[\sqrt{t} \right]_1^0$$

$$= \pi + 2(0-1) = \pi - 2 \quad \cdots (答)$$

まとめ

- 定積分の置換積分では、積分区間の置き換えを忘れずに。
- 定積分の部分積分は、公式も高速計算法も使えます。
- 偶関数や奇関数の定積分は、計算が簡単になることがあります。

この節では、不連続な区間や無限区間の定積分について説明します。

無限の区間で積分できるんでしょうか？

広義積分とは

定積分 $\int_a^b f(x)\,dx$ は、一般に関数 $f(x)$ が閉区間 $[a,\ b]$ 上で連続でなければ計算できません。$y = f(x)$ の曲線が途中で切れてしまうと、面積が求められないからです。

しかし、積分区間が不連続でも、少し工夫すれば積分できる場合があります。たとえば、次のような定積分を考えてみましょう。

$$\int_0^1 \frac{1}{\sqrt{x}}\,dx$$

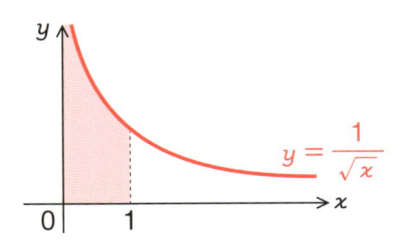

$\dfrac{1}{\sqrt{x}}$ は $x = 0$ で不連続なので、このままでは積分できません。しかし、図の色がついた領域は x が 0 に近づくにつれて限りなく細くなるので、何らかの面積を求められそうに見えます。

そこで、0 の代わりに 0 にごく近い正の値 c をとって、

$$\int_c^1 \frac{1}{\sqrt{x}}\,dx$$

— 0 に近い正の値

を計算します。$\dfrac{1}{\sqrt{x}}$ はこの区間で連続ですからこの積分は計算することができ、

$$\int_c^1 \frac{1}{\sqrt{x}}\,dx = \int_c^1 x^{-\frac{1}{2}}\,dx = \frac{1}{-\frac{1}{2}+1}\left[x^{\frac{1}{2}}\right]_c^1 = 2\left[\sqrt{x}\,\right]_c^1$$
$$= 2(1-\sqrt{c}\,)$$

となります。この c を限りなく 0 に近づけると、

$$\lim_{c\to 0} 2(1-\sqrt{c}\,) = 2$$

となり、値を求めることができます。

このように、通常の積分を拡張したものを**広義積分**といいます。

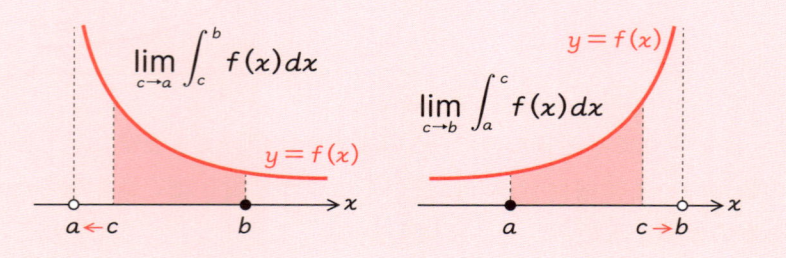

広義積分

①半開区間 $(a, b]$ 上で連続な関数 $f(x)$ について、$\displaystyle\lim_{c\to a}\int_c^b f(x)\,dx$ が極限値をもつとき、その値を広義積分 $\displaystyle\int_a^b f(x)\,dx$ とする。

②半開区間 $[a, b)$ についても同様に、$\displaystyle\lim_{c\to b}\int_a^c f(x)\,dx$ の極限値を広義積分 $\displaystyle\int_a^b f(x)\,dx$ とする。

広義積分を使えばどんな関数でも積分できますか？

広義積分は、かならず計算できるとは限りません。たとえば $\int_0^1 \dfrac{1}{x}dx$ の積分は、

$$\lim_{c \to 0}\int_c^1 \frac{1}{x}dx = \lim_{c \to 0}\left[\log x\right]_c^1 = \lim_{c \to 0}(\log 1 - \log c)$$

$$= \lim_{c \to 0}(-\log c) = \infty$$

となり、無限大に発散してしまいます。

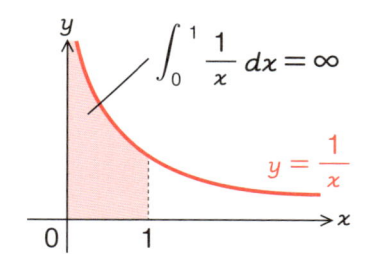

$\dfrac{1}{\sqrt{x}}$ とグラフはほとんど同じなのに、こちらは発散してしまうんですね。

例題 1 次の広義積分を求めなさい。

① $\displaystyle\int_0^\infty e^{-x}dx$　　② $\displaystyle\int_{-\infty}^\infty \frac{1}{1+x^2}dx$

① $\displaystyle\int_0^\infty e^{-x}dx$

広義積分は、積分区間が無限区間になる場合でも使えます。∞ を十分に大きな正の値 c に置き換えて積分すると、

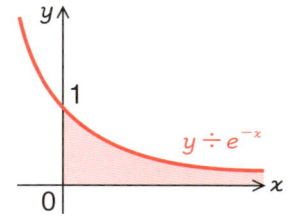

$$\int_0^c e^{-x}dx = \left[-e^{-x}\right]_0^c = -e^{-c} - (-e^0) = -e^{-c} + 1$$

よって広義積分は、

$$\int_0^\infty e^{-x}dx = \lim_{c\to\infty}(-e^{-c}+1) = 1 \quad \cdots \text{(答)}$$

となります。

② $\displaystyle\int_{-\infty}^{\infty} \frac{1}{1+x^2}\, dx$

区間が両側とも無限大（無限小）の場合は、次のように2つに分けて積分します。

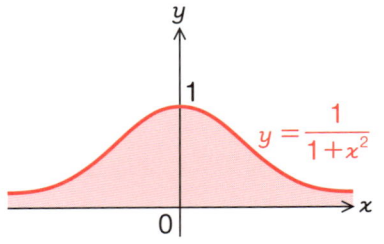

$$\int_t^0 \frac{1}{1+x^2}dx + \int_0^c \frac{1}{1+x^2}dx = \left[\tan^{-1}x\right]_t^0 + \left[\tan^{-1}x\right]_0^c$$
$$= \tan^{-1}0 - \tan^{-1}t + \tan^{-1}c - \tan^{-1}0$$
$$= -\tan^{-1}t + \tan^{-1}c$$

$t \to -\infty$、$c \to \infty$とすれば、この広義積分は次のようになります。

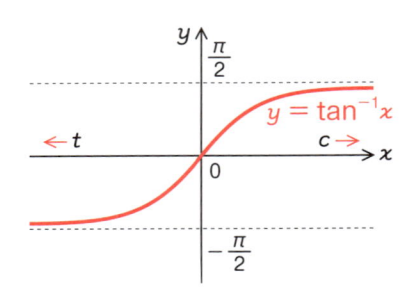

$$\int_{-\infty}^{\infty} \frac{1}{1+x^2}dx = \lim_{t\to-\infty}(-\tan^{-1}t) + \lim_{c\to\infty}(\tan^{-1}c)$$
$$= -\left(-\frac{\pi}{2}\right) + \frac{\pi}{2} = \pi \quad \cdots \text{(答)}$$

まとめ ・広義積分は、不連続な区間や無限区域の領域の定積分。

第 6 章

積分の応用

6-1 定積分と面積①

この章では、定積分を使って様々な図形の面積や体積、曲線の長さを求める方法を学びます。

実践的になってきましたね。

定積分と面積の関係

前章の復習になりますが、はじめに定積分 $\int_a^b f(x)dx$ と面積との関係を確認しておきましょう。この定積分は、関数 $f(x)$ と x 軸、$x = a$、$x = b$ に囲まれた領域 S の面積を表すのでした。

$$S = \int_a^b f(x)\, dx$$

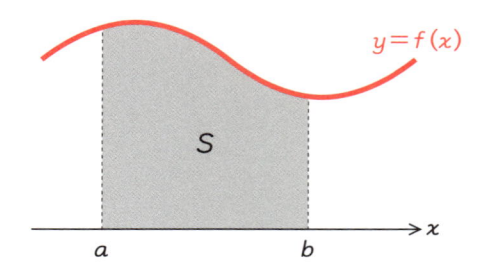

$f(x)\, dx$ は、領域 S をタテに細かく分割した短冊の面積を表しています。この短冊を $x = a$ から $x = b$ まで足し合わせることで、領域 S の面積が求められるのでした。

ただし、次の図のように領域が x 軸より下側にある場合は、$f(x)$ の値がマイナスになるので、$f(x)\, dx$ を足し合わせた定積分の値もマイナスの値になります。このような領域の面積は、定積分の値にマイナスの符号をつけ、$-\int_a^b f(x)dx$ としなければならないことに注意が必要です。

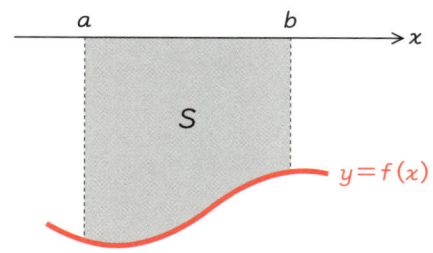

$$S = -\int_a^b f(x)\,dx$$

└ $f(x) < 0$ の場合は
マイナス記号をつける

例題 1 $y = 2x^2 - 10x$、x 軸、$x = 1$、$x = 4$ に囲まれた領域の面積を求めなさい。

解 求める面積は右図のような領域の面積になります。領域は x 軸の下側にあるので、求める面積は次のようになります。

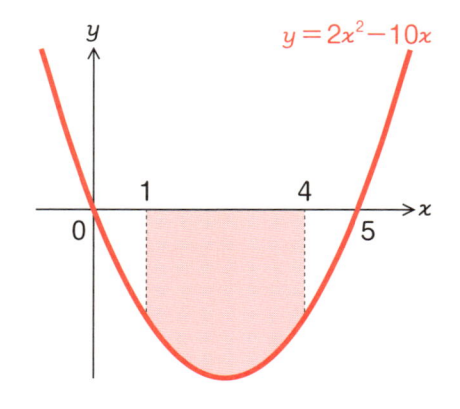

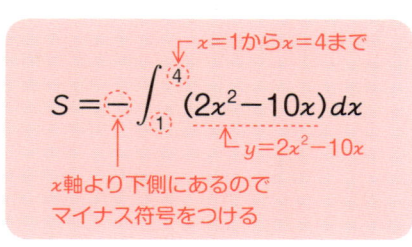

$x=1$から$x=4$まで

$$S = -\int_1^4 (2x^2 - 10x)\,dx$$

$y=2x^2-10x$

x軸より下側にあるので
マイナス符号をつける

$$S = -\int_1^4 (2x^2 - 10x)\,dx = -\left[\frac{2}{3}x^3 - \frac{10}{2}x^2\right]_1^4$$

$$= -\left\{\frac{2}{3}(4^3 - 1^3) - 5(4^2 - 1^2)\right\}$$

$$= -\frac{2}{3} \times 63 + 5 \times 15$$

$$= -42 + 75 = 33 \quad \cdots（答）$$

2つの曲線または直線で囲まれた面積

図のように、2本の曲線 $y = f(x)$ と $y = g(x)$、$x = a$、$x = b$ で囲ま

れた領域 S の面積について考えてみましょう（ただし、$f(x) > g(x)$，$a < b$ とします）。

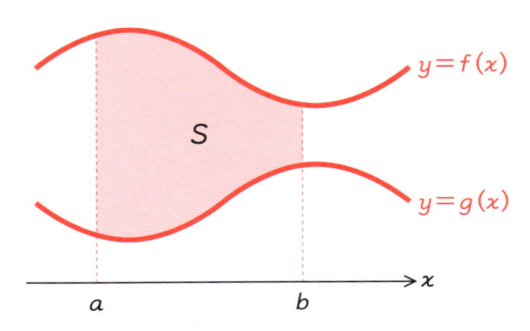

$y = f(x)$ と x 軸、$x = a$、$x = b$ に囲まれた領域を S_1、$y = g(x)$ と x 軸、$x = a$、$x = b$ に囲まれた領域を S_2 とすると、領域 S の面積は、

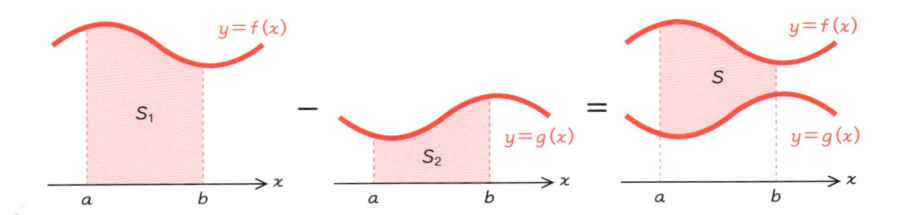

のように、S_1 の面積から S_2 の面積を差し引いたものになります。つまり、

$$S = S_1 - S_2 = \int_a^b f(x)dx - \int_a^b g(x)dx = \int_a^b \{f(x) - g(x)\}dx$$

このように、2 つの曲線に囲まれた面積は、上側の曲線 $f(x)$ から下側の曲線 $g(x)$ を引いたものを定積分すれば求められます。

---

2 つの曲線に囲まれた領域の面積

$f(x) > g(x)$ のとき、$y = f(x)$ と $y = g(x)$、$x = a$、$x = b$ に囲まれた領域の面積は、

$$S = \int_a^b \{f(x) - g(x)\} dx$$

で求められる。

 $f(x)$ や $g(x)$ が x 軸より下側にある場合はどうなりますか?

　$y = f(x)$ が x 軸より上、$y = g(x)$ が x 軸より下側にある場合を考えてみましょう。この場合の領域の面積は、次のように 2 つに分けて考えることができます。

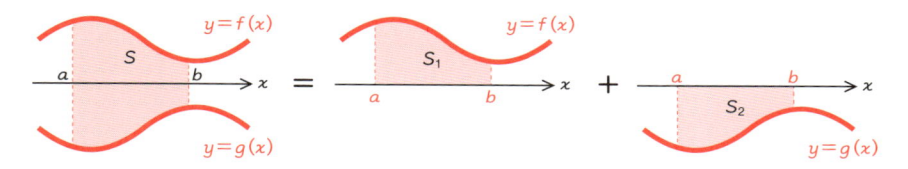

　領域 S_1 は x 軸の上側にあるので $\displaystyle\int_a^b f(x)dx$、領域 S_2 は x 軸の下側にあるので $-\displaystyle\int_a^b g(x)dx$ と表せます。領域 S は 2 つの領域の合計なので、

$$S = S_1 + S_2 = \int_a^b f(x)dx - \int_a^b g(x)dx = \int_a^b \{f(x) - g(x)\}dx$$

となり、公式と同じになります。

 x 軸の上か下かには関係なく、$f(x) - g(x)$ を定積分すればよいということですか?

　そうです。先ほど、x 軸の下側にある領域の面積は $-\displaystyle\int_a^b g(x)dx$ のようにマイナスをつけると説明しましたが、これも、直線 $y = 0$ と曲線 $y = g(x)$ の間の領域と考えれば、

$$\int_a^b \{0 - g(x)\}dx = -\int_a^b g(x)dx$$

のように、直線 $y = 0$ から $g(x)$ を引いて定積分したものと考えることができます。x 軸の上側か下側かに関係なく、上の曲線から下の曲線を引く、と覚えましょう。

ただし、上と下を逆にしてしまうと面積がマイナスになってしまうので注意してください。

例題2 曲線 $y = x^2 + 3x + 4$ と曲線 $y = -2x^2 + 6x + 22$ で囲まれた領域の面積を求めなさい。

解 まず、2本の曲線の交点の x 座標を求めます。

$$y = x^2 + 3x + 4$$
$$y = -2x^2 + 6x + 22$$

より、交点の x 座標は、

$$x^2 + 3x + 4 = -2x^2 + 6x + 22$$
$$3x^2 - 3x - 18 = 0$$
$$3(x^2 - x - 6) = 0$$
$$(x - 3)(x + 2) = 0$$
$$x = -2,\ 3$$

　以上から、積分区間は $x = -2$ から $x = 3$ までとわかります。

　面積を求める領域は、おおよそ右図のようになります。領域は上側が $y = -2x^2 + 6x + 22$、下側が $y = x^2 + 3x + 4$ ですから、求める面積は次のようになります。

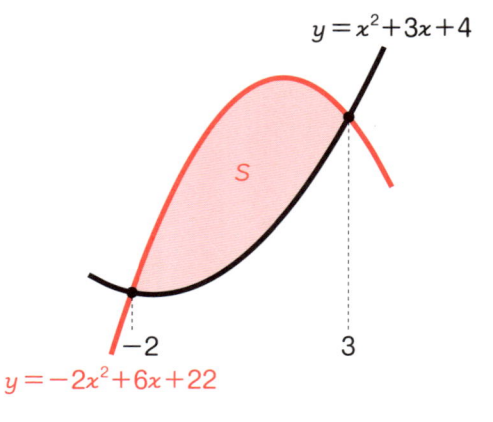

$$S = \int_{-2}^{3} \{(-2x^2 + 6x + 22) - (x^2 + 3x + 4)\} dx$$

　計算すると次のようになります。

$$S = \int_{-2}^{3} \{(-2x^2 + 6x + 22) - (x^2 + 3x + 4)\}dx$$

$$= \int_{-2}^{3} (-3x^2 + 3x + 18)dx$$

$$= -3 \int_{-2}^{3} (x^2 - x - 6)dx$$

$$= -3 \left[\frac{1}{3}x^3 - \frac{1}{2}x^2 - 6x \right]_{-2}^{3}$$

$$= -3 \left\{ \frac{3^3 - (-2)^3}{3} - \frac{3^2 - (-2)^2}{2} - 6(3 + 2) \right\}$$

$$= -3 \left(\frac{27 + 8}{3} - \frac{9 - 4}{2} - 30 \right)$$

$$= -35 + \frac{15}{2} + 90 = \frac{125}{2} \quad \cdots \text{（答）}$$

例題 3 曲線 $y = x^3 - 3x^2 + x + 6$ と直線 $y = 2x + 3$ で囲まれた領域の面積を求めなさい。

解 まず、曲線と直線の交点の x 座標を求めます。

$$y = x^3 - 3x^2 + x + 6$$
$$y = 2x + 3$$

より、交点の x 座標は、

$$x^3 - 3x^2 + x + 6 = 2x + 3$$
$$x^3 - 3x^2 - x + 3 = 0$$
$$(x - 1)(x^2 - 2x - 3) = 0$$
$$(x - 1)(x + 1)(x - 3) = 0$$
$$x = -1,\ 1,\ 3$$

面積を求める領域は、おおよそ右図のようになります。

このように、面積を求める領域が複

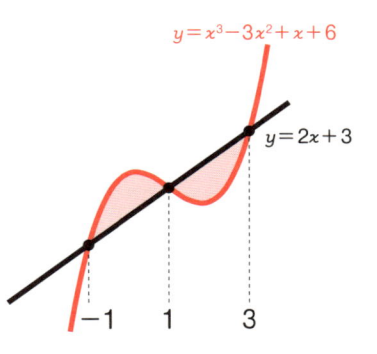

245

数に分かれている場合は、それぞれの領域ごとに面積を求めて、面積の和を求めます。$x = -1$ から $x = 1$ までの領域は曲線 $y = x^3 - 3x^2 + x + 6$ が上、$x = 1$ から $x = 3$ までの領域は直線 $y = 2x + 3$ が上になることに注意しましょう。

したがって、求める面積は次のようになります。

$$S = \int_{-1}^{1} \{(x^3 - 3x^2 + x + 6) - (2x + 3)\}dx + \int_{1}^{3} \{(2x + 3) - (x^3 - 3x^2 + x + 6)\}dx$$

$$= \int_{-1}^{1} (x^3 - 3x^2 - x + 3)dx + \int_{1}^{3} (-x^3 + 3x^2 + x - 3)dx$$

ここで $\boxed{}$ の部分に注目すると、x^3 と $-x$ は奇関数なので $\int_{-1}^{1} x^3 dx$ と $-\int_{-1}^{1} x dx$ は 0 になります。また、残った $-3x^2 + 3$ は偶関数なので、2 倍して 0 から 1 までの定積分にでき、

$$(与式) = 2\int_{0}^{1} (-3x^2 + 3)dx + \int_{1}^{3} (-x^3 + 3x^2 + x - 3)dx$$

$$= 2\left[-x^3 + 3x\right]_{0}^{1} + \left[-\frac{1}{4}x^4 + x^3 + \frac{1}{2}x^2 - 3x\right]_{1}^{3}$$

$$= 2(-1^3 + 3 \cdot 1) + \left\{-\frac{1}{4}(3^4 - 1^4) + (3^3 - 1^3) + \frac{1}{2}(3^2 - 1^2) - 3(3 - 1)\right\}$$

$$= 4 - 20 + 26 + 4 - 6 = 8 \ \cdots (答)$$

まとめ	・2 つの曲線に囲まれた面積は、上側の曲線から下側の曲線を引いて定積分する。 ・領域が複数に分割される場合は、それぞれの領域ごとに定積分する。

定積分と面積②

前回に続いて、定積分を使って面積を求める方法について説明します。だんだん難しくなりますよ。

お手柔らかにお願いします。

サイクロイド曲線

　図のように、原点に接する円を x 軸に沿って転がします。すると円周上の点 P がたどる軌跡は、次のような曲線になります。このような曲線を**サイクロイド**といいます。

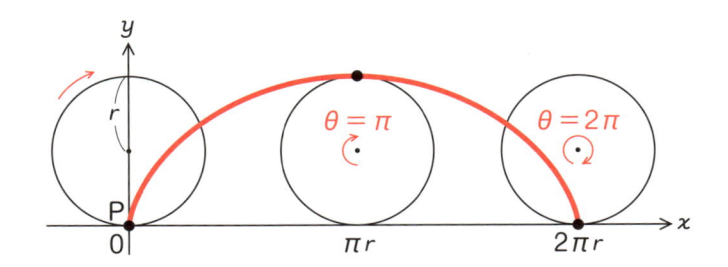

　円の半径を r、円の回転角度を θ とすると、点 P の x 座標は

$$x = \mathrm{OA} - \mathrm{PQ} = r\theta - r\sin\theta = r(\theta - \sin\theta)$$

$$\overline{\mathrm{OA}} = \overparen{\mathrm{PA}} = 2\pi r \times \frac{\theta}{2\pi}$$

また、点 P の y 座標は

$$y = \mathrm{AB} - \mathrm{BQ} = r - r\cos\theta = r(1 - \cos\theta)$$

となります。

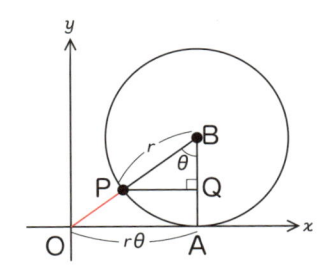

この曲線と x 軸で囲まれた図形の面積を求めてみましょう。

例題1 次の式で表される曲線と x 軸で囲まれた図形の面積 S を求めなさい。

$$\begin{cases} x = r(\theta - \sin\theta) \\ y = r(1 - \cos\theta) \end{cases}$$

「$y = x$ なんとか」の式になってないですね。

そうですね。x も y も、円の回転角度 θ の関数になっています。そのため、通常の定積分のように x で積分することはできません。そこで、x ではなく θ で積分することを考えます。

解 まず、面積 S を表す定積分の式を組み立てると、次のようになります。

$$S = \int_0^{2\pi r} y \, dx$$

上の式のうち、y は $y = r(1 - \cos\theta)$ で置き換えられます。
また、$x = r(\theta - \sin\theta)$ の両辺を θ で微分すると、

$$\frac{dx}{d\theta} = r(1 - \underline{\cos\theta}) \quad \therefore dx = r(1 - \cos\theta)d\theta$$

└ $\sin\theta$ の微分

積分区間 $x = 0$ は、前ページの図で点 P が原点にあるときですから、$\theta = 0$ です。また、$x = 2\pi r$ は、前ページの図で点 P が 1 回転したときですから、$\theta = 2\pi$ です。

$$\begin{array}{c|ccc}
x & 0 & \longrightarrow & 2\pi r \\
\hline
\theta & 0 & \longrightarrow & 2\pi
\end{array}$$

以上から、

$$S = \int_0^{2\pi} \underbrace{r(1-\cos\theta)}_{y} \cdot \underbrace{r(1-\cos\theta)d\theta}_{dx}$$

となって、θ の定積分に置き換えが完了します。

$$
\begin{aligned}
(与式) &= r^2 \int_0^{2\pi} (1-\cos\theta)^2 d\theta \\
&= r^2 \int_0^{2\pi} (1 - 2\cos\theta + \cos^2\theta) d\theta \\
&= r^2 \int_0^{2\pi} \left(1 - 2\cos\theta + \frac{1+\cos 2\theta}{2}\right) d\theta \qquad \leftarrow \cos^2\theta = \frac{1+\cos 2\theta}{2} \\
&\qquad\qquad\qquad\qquad\qquad\qquad\qquad\qquad\qquad\qquad\quad (89 \text{ページ}) \\
&= \frac{1}{2} r^2 \int_0^{2\pi} (2 - 4\cos\theta + 1 + \cos 2\theta) d\theta \\
&= \frac{1}{2} r^2 \int_0^{2\pi} (3 - 4\cos\theta + \cos 2\theta) d\theta \\
&= \frac{1}{2} r^2 \left[3\theta - 4\sin\theta + \frac{1}{2}\sin 2\theta\right]_0^{2\pi} \qquad \leftarrow \int \cos a\theta\, d\theta = \frac{1}{a}\sin a\theta \\
&\qquad\qquad\qquad\qquad\qquad\qquad\qquad\qquad\qquad\qquad\quad (202 \text{ページ}) \\
&= \frac{1}{2} r^2 \left\{3(2\pi - 0) - 4(\sin 2\pi - \sin 0) + \frac{1}{2}(\sin 4\pi - \sin 0)\right\} \\
&= \frac{1}{2} r^2 \cdot 6\pi = 3\pi r^2 \cdots (答)
\end{aligned}
$$

アステロイド曲線

　原点を中心に半径 r の円を描き、その円に点 $(r,\ 0)$ で内接する半径 $\dfrac{r}{4}$ の円を描きます。この内側の円の円周上に点 P をとります。点 P の最初の位置を点 $(r,\ 0)$ とし、内側の円を外側の円に沿って反時計回りに転がすと、点 P がたどる軌跡は次のようになります。

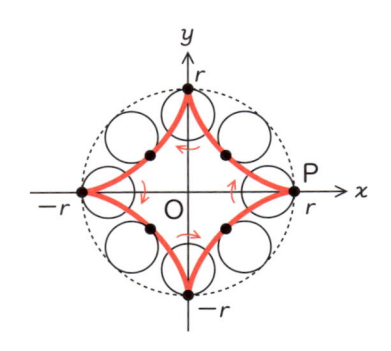

　このような曲線を**アステロイド**（星芒形）といいます。OP と x 軸とのなす角を θ とすると、点 P の x 座標と y 座標は、それぞれ次のように表せます。

$$x = r\cos^3\theta$$

$$y = r\sin^3\theta$$

この曲線がつくる図形の面積を求めてみましょう。

例題 2 次の式で表される曲線で囲まれた図形の面積を求めなさい。

$$\begin{cases} x = r\cos^3\theta \\ y = r\sin^3\theta \end{cases} \quad (r \text{ は正の定数。} 0 \leqq \theta \leqq 2\pi)$$

解 図は x 軸、y 軸に対して対称なので、第 1 象限の部分の面積を求めて 4 倍します。

　まず、面積 S を表す定積分の式を x で組み立てると、次のようになります。

$$S = 4 \int_0^r y\,dx$$

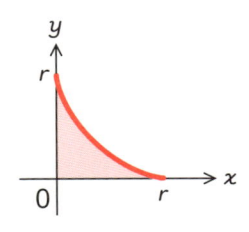

このうち、y は $y = r\sin^3\theta$ で置き換えられます。

また、$x = r\cos^3\theta$ の両辺を θ で微分すると、

$$\frac{dx}{d\theta} = 3r\cos^2\theta \cdot (-\sin\theta) = -3r\sin\theta\cos^2\theta$$

$$\therefore\ dx = (-3r\sin\theta\cos^2\theta)d\theta$$

積分区間は、$x = 0$ のとき $\theta = \dfrac{\pi}{2}\,(90°)$、$x = r$ のとき $\theta = 0$ なので、

x	$0 \longrightarrow 2$
θ	$\dfrac{\pi}{2} \longrightarrow 0$

以上から、

$$S = 4 \int_{\frac{\pi}{2}}^{0} \underset{y}{\underline{r\sin^3\theta}} \cdot \underset{dx}{\underline{(-3r\sin\theta\cos^2\theta)d\theta}}$$

$$= -12r^2 \int_{\frac{\pi}{2}}^{0} \sin^4\theta\cos^2\theta\,d\theta = 12r^2 \int_{0}^{\frac{\pi}{2}} \sin^4\theta\cos^2\theta\,d\theta$$

積分区間を逆にして符号を入れ替え

となって、θ の定積分に置き換えが完了します。

計算がけっこう大変ですね。

まず、$\sin^n\theta$ だけの式にします。

$$（与式）= 12r^2 \int_0^{\frac{\pi}{2}} \sin^4 \theta (1 - \sin^2 \theta)d\theta = 12r^2 \int_0^{\frac{\pi}{2}} (\sin^4 \theta - \sin^6 \theta)d\theta$$

$$\sin^2 \theta + \cos^2 \theta = 1$$

ここで、$I_n = \displaystyle\int_0^{\frac{\pi}{2}} \sin^n \theta$ とおけば、

$$（与式）= 12r^2(I_4 - I_6)$$

すると、229 ページの公式より、

$$I_4 = \frac{4-1}{4}I_2 = \frac{4-1}{4} \cdot \frac{2-1}{2}I_0 = \frac{3}{8}I_0$$

$$= \frac{3}{8}\int_0^{\frac{\pi}{2}} \sin^0 \theta d\theta = \frac{3}{8}\int_0^{\frac{\pi}{2}} 1 d\theta$$

$$= \frac{3}{8}\Big[\theta\Big]_0^{\frac{\pi}{2}} = \frac{3}{8} \cdot \frac{\pi}{2} = \frac{3}{16}\pi$$

$$I_6 = \frac{6-1}{6}I_4 = \frac{5}{6} \cdot \frac{3}{16}\pi = \frac{5}{32}\pi$$

ですから、

$$（与式）= 12r^2 \left(\overset{I_4}{\frac{3}{16}\pi} - \overset{I_6}{\frac{5}{32}\pi} \right)$$

$$= 12r^2 \cdot \frac{1}{32}\pi = \frac{3}{8}\pi r^2 \quad \cdots （答）$$

となります。

> **まとめ** ・媒介変数表示による曲線の面積は、x を媒介変数に置き換えて定積分する。

積分を使って、立体の体積を求めることもできます。立体を薄くスライスして積み重ねるイメージです。

生ハム食べ放題みたいなイメージですね。

薄いシートを重ねれば体積になる

定積分 $\displaystyle\int_a^b f(x)dx$ は、$x = a$ から $x = b$ までの領域を短冊状に細切れにして、すべての短冊の面積を足し合わせるという操作でした。

同じ操作を、今度は面ではなく立体に対しておこなうとどうなるでしょうか。

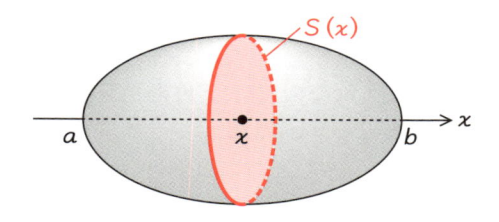

図のような立体を、垂直に限りなく薄くスライスします。1片のスライスの断面積を $S(x)$、スライスの厚さを dx とすると、スライスの体積は $S(x)\,dx$ で表せます。このスライスの体積を、立体の端から端まで足し合わせれば、立体の体積 V が求められます。

立体の体積

$$V = \int_a^b S(x)\,dx$$

例題 1 半径 a の円を底面とする高さ a の円柱を、底面の直径を通るように斜め 45 度の角度で切断する。このとき、切り取られた小さい方の立体の体積 V を求めなさい。

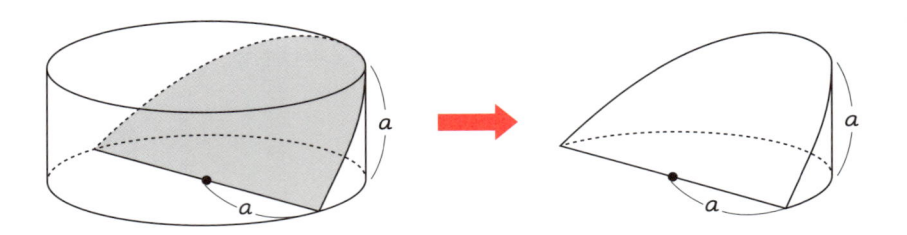

解 図のように、立体の底面の直径を x 軸として、中心を原点 O とします。すると、立体の両端の座標は $(-a,\ 0)$ と $(a,\ 0)$ になります。

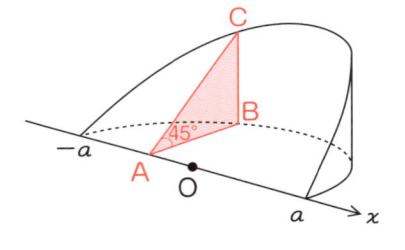

この立体を、座標 x の位置で x 軸と垂直にスライスすると、断面は右図のような三角形になります。この三角形 ABC の面積 $S(x)$ を考えてみましょう。

∠A は 45°、∠B は直角なので、三角形 ABC は直角二等辺三角形になるはずです。したがってその面積は、

$$S(x) = \frac{1}{2}\mathrm{AB}^2$$

で求められます。また、底面にできる直角三角形 OAB を考えると、三平方の定理より

$$\mathrm{AB} = \sqrt{\mathrm{OB}^2 - \mathrm{OA}^2}$$

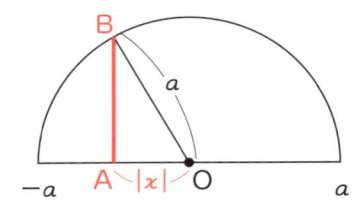

ここで、OB の長さは底面の円の半径 a、OA の長さは $|x|$ ですから、AB の長さは

$$\mathrm{AB} = \sqrt{a^2 - |x|^2} = \sqrt{a^2 - x^2}$$

と書けます。よって、

$$S(x) = \frac{1}{2}\left(\sqrt{a^2 - x^2}\right)^2 = \frac{1}{2}(a^2 - x^2)$$

以上から、立体の体積 V は次のように表せます。

$$V = \int_{-a}^{a} S(x)dx = \int_{-a}^{a} \frac{1}{2}(a^2 - x^2)dx$$

このままでも計算できますが、立体は明らかに左右対称なので、半分だけ積分して2倍したほうが計算が楽ですね。

$$\begin{aligned}
(\text{与式}) &= 2\int_{0}^{a} \frac{1}{2}(a^2 - x^2)dx \\
&= 2 \cdot \frac{1}{2}\left[a^2 x - \frac{1}{3}x^3\right]_{0}^{a} \\
&= a^2(a - 0) - \frac{1}{3}(a^3 - 0^3) \\
&= a^3 - \frac{1}{3}a^3 = \frac{2}{3}a^3 \ \cdots \text{(答)}
\end{aligned}$$

球の体積

球の体積の公式を覚えていますか？

> えーと、$\dfrac{4}{3}\pi r^3$ でしたっけ。

そうです。中学校で習いましたね。この公式は、積分を使って次のように導くことができます。

例題2 半径 r の球の体積を、積分を使って求めなさい。

解 球の中心を通る直線を x 軸とし、中心を原点 O にとります。この球を座標 x で x 軸と垂直に切断すると、切断面は円になります。この円の断面積を $S(x)$ としましょう。

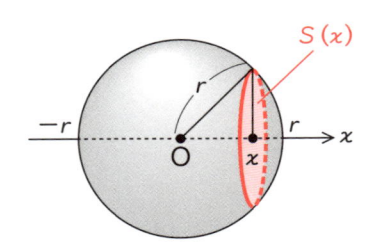

切断面の円の半径は、三平方の定理より $\sqrt{r^2 - x^2}$ で求められます。したがって面積 $S(x)$ は、

$$S(x) = \pi \left(\sqrt{r^2 - x^2} \right)^2 = \pi(r^2 - x^2)$$

これを両端 $x = -r$ から $x = r$ まで積分すれば、球の体積になります。左右対称なので、半分だけ積分して2倍したほうが計算が楽です。

$$
\begin{aligned}
V &= \int_{-r}^{r} \pi(r^2 - x^2)dx = 2\pi \int_{0}^{r} (r^2 - x^2)dx \\
&= 2\pi \left[r^2 x - \frac{1}{3}x^3 \right]_{0}^{r} = 2\pi \left\{ r^2(r - 0) - \frac{1}{3}(r^3 - 0) \right\} \\
&= 2\pi \left(r^3 - \frac{1}{3}r^3 \right) = 2\pi r^3 - \frac{2}{3}\pi r^3 = \frac{4}{3}\pi r^3 \quad \cdots \text{(答)}
\end{aligned}
$$

まとめ

- 立体を断面積 $S(x)$、厚さ dx のスライスに切り刻んで積分すれば、立体の体積 V が求められる。

$$V = \int_{a}^{b} S(x)dx$$

256

前回に続いて、定積分を使って体積を求める方法について説明します。今回は回転体の体積です。

回転体って、ろくろで作った壺みたいですね。

回転体の体積

　図のように、曲線 $y = f(x)$ を x 軸を中心にぐるっと回転させると立体になります。このような立体を**回転体**といいます。

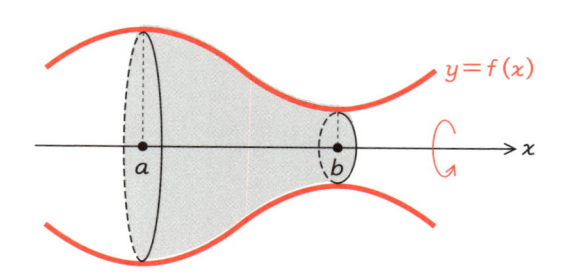

　この回転体の $x = a$ から $x = b$ までの体積について考えてみましょう。回転体を座標 x で垂直に輪切りにすると、その断面は半径 $f(x)$ の円になります。断面の面積を $S(x)$ とすると、

$$S(x) = \pi\{f(x)\}^2$$

　したがってスライスの体積は $\pi\{f(x)\}^2 dx$ と書けます。これを $x = a$ から $x = b$ まで積分すれば、回転体の体積が求められます。

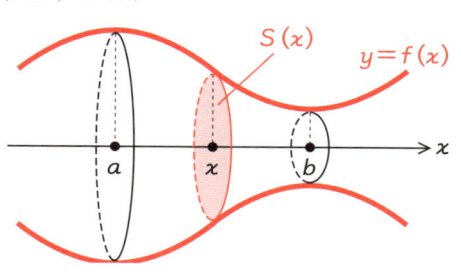

$$V_x = \int_a^b \pi \{f(x)\}^2 dx = \pi \int_a^b \{f(x)\}^2 dx$$

$$V_x = \pi \int_a^b \{f(x)\}^2 dx$$

回転体は、y軸を中心に回転させてもできるんじゃないですか？

　もちろんです。y軸を中心に回転させる場合は、曲線 $y = f(x)$ を「$x = y$ なんとか」の形に変形します。これを $x = g(y)$ とすれば、回転体の体積は

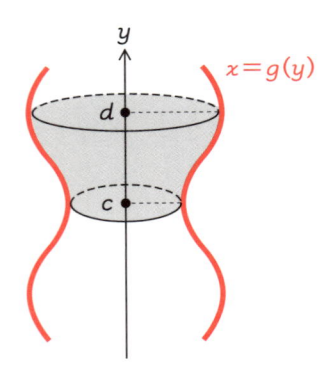

$$V_y = \pi \int_c^d \{g(y)\}^2 dy$$

で求めることができます。

回転体の体積（y軸まわり）

$$V_y = \pi \int_c^d \{g(y)\}^2 dy$$

例題1 次の回転体の体積を求めなさい。

① 曲線 $y = x^2$、x軸、$x = 2$ で囲まれた領域を、x軸を中心に回転してできる回転体

② 曲線 $y = x^2$、y軸、$y = 4$ で囲まれた領域を、y軸を中心に回転してできる回転体

解

① x 軸まわりにできる回転体は右図のようになります。この立体の体積を V_x とすると、

$$V_x = \pi \int_0^2 (x^2)^2 dx = \pi \int_0^2 x^4 dx = \pi \left[\frac{1}{5} x^5 \right]_0^2$$
$$= \frac{1}{5} \pi (2^5 - 0^5) = \frac{32}{5} \pi \quad \cdots \text{(答)}$$

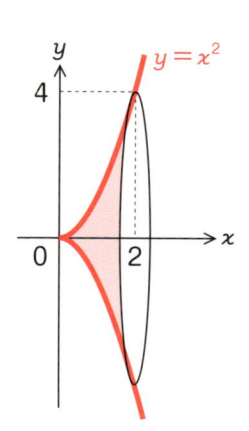

② y 軸まわりにできる回転体は右図のようになります。$y = x^2$ より、断面の半径 x は

$$x = \sqrt{y} \qquad (0 \leqq x \leqq 2)$$

また、$x = 0$ のとき $y = 0$、$x = 2$ のとき $y = 4$ となるので、回転体の体積 V_y は次のようになります。

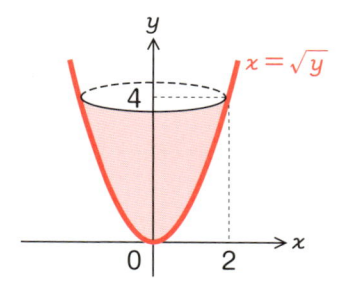

$$V_y = \pi \int_0^4 (\sqrt{y})^2 dy = \pi \int_0^4 y dy = \pi \left[\frac{1}{2} y^2 \right]_0^4$$
$$= \frac{1}{2} \pi (4^2 - 0^2) = 8\pi \quad \cdots \text{(答)}$$

媒介変数表示された曲線による回転体の体積

回転体の曲線が、媒介変数によって表される場合について考えます。

例題2 次の式で表されるサイクロイド曲線と x 軸で囲まれた領域を、x 軸を中心に回転してできる回転体の面積を求めなさい。

$$\begin{cases} x = a(\theta - \sin\theta) \\ y = a(1 - \cos\theta) \end{cases} \quad (a > 0,\ 0 \leqq \theta \leqq 2\pi)$$

第6章 積分の応用

解 サイクロイド曲線を x 軸まわりで回転させると、右図のような回転体になります。

公式より、この回転体の体積は次のように表せます。

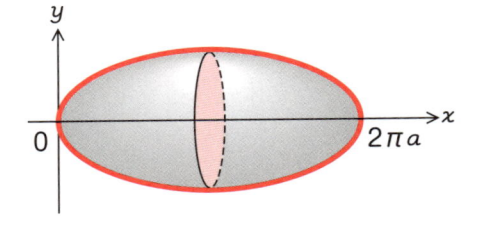

$$V_x = \pi \int_0^{2\pi a} y^2 dx$$

上の式のうち、y は $y = a(1 - \cos\theta)$ で置き換えることができます。また、$x = a(\theta - \sin\theta)$ の両辺を θ で微分すると、

$$\frac{dx}{d\theta} = a(1 - \cos\theta) \quad \therefore dx = a(1 - \cos\theta)d\theta$$

積分区間は次のようになります。

x	$0 \longrightarrow 2\pi a$
θ	$0 \longrightarrow 2\pi$

よって、

$$
\begin{aligned}
V_x &= \pi \int_0^{2\pi} \underset{y^2}{\underline{a^2(1-\cos\theta)^2}} \cdot \underset{dx}{\underline{a(1-\cos\theta)d\theta}} \\
&= \pi a^3 \int_0^{2\pi} (1-\cos\theta)^3 d\theta \\
&= \pi a^3 \int_0^{2\pi} (1 - 3\cos\theta + 3\boxed{\cos^2\theta} - \boxed{\cos^3\theta})d\theta \quad \cdots \text{（答）} \\
&= \pi a^3 \int_0^{2\pi} \left\{ 1 - 3\cos\theta + 3 \cdot \boxed{\frac{1+\cos 2\theta}{2}} - \boxed{\frac{1}{4}(\cos 3\theta + 3\cos\theta)} \right\} d\theta
\end{aligned}
$$

$\cos^2\theta = \dfrac{1+\cos 2\theta}{2}$ $\qquad$ $\cos^3\theta = \dfrac{1}{4}(\cos 3\theta + 3\cos\theta)$

$$= \pi a^3 \int_0^{2\pi} \left(1 - 3\cos\theta + \frac{3}{2} + \frac{3}{2}\cos 2\theta - \frac{1}{4}\cos 3\theta - \frac{3}{4}\cos\theta \right) d\theta$$

$$= \pi a^3 \int_0^{2\pi} \left(\frac{5}{2} - \frac{15}{4}\cos\theta + \frac{3}{2}\cos 2\theta - \frac{1}{4}\cos 3\theta \right) d\theta$$

$$= \pi a^3 \left[\frac{5}{2}\theta - \frac{15}{4}\underset{\to 0}{\underline{\sin\theta}} + \frac{3}{4}\underset{\to 0}{\underline{\sin 2\theta}} - \frac{1}{12}\underset{\to 0}{\underline{\sin 3\theta}} \right]_0^{2\pi}$$

$$= \pi a^3 \cdot \frac{5}{2}(2\pi - 0)$$

$$= 5\pi^2 a^3 \quad \cdots \text{(答)}$$

まとめ

・回転体の体積は、次の式で求められます。

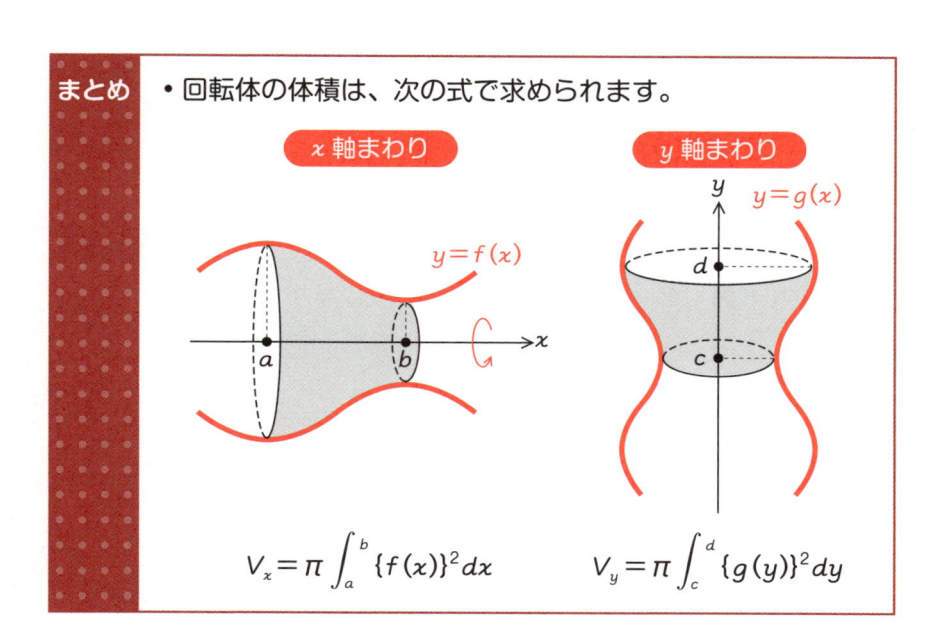

x 軸まわり

y 軸まわり

$y = f(x)$

$y = g(x)$

$$V_x = \pi \int_a^b \{f(x)\}^2 dx \qquad V_y = \pi \int_c^d \{g(y)\}^2 dy$$

定積分と体積③

定積分と体積、最後にバームクーヘン積分とパップス・ギュルダンの定理について説明します。

なんだかおいしそうな積分ですね。

バームクーヘン積分

　図のように、$y = f(x)$、x軸、区間$a \leqq x \leqq b$で囲まれた図形を、y軸を中心にぐるっと回転させてできるドーナツ型の立体の体積Vを考えます。

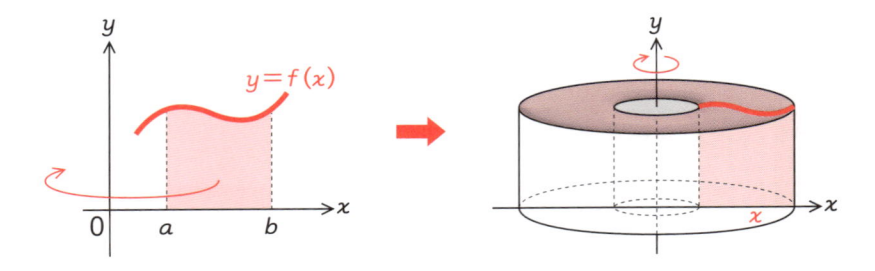

　この立体を、同心円状の薄い層に切り分けます。そのうちの1層を取り出して切り開くと、次のような長方形の板になります。

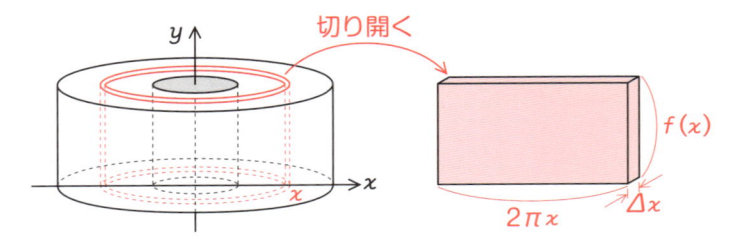

　この長方形の板の厚さを Δx としましょう。Δx がじゅうぶんに小さ

ければ、板の長さは $2\pi x$、高さ $f(x)$、厚さ Δx に近似でき、体積は

$$2\pi x\, f(x)\, \Delta x$$

となります。Δx を限りなく0に近づけて dx とし、この板の体積を $x = a$ から $x = b$ まで積分すれば、立体の体積 V が求められます。

$$V = \int_a^b 2\pi x f(x)dx = 2\pi \int_a^b x f(x)dx$$

このような積分をバームクーヘン積分といいます。

バームクーヘンのように薄い層を重ねて積分するんですね。

---バームクーヘン積分---

$$V = 2\pi \int_a^b x f(x)\, dx$$

例題 1 $y = \sin x$ （$0 \leqq x \leqq \pi$）と x 軸で囲まれた図形を、y 軸を中心に回転させてできる立体の体積を求めなさい。

解 $y = \sin x$ （$0 \leqq x \leqq \pi$）と x 軸で囲まれた図形は右図のようになります。この図形を y 軸を中心に回転させた立体の体積は、バームクーヘン積分の公式より、次のように求めることができます。

$$V = 2\pi \int_0^\pi x \sin x\, dx = 2\pi \left\{ \Big[x(-\cos x) \Big]_0^\pi - \int_0^\pi 1 \cdot (-\cos x)dx \right\}$$

$$= 2\pi \left\{ \pi \cdot (-\cos \pi) - 0 \cdot (-\cos 0) - \Big[-\sin x \Big]_0^\pi \right\} = 2\pi \cdot \pi = 2\pi^2$$

パップス・ギュルダンの定理

　図のように、面積 S の図形を考えます。図形はどんな形でもかまいません。**パップス・ギュルダンの定理**は、この図形を回転軸を中心に回転させてできる回転体の体積 V が、

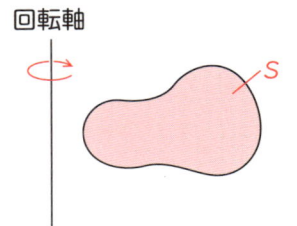
回転軸 S

$$V = S \times 2\pi r$$

のような非常に簡潔な式で求められるというものです（図形は回転軸と重ならない位置にあるものとします）。

> 式の中にある r ってなんですか？

　r は、**図形の重心と回転軸との距離**を表します。図形を回転させると、重心もぐるっと回転しますね。その移動距離は半径 r の円周に等しいので、$2\pi r$ と書けます。つまりパップス・ギュルダンの定理は、図形の回転体の体積が

（図形の面積）×（重心の移動距離）
$\quad S \qquad\qquad 2\pi r$

に等しいということを言っているわけです。

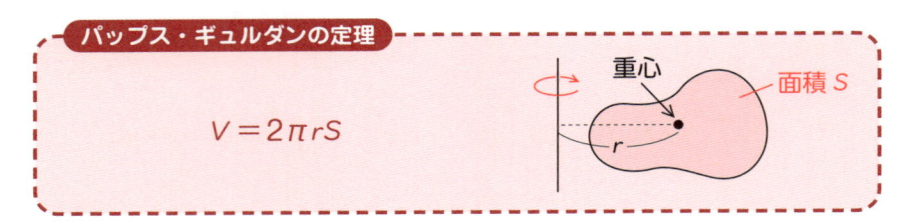

パップス・ギュルダンの定理

$$V = 2\pi r S$$

重心　面積 S　r

　パップス・ギュルダンの定理を使うには、図形の重心を求める必要が

ありますね。重心とは、簡単にいえば物体の重さがつりあう点のことです。たとえば、図のように3か所に重力が加わる棒が重心 x_g でつりあっているとしましょう。

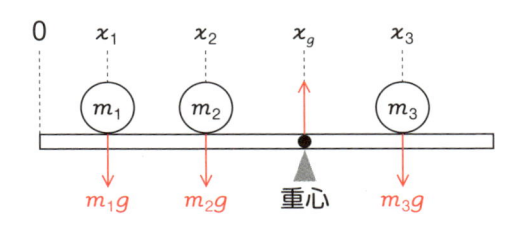

棒の左端を基準にした力のモーメントの合計は、

$$m_1 g \cdot x_1 + m_2 g \cdot x_2 + m_3 g \cdot x_3 = (m_1 x_1 + m_2 x_2 + m_3 x_3)g$$

と書けます。これに対し、重心には3か所の重さが1点にかかるので、力のモーメントは

$$(m_1 + m_2 + m_3)g \cdot x_g$$

となります。両者がつりあう点が重心 x_g となるので、次の式が成り立ちます。

$$(m_1 + m_2 + m_3)g \cdot x_g = (m_1 x_1 + m_2 x_2 + m_3 x_3)g$$

$$\therefore x_g = \frac{m_1 x_1 + m_2 x_2 + m_3 x_3}{m_1 + m_2 + m_3}$$

以上は重さが3か所の場合でしたが、n か所の場合も同様に、

$$x_g = \frac{m_1 x_1 + m_2 x_2 + \cdots + m_n x_n}{m_1 + m_2 + \cdots + m_n}$$

で求めることができます。

図形の重心はどう考えればいいんですか？

棒ではなく図形の重心の場合は、図形を細切れに細分化して、それぞれの重さを考えます。

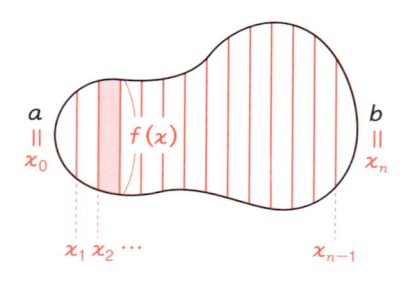

　図形には重さはありませんが、図形の面に物質がムラなくびっしり詰まっているものと考え、その密度を ρ としましょう。すると、密度 $\rho \times$ 面積で重さを表すことができます。細切れにした 1 片の長さを $f(x)$、幅を Δx とすれば、面積は $f(x)\,\Delta x$ ですから、この図形の重心の x 座標は、次のように求められます。

$$x_g = \frac{\rho f(x_1)\Delta x \cdot x_1 + \rho f(x_2)\Delta x \cdot x_2 + \cdots + \rho f(x_n)\Delta x \cdot x_n}{\rho f(x_1)\Delta x + \rho f(x_2)\Delta x + \cdots + \rho f(x_n)\Delta x}$$

$$= \frac{\rho \displaystyle\int_a^b x f(x)dx}{\rho \displaystyle\int_a^b f(x)dx}$$

　この式の分母は図形の面積 S を表します。また分子はバームクーヘン積分の公式（263 ページ）より、

$$\int_a^b x f(x)dx = \frac{V}{2\pi}$$

と書けます。以上から、

$$x_g = \frac{\dfrac{V}{2\pi}}{S} \qquad \therefore V = S \times 2\pi x_g$$

となり、パップス・ギュルダンの定理が導けます。

例題2 長半径4、短半径2の楕円を、図のように回転軸を中心に360°
回転したときにできる回転体の体積を求めなさい。

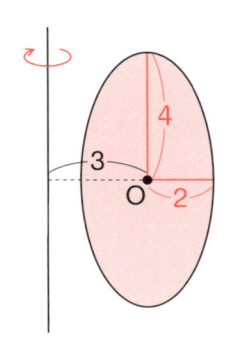

解 楕円の面積は $S = \pi \times 4 \times 2 = 8\pi$ になります。楕円の重心は中心Oにあるので、回転軸からの距離は3です。パップス・ギュルダンの定理より、回転体の体積は次のようになります。

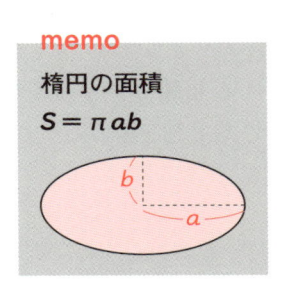

memo

楕円の面積
$S = \pi ab$

$$V = 2\pi \times 3 \times 8\pi = 48\pi^2 \quad \cdots （答）$$

まとめ

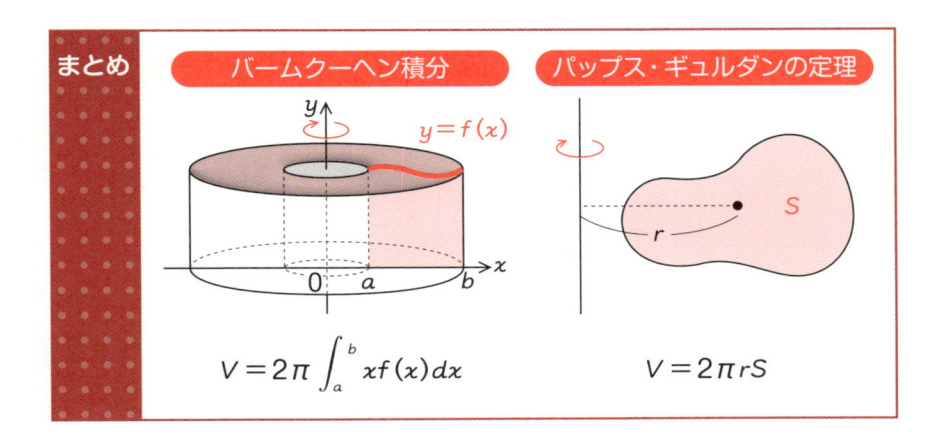

バームクーヘン積分

$$V = 2\pi \int_a^b x f(x)\,dx$$

パップス・ギュルダンの定理

$$V = 2\pi r S$$

6-6 定積分と曲線の長さ

この節では、積分で曲線の長さを求める方法を説明します。

積分にはいろいろな応用があるんですね。

曲線の長さを求める

$x = a$ から $x = b$ までの区間における曲線 $y = f(x)$ の長さ L を求めてみましょう。

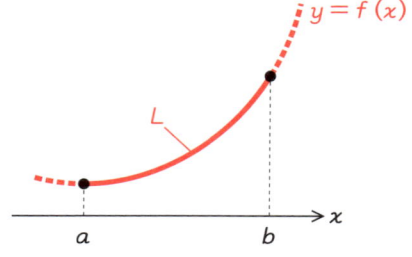

下図のように、区間内にじゅうぶんに小さな微小区間 $[x,\ x+\Delta x]$ をとります。この区間の曲線はほとんど直線とみなすことができるので、その長さは三平方の定理により、

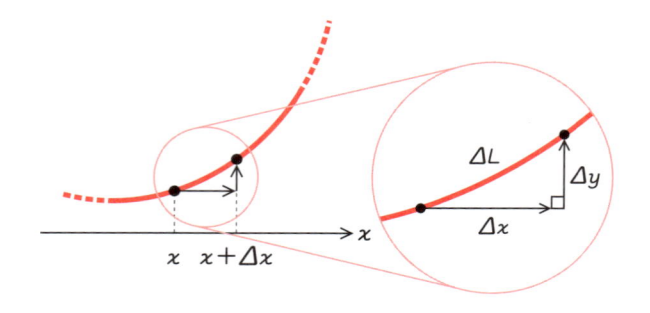

$$\Delta L \fallingdotseq \sqrt{(\Delta x)^2 + (\Delta y)^2}$$

と表すことができます。この式を、次のように変形します。

$$= \frac{\sqrt{(\Delta x)^2 + (\Delta y)^2}}{\Delta x} \cdot \Delta x \quad \leftarrow \Delta x \text{ で割って} \Delta x \text{ を掛ける}$$

$$= \sqrt{\frac{(\Delta x)^2 + (\Delta y)^2}{(\Delta x)^2}} \cdot \Delta x$$

$$= \sqrt{1 + \left(\frac{\Delta y}{\Delta x}\right)^2} \cdot \Delta x \qquad \Delta y = f(x + \Delta x) - f(x)$$

$$= \sqrt{1 + \left(\frac{f(x + \Delta x) - f(x)}{\Delta x}\right)^2} \cdot \Delta x$$

ここで、Δx を限りなく 0 に近づけて dx とすれば、

$$dL = \sqrt{1 + \left(\lim_{\Delta x \to 0} \frac{f(x + \Delta x) - f(x)}{\Delta x}\right)^2} \cdot dx = \sqrt{1 + \{f'(x)\}^2}\, dx$$

$f(x)$ の微分

となります。この曲線の微小長さ dL を、$x = a$ から $x = b$ まで積分すれば、曲線の長さ L が求められます。

> **曲線の長さ**
>
> $$L = \int_a^b \sqrt{1 + \{f'(x)\}^2}\, dx$$

例題 1 曲線 $y = \sqrt{a^2 - x^2}$ （ただし、a は正の定数）の $-a \leqq x \leqq a$ の区間の長さを求めなさい。

解 曲線 $y = \sqrt{a^2 - x^2}$ は、半径 a の円の上半分になります。

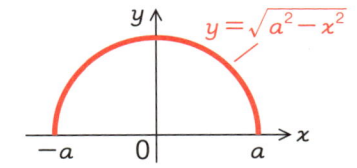

ということは、曲線の長さは円周の半分だから、$L = \pi a$では？

そうなんですけど、積分で求めた結果も同じになるかを確認してみましょう。まず、$y = \sqrt{a^2 - x^2}$ を微分します。

$$y' = \frac{1}{2}(a^2 - x^2)^{-\frac{1}{2}} \cdot -2x = -x(a^2 - x^2)^{-\frac{1}{2}} = -\frac{x}{\sqrt{a^2 - x^2}}$$

$f(x)$の微分

以上から、曲線の長さ L は次のように求められます。

$$L = \int_{-a}^{a} \sqrt{1 + \left(-\frac{x}{\sqrt{a^2 - x^2}}\right)^2}\, dx$$

$$= 2\int_{0}^{a} \sqrt{1 + \frac{x^2}{a^2 - x^2}}\, dx \quad \longleftarrow \text{積分区分を半分にして} \times 2$$

$$= 2\int_{0}^{a} \sqrt{\frac{a^2 - x^2 + x^2}{a^2 - x^2}}\, dx$$

$$= 2\int_{0}^{a} \frac{a}{\sqrt{a^2 - x^2}}\, dx$$

これは、どう積分すればいいんでしたっけ？

$x = a\sin\theta$ とおいて置換積分します（203 ページ参照）。$x = a\sin\theta$ の両辺を θ で微分すると、

$$\frac{dx}{d\theta} = a\cos\theta \quad \therefore dx = a\cos\theta d\theta$$

また、積分区間は、

x	0 $\longrightarrow$ a
θ	0 $\longrightarrow$ $\dfrac{\pi}{2}$

となります。以上から、

$$(\text{与式}) = 2\int_0^{\frac{\pi}{2}} \frac{a}{\sqrt{a^2 - a^2\sin^2\theta}} \cdot a\cos\theta\, d\theta$$

$$= 2\int_0^{\frac{\pi}{2}} \frac{a^2\cos\theta}{a\sqrt{1 - \sin^2\theta}}\, d\theta$$

$$= 2\int_0^{\frac{\pi}{2}} \frac{a\cos\theta}{\cos\theta}\, d\theta$$

$$= 2\int_0^{\frac{\pi}{2}} a\, d\theta$$

$$= 2a\Big[\theta\Big]_0^{\frac{\pi}{2}} = 2a \cdot \frac{\pi}{2} = \pi a \quad \cdots \text{(答)}$$

計算結果は、たしかに円周の半分 πa になりましたね。

カテナリー曲線

右図のように、ひもの両端を持ってぶら下げたときの曲線は、

$$y = \frac{a}{2}(e^{\frac{x}{a}} + e^{-\frac{x}{a}})$$

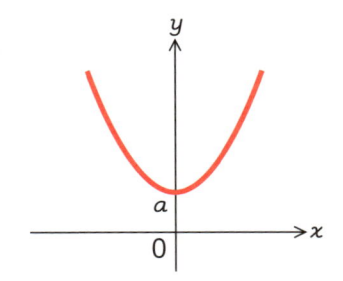

のような式で表すことができます。この曲線をカテナリー曲線（懸垂線）といいます。

例題2 次の式で表される曲線の長さを求めなさい。

$$y = \frac{1}{2}(e^x + e^{-x}) \qquad (0 \leqq x \leqq 1)$$

解 式を微分すると、次のようになります。

$$y' = \frac{1}{2}(e^x - e^{-x})$$

曲線の長さを求める公式に当てはめて計算します。

$$
\begin{aligned}
L &= \int_0^1 \sqrt{1 + \frac{1}{2^2}(e^x - e^{-x})^2}\,dx \\
&= \int_0^1 \sqrt{1 + \frac{1}{4}(e^{2x} - 2e^x \cdot e^{-x} + e^{-2x})}\,dx \\
&\qquad\qquad\qquad\quad\; \underset{\to 1}{\underline{\hspace{2cm}}} \\
&= \int_0^1 \sqrt{\frac{1}{4}(4 + e^{2x} - 2 + e^{-2x})}\,dx \\
&= \int_0^1 \sqrt{\frac{1}{4}(e^{2x} + 2 + e^{-2x})}\,dx \\
&= \int_0^1 \sqrt{\frac{1}{2^2}(e^x + e^{-x})^2}\,dx \\
&= \frac{1}{2}\int_0^1 (e^x + e^{-x})\,dx \\
&= \frac{1}{2}\left[e^x - e^{-x}\right]_0^1 \\
&= \frac{1}{2}\{(e^1 - e^0) - (e^{-1} - e^0)\} \\
&= \frac{1}{2}\left(e - \frac{1}{e}\right) \quad \cdots \text{（答）}
\end{aligned}
$$

媒介変数表示された曲線の長さ

次のような媒介変数 θ で表される曲線の長さを求めてみましょう。

先ほどと同じように、区間内にじゅうぶんに小さな微小区間 $[x,\ x + \Delta x]$ をとると、その長さは三平方の定理により、

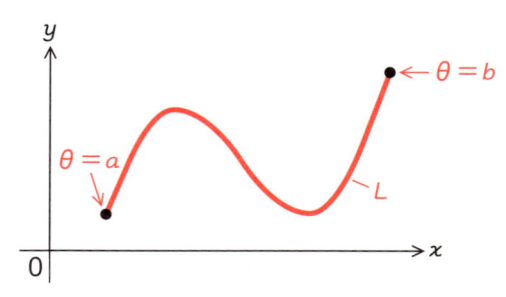

$$\Delta L \fallingdotseq \sqrt{(\Delta x)^2 + (\Delta y)^2}$$

と表すことができます。この式を、次のように変形します。

$$= \frac{\sqrt{(\Delta x)^2 + (\Delta y)^2}}{\Delta \theta} \cdot \Delta \theta \quad \textcolor{red}{\leftarrow \Delta\theta \text{で割って} \Delta\theta \text{を掛ける}}$$

$$= \sqrt{\frac{(\Delta x)^2 + (\Delta y)^2}{(\Delta \theta)^2}} \cdot \Delta \theta = \sqrt{\left(\frac{\Delta x}{\Delta \theta}\right)^2 + \left(\frac{\Delta y}{\Delta \theta}\right)^2} \cdot \Delta \theta$$

ここで、$\Delta\theta$ を限りなく 0 に近づけて $d\theta$ とすれば、

$$dL = \sqrt{\left(\frac{dx}{d\theta}\right)^2 + \left(\frac{dy}{d\theta}\right)^2} \cdot d\theta$$

となります。この曲線の微小長さ dL を、$\theta = a$ から $\theta = b$ まで積分すれば、曲線の長さ L が求められます。

> **媒介変数表示された曲線の長さ**
>
> $$L = \int_a^b \sqrt{\left(\frac{dx}{d\theta}\right)^2 + \left(\frac{dy}{d\theta}\right)^2} \, d\theta$$

例題2 次の式で表されるサイクロイド曲線の $0 \le \theta \le 2\pi$ までの長さを求めなさい。

$$\begin{cases} x = a(\theta - \sin\theta) \\ y = a(1 - \cos\theta) \end{cases} \quad (a > 0, \ 0 \le \theta \le 2\pi)$$

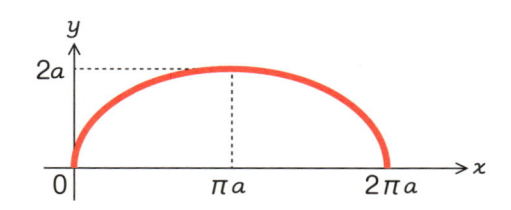

273

解 まず、x と y をそれぞれ微分します。

$$x' = a(1 - \cos\theta)$$

$$y' = a\sin\theta$$

以上から、曲線の長さは次のようになります。

$$
\begin{aligned}
L &= \int_0^{2\pi} \sqrt{(x')^2 + (y')^2}\, d\theta \\
&= \int_0^{2\pi} \sqrt{a^2(1 - \cos\theta)^2 + a^2\sin^2\theta}\, d\theta \\
&= \int_0^{2\pi} \sqrt{a^2(1 - 2\cos\theta + \cos^2\theta + \sin^2\theta)}\, d\theta \\
&\qquad\qquad\qquad\qquad\quad \color{red}{\llcorner\to 1} \\
&= \int_0^{2\pi} \sqrt{2a^2(1 - \cos\theta)}\, d\theta \\
&\qquad\qquad \color{red}{\llcorner\to \sin^2\theta = \frac{1 - \cos 2\theta}{2}} \\
&= \int_0^{2\pi} \sqrt{2a^2 \cdot 2\sin^2\frac{\theta}{2}}\, d\theta \\
&= 2a\int_0^{2\pi} \sin\frac{\theta}{2}\, d\theta \\
&= 2a\left[-2\cos\frac{\theta}{2}\right]_0^{2\pi} \\
&= -4a(\cos\pi - \cos 0) = -4a \cdot (-2) = 8a \quad \cdots \color{red}{(答)} \\
&\qquad\quad \color{red}{\llcorner\to -1 \;\; \llcorner\to 1}
\end{aligned}
$$

まとめ	• 曲線 $y = f(x)$ の長さ $\quad L = \displaystyle\int_a^b \sqrt{1 + \{f'(x)\}^2}\, dx$
	• 媒介変数 θ による曲線の長さ $\quad L = \displaystyle\int_a^b \sqrt{\left(\dfrac{dx}{d\theta}\right)^2 + \left(\dfrac{dy}{d\theta}\right)^2}\, d\theta$

第7章

偏微分と重積分

偏微分とは

> ここからは、変数が2つ以上ある関数の微分について説明します。

> よろしくお願いします。

2変数関数

これまで本書で扱ってきた関数は「x を入力すると y が出力される」というように、1個の入力に対して、1個の出力が対応するものでした。これに対し、入力する変数が複数あるものを**多変数関数**といいます。

たとえば、「x と y を入力すると z が出力される」関数 $z = f(x, y)$ について考えてみます。入力する変数が2個あるので、このような関数を**2変数関数**といいます。

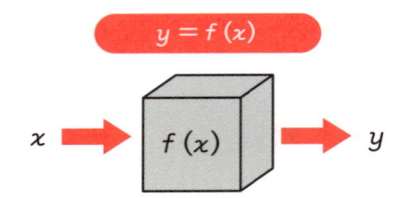

x を入力すると y が出力される
（1変数関数）

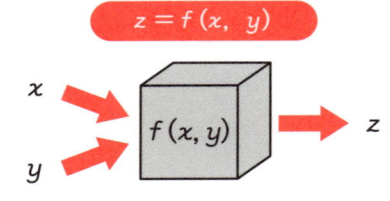

x, y を入力すると z が出力される
（2変数関数）

曲面の傾斜を求める

変数が1個の関数 $y = f(x)$ のグラフは、入力を x 軸、出力を y 軸にとり、平面上の座標で表すことができました。

これに対し、2変数関数 $z = f(x, y)$ のグラフは、入力を x 軸と

y 軸、出力を z 軸にとるので、座標は平面ではなく 3 次元の空間になります。たとえば $(x, y) = (a, b)$ のとき、$z = f(a, b)$ は右図のような空間上の点に対応します。

　任意の点 (x, y) に対し、対応する z の点をあつめると、$z = f(x, y)$ のグラフは図のような曲面になります。

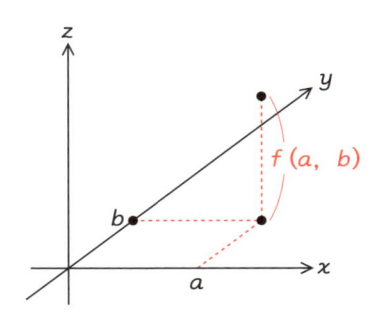

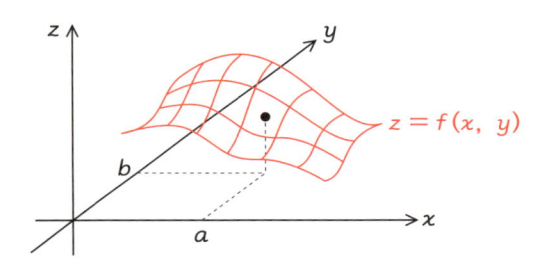

曲面は、実際には x 方向と y 方向に無限に広がっています。

　この曲面 $z = f(x, y)$ 上の 1 点 $(a, b, f(a, b))$ における**面の傾斜**について考えてみます。

「面の傾斜」って、ひとつの方向だけではないですよね。

　たしかに、曲面 $z = f(x, y)$ は面なので、傾斜はどの方向にも存在しますね。そこで、とりあえず x 方向の傾斜のみを考えましょう。

　図のように、点 $(a, b, f(a, b))$ から、x 方向に Δx だけ移動した面上の点は、$(a + \Delta x, b, f(a + \Delta x, b))$ と書けます。このとき、x 方向の増加量に対する z の変化量は、

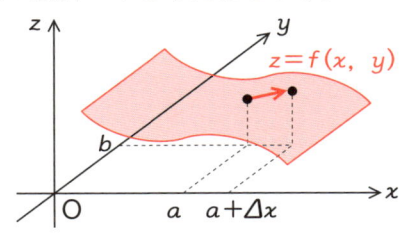

$$x\text{方向の傾斜} = \frac{f(a+\Delta x,\ b) - f(a,\ b)}{\Delta x}$$

と書けますね。ここで、Δx を限りになく 0 に近づけると、面上の 1 点における「x 方向の傾き」になります。これを、関数 $f(x,\ y)$ の x に関する偏微分係数といい、次のように書きます。

$$f_x(a,\ b) = \lim_{\Delta x \to 0} \frac{f(a+\Delta x,\ b) - f(a,\ b)}{\Delta x}$$

偏微分係数は、y 方向にも考えることができますね。点 $(a,\ b,\ f(a,\ b))$ から、y 方向に Δy だけ移動した点 $(a,\ b+\Delta y,\ f(a,\ b+\Delta y))$ をとり、y 方向の増加量に対する z の変化量を求めます。Δy を限りなく 0 に近づけると、面上の 1 点における「y 方向の傾き」になります。これを、関数 $f(x,\ y)$ の y に関する偏微分係数といい、次のように書きます。

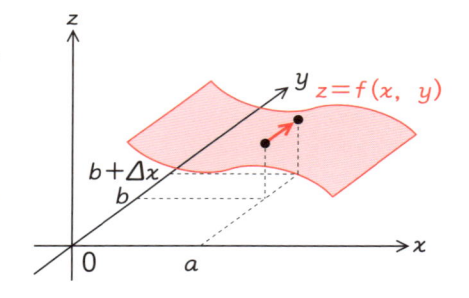

$$f_y(a,\ b) = \lim_{\Delta y \to 0} \frac{f(a,\ b+\Delta y) - f(a,\ b)}{\Delta y}$$

偏微分の定義

これらの偏微分係数の式の $a,\ b$ を $x,\ y$ に置き換えると、任意の $(x,\ y)$ に関する偏微分係数を求める関数になります。これを偏導関数といい、次のように書きます。

$$\frac{\partial f}{\partial x} = \lim_{\Delta x \to 0} \frac{f(x+\Delta x,\ y) - f(x,\ y)}{\Delta x}$$

$$\frac{\partial f}{\partial y} = \lim_{\Delta y \to 0} \frac{f(x,\ y+\Delta y) - f(x,\ y)}{\Delta y}$$

一般に、関数 $f(x,\ y)$ の x に関する偏導関数を求めることを、「$f(x,\ y)$ を x で偏微分する」といいます。

見慣れない記号が出てきましたけど…

∂ は1変数の微分 $\frac{dy}{dx}$ の d を崩した記号で、$\frac{\partial f}{\partial x}$ は関数 $f(x,\ y)$ の x に関する偏導関数、$\frac{\partial f}{\partial y}$ は、関数 $f(x,\ y)$ の y に関する偏導関数を表します。1変数の導関数と同様に、偏導関数にも何通りかの書き方があるので慣れておきましょう。

$$f_x(x,\ y) \qquad (z)_x \qquad \frac{\partial f}{\partial x} \qquad \frac{\partial}{\partial x} f(x,\ y) \qquad \frac{\partial z}{\partial x}$$

「∂」はなんて読むんですか?

「∂」は「ラウンド」「ラウンドディー」「デル」「パーシャル」など、いろいろな読み方があります。「$\frac{\partial f}{\partial x}$」なら、「ラウンドエフ・ラウンドエックス」とか「デルエフ・デルエックス」と読みます。

それでは、実際の偏微分を例題でやってみましょう。

例題1 $f(x, y) = x^2 - 5xy + 3y^2 + 1$ について、偏導関数 $\dfrac{\partial f}{\partial x}$ と $\dfrac{\partial f}{\partial y}$ を求めなさい。

解 $\dfrac{\partial f}{\partial x}$ と $\dfrac{\partial f}{\partial y}$ を、偏導関数の定義にしたがって求めると、それぞれ次のようになります。

$$
\begin{aligned}
\frac{\partial f}{\partial x} &= \lim_{\Delta x \to 0} \frac{f(x + \Delta x, y) - f(x, y)}{\Delta x} \\
&= \lim_{\Delta x \to 0} \frac{\{(x + \Delta x)^2 - 5(x + \Delta x)y + 3y^2 + 1\} - (x^2 - 5xy + 3y^2 + 1)}{\Delta x} \\
&= \lim_{\Delta x \to 0} \frac{x^2 + 2x\Delta x + (\Delta x)^2 - 5xy - 5\Delta x \cdot y - x^2 + 5xy}{\Delta x} \\
&= \lim_{\Delta x \to 0} \frac{2x\Delta x + (\Delta x)^2 - 5\Delta x \cdot y}{\Delta x} \\
&= \lim_{\Delta x \to 0} (2x + \Delta x - 5y) \\
&= 2x - 5y \quad \cdots \text{(答)}
\end{aligned}
$$

$$
\begin{aligned}
\frac{\partial f}{\partial y} &= \lim_{\Delta y \to 0} \frac{f(x, y + \Delta y) - f(x, y)}{\Delta y} \\
&= \lim_{\Delta y \to 0} \frac{\{x^2 - 5x(y + \Delta y) + 3(y + \Delta y)^2 + 1\} - (x^2 - 5xy + 3y^2 + 1)}{\Delta y} \\
&= \lim_{\Delta y \to 0} \frac{-5xy - 5x\Delta y + 3y^2 + 6y\Delta y + 3(\Delta y)^2 + 5xy - 3y^2}{\Delta y} \\
&= \lim_{\Delta y \to 0} \frac{-5x\Delta y + 6y\Delta y + 3(\Delta y)^2}{\Delta y} \\
&= \lim_{\Delta y \to 0} (-5x + 6y + 3\Delta y) \\
&= -5x + 6y \quad \cdots \text{(答)}
\end{aligned}
$$

例題1の結果をみると、$\dfrac{\partial f}{\partial x}$ は、要するに y を定数とみなして $f(x, y)$ を x で微分していることがわかります。

定数　定数

$$ f(x, y) = x^2 - 5xy + 3y^2 + 1 \quad \Longrightarrow \quad \frac{\partial f}{\partial x} = 2x - 5y $$

x で微分　　2x　−5y　0　0

$\dfrac{\partial f}{\partial y}$ の場合も同様で、x を定数とみなして $f(x,\ y)$ を y で微分すればよいのです。

> 関数 $f(x,\ y)$ を x で偏微分するときは、x 以外の変数を定数とみなして、x で微分すればよい。

以上を踏まえて、もういちど例題をやってみましょう。

例題2 $f(x,\ y) = \sin x + 2\cos y$ について、偏導関数 $\dfrac{\partial f}{\partial x}$ と $\dfrac{\partial f}{\partial y}$ を求めなさい。

解 $\dfrac{\partial f}{\partial x}$ は、y を定数とみなして x で微分します。$2\cos y$ は定数となるので、微分すると 0 になります。

$$\frac{\partial}{\partial x}(\sin x + 2\cos y) = \cos x \quad \cdots \ (\text{答})$$

$\rightarrow$ 定数なので微分すると 0 になる

$\dfrac{\partial f}{\partial y}$ は、x を定数とみなして y で微分します。$\sin x$ は定数となるので、微分すると 0 になります。

$$\frac{\partial}{\partial y}(\sin x + 2\cos y) = -2\sin y \quad \cdots \ (\text{答})$$

$\rightarrow$ 定数なので微分すると 0 になる

まとめ
- 偏微分は、多変数関数のある点での1方向についての傾斜を求める計算。
- x の偏微分は、x 以外の変数を定数とみなして、x で微分する。

偏微分の計算

> この節では、偏微分の基本的な公式について説明します。
> 偏微分の計算に慣れておきましょう。

> 計算ミスしがちなので、気を付けないと。

偏微分の基本公式

第1章で紹介した微分の基本的な公式（30 ページ）は、偏微分でも成り立ちます。簡単のため、$f(x, y)$ を f、$g(x, y)$ を g と表記して表します。

偏微分の基本公式

① $(kf)_x = kf_x$　　　　　　　　$(kf)_y = kf_y$

② $(f \pm g)_x = f_x \pm g_x$　　　　　$(f \pm g)_y = f_y \pm g_y$

③ $(f \cdot g)_x = f_x \cdot g + f \cdot g_x$　　　　$(f \cdot g)_y = f_y \cdot g + f \cdot g_y$

④ $\left(\dfrac{f}{g} \right)_x = \dfrac{f_x \cdot g - f \cdot g_x}{g^2}$　　　$\left(\dfrac{f}{g} \right)_y = \dfrac{f_y \cdot g - f \cdot g_y}{g^2}$

これらの公式は、「微分する変数以外は定数とみなす」ことに注意すれば、1 変数の微分公式と同じように使うことができます。

例題で確認しましょう。

例題 1 次の関数の x の偏微分 $\dfrac{\partial f}{\partial x}$ と、y の偏微分 $\dfrac{\partial f}{\partial y}$ を求めなさい。

① $f(x,y) = (x^2 + 3y)e^x$　　　　② $f(x,y) = \dfrac{e^x}{\sin x - \cos y}$

解

①積の偏微分公式より、

$$\frac{\partial f}{\partial x} = (x^2 + 3y)_x \cdot e^x + (x^2 + 3y) \cdot (e^x)_x \quad \leftarrow f_x \cdot g + f \cdot g_x$$

$$= 2x \cdot e^x + (x^2 + 3y) \cdot e^x$$

$$= (x^2 + 2x + 3y)e^x \quad \cdots \text{（答）}$$

$$\frac{\partial f}{\partial y} = (x^2 + 3y)_y \cdot e^x + (x^2 + 3y) \cdot (e^x)_y \quad \leftarrow f_y \cdot g + f \cdot g_y$$

$$= 3 \cdot e^x + (x^2 + 3y) \cdot 0 \quad \text{定数とみなす}$$

$$= 3e^x \quad \cdots \text{（答）}$$

②商の偏微分公式より、

$$\frac{\partial f}{\partial x} = \frac{(e^x)_x \cdot (\sin x - \cos y) - e^x \cdot (\sin x - \cos y)_x}{(\sin x - \cos y)^2}$$

$$= \frac{e^x \cdot (\sin x - \cos y) - e^x \cdot (\cos x - 0)}{(\sin x - \cos y)^2}$$

$$= \frac{e^x (\sin x - \cos x - \cos y)}{(\sin x - \cos y)^2} \quad \cdots \text{（答）}$$

$$\frac{\partial f}{\partial y} = \frac{(e^x)_y \cdot (\sin x - \cos y) - e^x \cdot (\sin x - \cos y)_y}{(\sin x - \cos y)^2}$$

$$= \frac{0 \cdot (\sin x - \cos y) - e^x \cdot (0 + \sin y)}{(\sin x - \cos y)^2}$$

$$= -\frac{e^x \sin y}{(\sin x - \cos y)^2} \quad \cdots \text{（答）}$$

合成関数の偏微分

　合成関数の微分公式は、2変数関数の偏微分でも成り立ちます。たとえば、$f(x, y) = \sin(x^2 + 2y)$ の x に関する偏微分は、$x^2 + 2y = u$ とおけば、

> **（$\sin u$ の微分）・（u の x に関する偏微分）**

で計算できるので、次のようになります。

$$\frac{\partial z}{\partial x} = (\sin u)' \cdot (u)_x = \cos u \cdot (x^2 + 2y)_x = \cos u \cdot (2x + 0)$$
$$= 2x \cos(x^2 + 2y)$$

$z = f(x, y)$ が、$u = l(x, y)$ と、$z = g(u)$ との合成関数 $z = g(l(x, y))$ で表されるとき、

$$\frac{\partial z}{\partial x} = \frac{dz}{du} \cdot \frac{\partial u}{\partial x}, \quad \frac{\partial z}{\partial y} = \frac{dz}{du} \cdot \frac{\partial u}{\partial y}$$

が成り立つ。

証明 $\dfrac{\partial z}{\partial x} = \dfrac{dz}{du} \cdot \dfrac{\partial u}{\partial x}$ が成り立つことを以下に示します。

$$\frac{\partial z}{\partial x} = \lim_{\Delta x \to 0} \frac{f(x + \Delta x, y) - f(x, y)}{\Delta x}$$
$$= \lim_{\Delta x \to 0} \frac{g(l(x + \Delta x, y)) - g(l(x, y))}{\Delta x} \quad \cdots ①$$

ここで、$\Delta l = l(x + \Delta x, y) - l(x, y)$ とおくと、$\Delta x \to 0$ のとき $\Delta l \to 0$ になります。また、

$$l(x + \Delta x, y) = l(x, y) + \Delta u \quad \cdots ②$$

式②を①に代入すれば、

$$\frac{\partial z}{\partial x} = \lim_{\Delta x \to 0} \frac{g(l(x, y) + \Delta u)) - g(l(x, y))}{\Delta x}$$
$$= \lim_{\Delta x \to 0} \frac{g(\overset{u}{l(x, y)} + \Delta u)) - g(\overset{u}{l(x, y)})}{\Delta u} \cdot \frac{\Delta u}{\Delta x}$$

$$= \lim_{\Delta u \to 0} \frac{g(u + \Delta u)) - g(u)}{\Delta u} \cdot \lim_{\Delta x \to 0} \frac{l(x + \Delta x, y) - l(x, y)}{\Delta x}$$

$$= \frac{dz}{du} \cdot \frac{\partial u}{\partial x}$$

となります。

同様にして、$\dfrac{\partial z}{\partial y} = \dfrac{dz}{du} \cdot \dfrac{\partial u}{\partial y}$ が成り立つことも示すことができます。

例題2 次の関数の x の偏微分 $\dfrac{\partial f}{\partial x}$ と、y の偏微分 $\dfrac{\partial f}{\partial y}$ を求めなさい。

① $f(x, y) = \sin(x^2 - xy)$ ② $f(x, y) = \log(1 + xy)$

解

① $x^2 - xy = u$ とおくと、合成関数の偏微分公式より、

$$\frac{\partial f}{\partial x} = \underbrace{\{\sin u\}'}_{\frac{dz}{du}} \cdot \underbrace{(x^2 - xy)_x}_{\frac{\partial u}{\partial x}}$$

$$= \cos u \cdot (2x - y)$$

$$= 2x\cos(x^2 - xy) - y\cos(x^2 - xy) \quad \cdots \text{（答）}$$

$$\frac{\partial f}{\partial y} = \underbrace{\{\sin u\}'}_{\frac{dz}{du}} \cdot \underbrace{(x^2 - xy)_y}_{\frac{\partial u}{\partial y}}$$

$$= \cos u \cdot (0 - x)$$

$$= -x\cos(x^2 - xy) \quad \cdots \text{（答）}$$

② $1 + xy = u$ とおくと、合成関数の偏微分公式より、

$$\frac{\partial f}{\partial x} = \underbrace{\{\log u\}'}_{\frac{dz}{du}} \cdot \underbrace{(1 + xy)_x}_{\frac{\partial u}{\partial x}}$$

$$= \frac{1}{u} \cdot (0 + y) = \frac{y}{1 + xy} \quad \cdots \text{（答）}$$

$$\frac{\partial f}{\partial y} = \underbrace{\{\log u\}'}_{\frac{dz}{du}} \cdot \underbrace{(1 + xy)_y}_{\frac{\partial u}{\partial y}}$$

$$= \frac{1}{u} \cdot (0 + x) = \frac{x}{1 + xy} \quad \cdots \text{（答）}$$

偏微分の偏微分

関数 $f(x, y)$ の x に関する偏導関数は $\frac{\partial f}{\partial x}$ です。これをさらに x で偏微分すると $\frac{\partial}{\partial x}\left(\frac{\partial f}{\partial x}\right)$ になります。これを、次のように表します。

$$\frac{\partial}{\partial x}\left(\frac{\partial f}{\partial x}\right) = \frac{\partial^2 f}{\partial x^2} = f_{xx} \quad \leftarrow x\text{で2回偏微分する}$$

また、関数 $f(x, y)$ の x に関する偏導関数を y で偏微分する場合は、$\frac{\partial}{\partial y}\left(\frac{\partial f}{\partial x}\right)$ になります。これを、次のように表します。

$$\frac{\partial}{\partial y}\left(\frac{\partial f}{\partial x}\right) = \frac{\partial^2 f}{\partial y \partial x} = f_{xy} \quad \leftarrow x, y\text{の順に偏微分する}$$

f_{xx} や f_{xy} は、偏微分を 2 回するので **2 階偏導関数**といいます。3 階偏導関数も、同様に考えることができますね。たとえば、f_{xxx} は、

$$f_{xxx} = \frac{\partial}{\partial x} f_{xx} = \frac{\partial}{\partial x}\left(\frac{\partial^2 f}{\partial x^2}\right) = \frac{\partial^3 f}{\partial x^3}$$

（3回偏微分する／xで3回偏微分）

のようになるわけです。

例題3 $f(x, y) = \sin(xy)$ について、2 階の偏導関数 f_{xx}、f_{yy}、f_{xy}、f_{yx} を求めなさい。

解 $xy = u$ とおき、f_x と f_y をそれぞれ求めます。

$$f_x = (\sin u)' \cdot (xy)_x = \cos u \cdot y = y \cos(xy)$$
$$f_y = (\sin u)' \cdot (xy)_y = \cos u \cdot x = x \cos(xy)$$

f_{xx}、f_{xy}、f_{yx}、f_{yy} は、それぞれ次のようになります。

$$f_{xx} = \{y\cos(xy)\}_x = y \cdot (-\sin u) \cdot y = -y^2 \sin(xy) \quad \cdots \text{（答）}$$
$$f_{xy} = \{y\cos(xy)\}_y = 1 \cdot \cos(xy) + y \cdot (-\sin u) \cdot x$$
$$= \cos(xy) - xy\sin(xy) \quad \cdots \text{（答）}$$
$$f_{yy} = \{x\cos(xy)\}_y = x \cdot (-\sin u) \cdot x = -x^2 \sin(xy) \quad \cdots \text{（答）}$$
$$f_{yx} = \{x\cos(xy)\}_x = 1 \cdot \cos(xy) + x \cdot (-\sin u) \cdot y$$
$$= \cos(xy) - xy\sin(xy) \quad \cdots \text{（答）}$$

この結果をみて、何か気づくことはありませんか？

> f_{xy} と f_{yx} は結果が同じですね。

そうなんです。一般に、関数 $f(x,\ y)$ の 2 階偏導関数 f_{xy} と f_{yx} がどちらも連続なら、

$$f_{xy} = f_{yx}$$

が成り立つことが知られています。これをシュワルツの定理といいます。

まとめ
- 和・差・積・商の微分公式や合成関数の微分公式は、偏微分でも成り立つ。
- x で偏微分してから y で偏微分しても、y で偏微分してから x で偏微分しても、結果は同じ（シュワルツの定理）。

7-3 全微分

この節では、多変数関数の微分の一種である全微分について説明します。

いろんな微分があるんですね。

全微分とは

2変数関数 $z = f(x, y)$ において、x を Δx、y を Δy 変化させたときの z の変化量を Δz とします。

関数 $f(x, y)$ を三次元空間の曲面で表せば、$z = f(x, y)$ は曲面上の1点の z 座標に相当します。曲面上に点 A をとり、そこから x 方向に Δx、y 方向に Δy すすんだ点を C とすれば、点 A と点 C の高さの差が Δz になります。

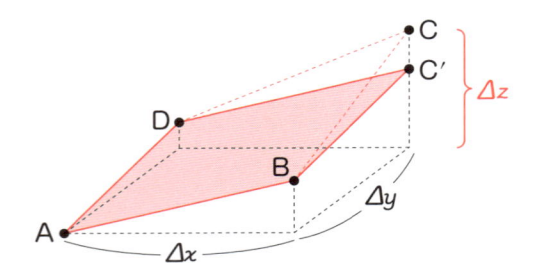

点 A の z 座標を $f(x, y)$、点 C の z 座標を $f(x + \Delta x, y + \Delta y)$ とすれば、Δz は次のように表すことができます。

$$\Delta z = f(x + \Delta x, y + \Delta y) - f(x, y)$$

この式を、次のように変形します。

$$= \frac{f(x+\Delta x, y) - f(x, y)}{\Delta x} \cdot \Delta x + \frac{f(x+\Delta x,\ y+\Delta y) - f(x+\Delta x, y)}{\Delta y} \cdot \Delta y$$

①　　　　　　　　　　　　　　②

　この式の 〔 〕 で囲んだ部分に注目してください。

　①の部分は、$f(x,\ y)$ を x 方向に Δx だけ変化したときの変化の割合です。前ページの図で表すと、線分 AB の傾きに相当します。

　また、②の部分は、$f(x + \Delta x,\ y)$ を y 方向に Δy だけ変化したときの変化の割合で、図で表すと線分 BC の傾きに相当します。

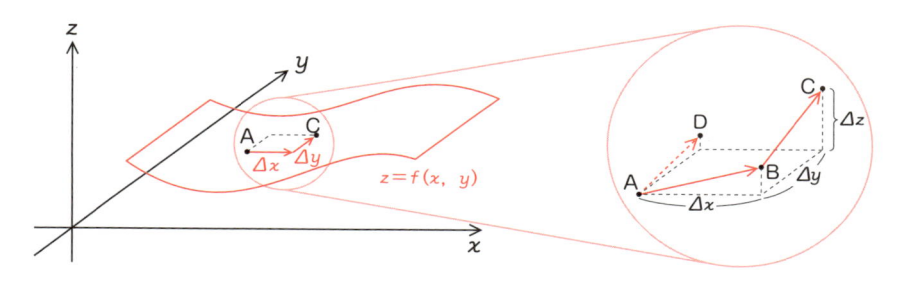

$$z = f(x,\ y)$$

　ここでちょっとだけずるをして、②の部分を次のように書き換えてしまいましょう。

$$\fallingdotseq \frac{f(x + \Delta x, y) - f(x, y)}{\Delta x} \cdot \Delta x + \frac{f(x,\ y+\Delta y) - f(x, y)}{\Delta y} \cdot \Delta y$$

　書き換えた部分は、$f(x + \Delta x,\ y)$ ではなく $f(x,\ y)$ を y 方向に Δy だけ変化したときの変化の割合で、前ページの図の線分 AD の傾きに相当します。この式の値は、実際の Δf の値より C − C′ だけ誤差が生じますが、Δx、Δy を限りなく 0 に近づければ、この誤差は無視できるほど小さくなります。これを dz とおきましょう。

$$dz = \lim_{\Delta x \to 0} \frac{f(x+\Delta x, y) - f(x, y)}{\Delta x} \cdot \Delta x + \lim_{\Delta y \to 0} \frac{f(x, y+\Delta y) - f(x, y)}{\Delta y} \cdot \Delta y$$

①　　　　　　　　　　　　　　②

　①の部分は $f(x,\ y)$ の x に関する偏微分、②の部分は $f(x,\ y)$ の y

に関する偏微分になります。

$$= \frac{\partial f}{\partial x} \cdot dx + \frac{\partial f}{\partial y} \cdot dy$$

ここで求めた dz を、関数 $z = f(x, y)$ の**全微分**といいます。

ここでは 2 変数関数の全微分を考えましたが、変数が 3 つ以上ある場合でも、

$$dz = \frac{\partial f}{\partial x} \cdot dx + \frac{\partial f}{\partial y} \cdot dy + \frac{\partial f}{\partial z} \cdot dz$$

のように全微分を考えることができます。

例題1 $f(x, y) = \sqrt{x^2 + y^2}$ の全微分を求めなさい。

解 x と y それぞれの偏微分は、

$$\frac{\partial f}{\partial x} = \frac{1}{2}(x^2 + y^2)^{-\frac{1}{2}} \cdot 2x = \frac{x}{\sqrt{x^2 + y^2}}$$

$$\frac{\partial f}{\partial y} = \frac{1}{2}(x^2 + y^2)^{-\frac{1}{2}} \cdot 2y = \frac{y}{\sqrt{x^2 + y^2}}$$

以上から、全微分 dz は次のようになります。

$$dz = \frac{\partial f}{\partial x} \cdot dx + \frac{\partial f}{\partial y} \cdot dy = \frac{x}{\sqrt{x^2 + y^2}}dx + \frac{y}{\sqrt{x^2 + y^2}}dy \quad \cdots (答)$$

結局、全微分って何を表しているんでしょう。

　関数 $z = f(x, y)$ の全微分 dz は、x と y がちょっとだけ変化したとき、z がどのくらい変化するかを表しています。次に、全微分の意味がよくわかる応用例を示しましょう。

全微分を使って近似値を求める

　全微分 dz は、$f(x + \Delta x, y + \Delta x)$ と $f(x, y)$ との差の近似値なので、$f(x + \Delta x, y + \Delta x)$ の近似値を、

$$f(x + \Delta x, y + \Delta y) \fallingdotseq f(x, y) + dz$$

のように求めることができます。たとえば、

$$\sqrt{(3.02)^2 + (3.97)^2}$$

という計算を考えてみましょう。この計算は筆算するとけっこう面倒ですが、この式を

$$\sqrt{(3 + 0.02)^2 + (4 - 0.03)^2}$$

と考えれば、次のように比較的簡単に値を求めることができます。

手順1 まず、$\sqrt{3^2 + 4^2}$ を計算します。これは簡単で、

$$z = \sqrt{3^2 + 4^2} = \sqrt{25} = 5$$

ですね。

手順2 x が 0.02、y が -0.03 変化したときの微小な増加量を、全微分で求めます。$\sqrt{x^2 + y^2}$ の全微分は先ほどの **例題1** で求めたので、この式に $x = 3$、$y = 4$、$dx = 0.02$、$dy = -0.03$ を代入します。

$$dz = \frac{x}{\sqrt{x^2 + y^2}}dx + \frac{y}{\sqrt{x^2 + y^2}}dy$$

$$= \frac{3}{\sqrt{3^2 + 4^2}} \times 0.02 + \frac{4}{\sqrt{3^2 + 4^2}} \times (-0.03)$$

$$\searrow \frac{3}{5} \qquad \searrow \frac{4}{5}$$

$$= 0.6 \times 0.02 + 0.8 \times (-0.03) = 0.012 - 0.024 = -0.012$$

> **手順3** この値を、手順1で求めた値に足すと、

$$\sqrt{(3.02)^2 + (3.97)^2} \fallingdotseq z + dz = 5 - 0.012 = 4.988 \quad \cdots \text{（答）}$$

のように値を求めることができます。実際の値は 4.988116… なので、けっこう近い値になりますね。

まとめ ・全微分は、入力がわずかに変化したときの出力の変化量を表す。

2変数関数の極大値・極小値

ここでは、2変数関数 $f(x, y)$ の極大値と極小値を求める方法を説明します。

ここでも偏微分を使うんですね。

2変数関数の極大値・極小値

第1章で、関数の極値（極大値と極小値）について説明しました（41ページ）。たとえば、図のような関数 $y = f(x)$ は、$x = a$ のとき極大値 $f(a)$、$x = b$ のとき極小値 $f(b)$ をとります。

関数 $f(x)$ が極値をとる点では、微分係数が0になります（$f'(a) = f'(b) = 0$）。ただし、微分係数が0になる点が、必ず極値になるとは限りませんでしたね。

2変数関数の場合も、同様にして極大値・極小値を考えることができます。2変数関数 $z = f(x, y)$ のグラフは三次元の曲面で表され、極大値は山の頂上、極小値は谷の底になります。

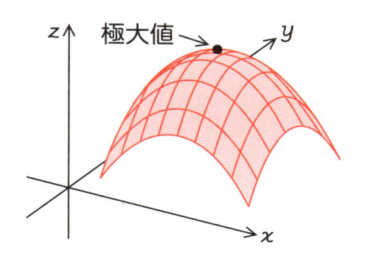

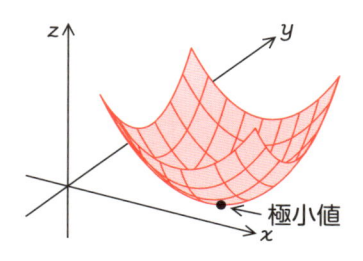

2変数関数の極大値・極小値を厳密に定義すると、次のようになります。

2変数関数の極大値・極小値

　2変数関数 $z = f(x, y)$ 上の点 (a, b) に十分近い付近にある任意の点 (x, y) について、

①$f(a, b) > f(x, y)$ のとき、$z = f(x, y)$ は点 (a, b) において極大であるといい、$f(a, b)$ を**極大値**という。

②$f(a, b) < f(x, y)$ のとき、$z = f(x, y)$ は点 (a, b) において極小であるといい、$f(a, b)$ を**極小値**という。

　関数 $f(x, y)$ が点 (a, b) で極値をとるならば、偏微分係数 $f_x(a, b)$ と $f_y(a, b)$ はいずれも 0 になります。

$f(x, y)$ が点 (a, b) で極大値または極小値をとるなら、$f_x(a, b) = f_y(a, b) = 0$

　ただし、$f_x(a, b) = f_y(a, b) = 0$ が成り立つ点が、必ず極大値または極小値になるとは限らないことに注意しましょう。たとえば次の点 P は、$f_x(a, b) = f_y(a, b) = 0$ になりますが、極大値でも極小値でもありません。このような点を**鞍点**といいます。

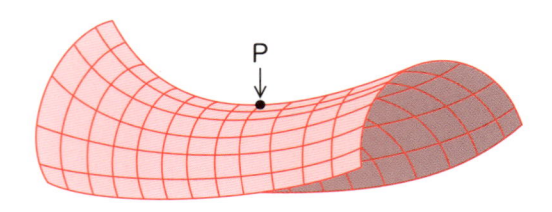

2 変数関数が極大値・極小値をとる条件

　関数 $f(x, y)$ が点 (a, b) で極値となるかどうかは、次のように判定します。

　2変数関数$z = f(x, y)$について、$f_x(a, b) = f_y(a, b) = 0$が成り立つものとする。

　ここで、$A = f_{xx}(a, b)$、$B = f_{xy}(a, b)$、$C = f_{yy}(a, b)$、$D = B_2 - AC$とおくと、

①$D < 0$かつ$A < 0$ならば、点(a, b)で**極大値**をとる。

②$D < 0$かつ$A > 0$ならば、点(a, b)で**極小値**をとる。

③$D > 0$のとき、点(a, b)で極値をとらない。

④$D = 0$のとき、点(a, b)で極値をとるかどうか、これだけでは判定できない。

　この判定法が正しいことを示すには、2変数関数$f(x, y)$のテイラー展開を用いる必要があります。ここではざっと概要を示しておきましょう。

　2変数関数$f(x, y)$は、点(a, b)の付近では次のようなテイラー展開の式で表すことができます。

$$f(a+h, b+k) = f(a,b) + \frac{1}{1!}\left(h\frac{\partial}{\partial x} + k\frac{\partial}{\partial y}\right)f(a,b) + \frac{1}{2!}\left(h\frac{\partial}{\partial x} + k\frac{\partial}{\partial y}\right)^2 f(a,b)$$

$$+ \cdots\cdots + \frac{1}{n!}\left(h\frac{\partial}{\partial x} + k\frac{\partial}{\partial y}\right)^n f(a,b) + R_{n+1} \quad (ただし、R_{n+1}は剰余項)$$

　$f(x, y)$が極値かどうかを調べる場合は、点(a, b)の周囲の$f(x, y)$の値がわかればいいですね。したがって、$x = a + h$、$y = b + k$ $(h \neq 0$、$k \neq 0)$とおき、テイラー展開の最初の3つの項だけをとって、$f(x, y)$を近似的に表すことにします。

$$f(x,y) \fallingdotseq f(a,b) + \underbrace{\frac{1}{1!}\left(h\frac{\partial}{\partial x} + k\frac{\partial}{\partial y}\right)f(a,b)}_{\alpha} + \underbrace{\frac{1}{2!}\left(h\frac{\partial}{\partial x} + k\frac{\partial}{\partial y}\right)^2 f(a,b)}_{\beta} \quad \cdots ①$$

　上の式①のうち、右辺の項αは、

$$\frac{1}{1!}\left(h\frac{\partial}{\partial x} + k\frac{\partial}{\partial y}\right)f(a,b) = h\frac{\partial}{\partial x}f(a,b) + k\frac{\partial}{\partial y}f(a,b) = hf_x(a,b) + kf_y(a,b)$$

と表せます。$f(a, b)$ が極値であれば、$f_x(a, b) = f_y(a, b) = 0$ になることは大前提ですから、この項は 0 でなければなりません。

また、項 β は、

$$
\frac{1}{2!} \left(h\frac{\partial}{\partial x} + k\frac{\partial}{\partial y} \right)^2 f(a,b)
$$

$$
= \frac{1}{2} \left(h^2 \frac{\partial^2}{\partial x^2} + 2hk\frac{\partial^2}{\partial x \partial y} + k^2\frac{\partial^2}{\partial y^2} \right) f(a,b)
$$

$$
= \frac{1}{2} \left\{ h^2 f_{xx}(a,b) + 2hk f_{xy}(a,b) + k^2 f_{yy}(a,b) \right\}
$$

$$
= \frac{k^2}{2} \left\{ f_{xx}(a,b) \left(\frac{h}{k} \right)^2 + 2f_{xy}(a,b) \left(\frac{h}{k} \right) + f_{yy}(a,b) \right\}
$$

となります。ここで、$\dfrac{h}{k} = X$ とおけば、式①より、

$$
f(x,y) - f(a,b) \fallingdotseq \frac{k^2}{2} \left\{ f_{xx}(a,b)X^2 + 2f_{xy}(a,b)X + f_{yy}(a,b) \right\}
$$

$$
= \frac{k^2}{2} (AX^2 + 2BX + C) \quad \cdots ②
$$

となります。式②の左辺は、$f(a, b)$ とその周囲の $f(x, y)$ との差ですから、この値が常にプラスになるなら $f(a, b)$ は極小値、常にマイナスになるなら $f(a, b)$ は極大値と言えます。そこで、式②の右辺を平方完成すると、

$$
\frac{k^2}{2}(AX^2 + 2BX + C) = \frac{k^2}{2} \left\{ A\left(X + \frac{B}{A} \right)^2 - \frac{B^2}{A} + C \right\}
$$

$$
= \frac{k^2}{2} \left\{ A\left(X + \frac{B}{A} \right)^2 - \frac{B^2 - AC}{A} \right\}
$$

となります。上の式の右辺が常にプラスまたはマイナスになる条件を考えてみましょう。

確実に言えるのは、$B^2 - AC$ の値がマイナスであれば、

$$A > 0 \text{ のとき、} A\left(X + \frac{B}{A}\right)^2 \underset{\text{プラス}}{-} \underset{\text{プラス}}{\frac{B^2 - AC}{A}} > 0$$

$$A < 0 \text{ のとき、} A\left(X + \frac{B}{A}\right)^2 \underset{\text{マイナス}}{-} \underset{\text{マイナス}}{\frac{B^2 - AC}{A}} < 0$$

となることです。以上から、

① $B^2 - AC < 0$ かつ $A < 0$ のとき、$f(a, b)$ は極大値
② $B^2 - AC < 0$ かつ $A > 0$ のとき、$f(a, b)$ は極小値

となります。

また、2次方程式の解の判別式より、$AX^2 + 2BX + C = 0$ は、$B^2 - AC > 0$ のとき2つの解、$B^2 - AC = 0$ のとき1つの解をもちます。これをグラフで表すと、次のようになります（$A > 0$ の場合）。

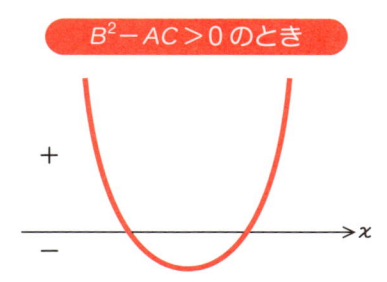

プラスになるときもマイナスになるときもある。

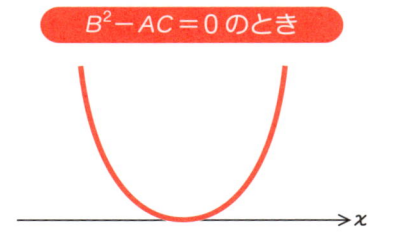

プラスになるときと0になるときがある。

グラフより、$B^2 - AC > 0$ の場合は、X の値によって $AX^2 + 2BX + C$ がプラスになったりマイナスになったりすることがわかります。つまり、$B^2 - AC > 0$ のとき、$f(a, b)$ は極値ではありえません。

また、$B^2 - AC = 0$ の場合は、$AX^2 + 2BX + C$ が0になることがあります。これは点 (a, b) の周囲に、$f(a, b)$ と同じ値になる点があることを意味します。この場合、$f(a, b)$ は極値の場合も、極値でない

場合もあるので、これだけでは判断できません。

以上から、

③ $B^2 - AC > 0$ のとき、$f(a, b)$ は極値ではない

④ $B^2 - AC = 0$ のとき、$f(a, b)$ が極値かどうかはわからない

ことが導けます。

それでは、例題で確認しましょう。

例題 1 $f(x, y) = x^3 - 3x + 2y^2 + 5$ の極値を求めなさい。

解 まず、$f(x, y)$ の偏導関数を求めます。

$$f_x(x, y) = 3x^2 - 3 = 3(x - 1)(x + 1)$$
$$f_y(x, y) = 4y$$

極値の条件より、$f_x(x, y) = f_y(x, y) = 0$ となるので、

$$3(x - 1)(x + 1) = 0 \quad かつ \quad 4y = 0$$
$$\Rightarrow \quad x = 1 \quad または \quad x = -1 \quad かつ \quad y = 0$$

以上から、$f(x, y)$ は点 $(1, 0)$ または点 $(-1, 0)$ で極値をとる可能性があります。

次に、$f(x, y)$ の2階偏導関数を求めると、

$$f_{xx}(x, y) = (3x^2 - 3)_x = 6x$$
$$f_{xy}(x, y) = (3x^2 - 3)_y = 0$$
$$f_{yy}(x, y) = (4y)_y = 4$$

となります。

①点 $(1, 0)$ のとき

$A = f_{xx}(1, 0) = 6, B = f_{xy}(1, 0) = 0, C = f_{yy}(1, 0) = 4$ より、

$$B^2 - AC = 0^2 - 6 \times 4 = -24 < 0 \quad かつ \quad A > 0$$

よって、2 変数関数の極値の判定条件より、$f(x, y)$ は点 $(1, 0)$ で極小値をとります。

②点 $(-1, 0)$ のとき

$$A = f_{xx}(-1, 0) = -6,\ B = f_{xy}(-1, 0) = 0,\ A = f_{yy}(-1, 0) = 4\ より、$$

$$B^2 - AC = 0^2 - (-6) \times 4 = 24 > 0$$

よって、2 変数関数の極値の判定条件より、$f(x, y)$ は点 $(-1, 0)$ で極値をとりません。

以上から、$f(x, y) = x^3 - 3x + 2y^2 + 5$ の極値は、$(x, y) = (1, 0)$ のとき、

$$極小値：f(1, 0) = 1^3 - 3 \times 1 + 2 \times 0 + 5 = 3$$

となります。

まとめ ・2 変数関数 $f(x, y)$ が (a, b) で極値をもつかどうかの判定は、$f_x(a, b) = f_y(a, b) = 0$ であることに加え、判定条件を満たすかどうかを調べる必要がある。

前回まで、2 変数関数の微分を扱ってきましたが、今回は
2 変数関数 $z = f(x, y)$ の積分について考えてみましょう。

偏積分じゃなくて、重積分というんですね。

2 変数関数の積分

1 変数関数の積分 $\int_a^b f(x)dx$ は、曲線 $y = f(x)$ と x 軸に囲まれた区間 a から b までの領域の面積を表していました。積分する領域を短冊状に細分化すると、1 個の短冊の面積は長さ $f(x)$ ×高さ dx で求められます。これを a から b まですべて足し合わせて、領域の面積を求めるのでしたね。

$$S = \int_a^b f(x)dx$$

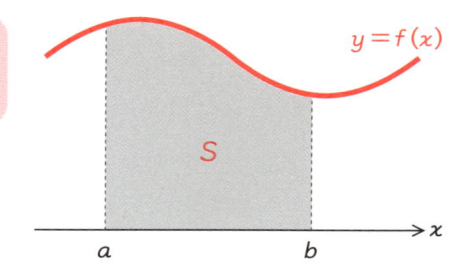

2 変数関数の場合、$z = f(x, y)$ は曲線ではなく曲面になります。この曲面を、xy 平面上の領域 D に沿って切り取り、領域 D を床面、$f(x, y)$ の曲面を天井とする立体を考えてみましょう。

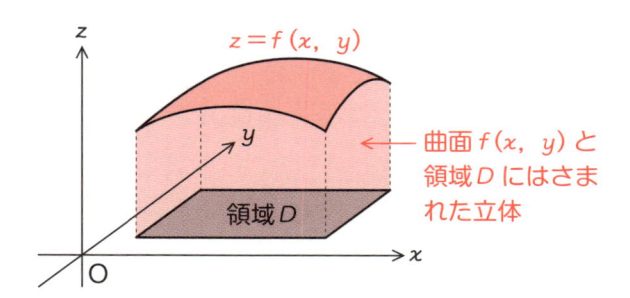

$z = f(x, y)$

→ 曲面 $f(x, y)$ と
領域 D にはさま
れた立体

領域 D

まず、領域 D を x 軸と y 軸に垂直な細かい格子状に分割します。マス目の幅をヨコ Δx、タテ Δy とすると、1 個のマス目の面積は $\Delta x \Delta y$ と書けます。

領域 D

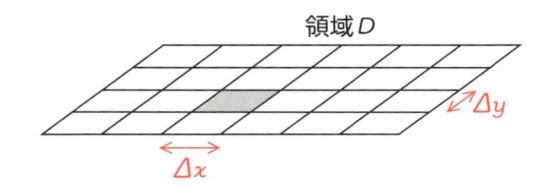

Δy

Δx

マス目の面積の合計は、領域 D の面積と考えていいんですよね。

Δx と Δy を限りなく 0 に近づければ、領域 D の面積と等しくなります。

次に、このマス目を底面とし、$z = f(x, y)$ の曲面を上面とする四角柱を考えます。マス目の座標を (x, y) とすれば、この四角柱の高さは $f(x, y)$ なので、体積は $f(x, y) \Delta x \Delta y$ と書けます。

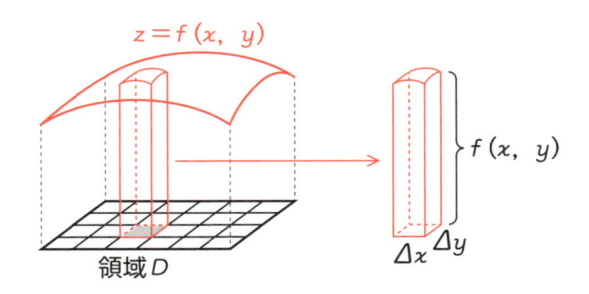

$z = f(x, y)$

$f(x, y)$

領域 D

Δx Δy

厳密にいうと、四角柱の上面は曲面なのですが、これも Δx と Δy が限りなく０に近ければ平面とみなせます。そして、領域 D 上にあるすべての四角柱の体積を足し合わせると、領域 D と $f(x, y)$ の曲面に囲まれた立体の体積が求められます。これを、次のような数式で表します。

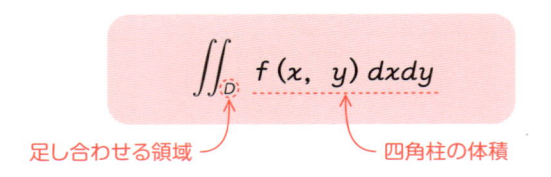

$$\iint_D f(x, y)\, dxdy$$

足し合わせる領域　　　　　　　四角柱の体積

　このような積分を、**重積分**（２重積分）といいます。
　なお、$z = f(x, y)$ がマイナスになる場合は、２重積分 $\iint_D f(x, y)dxdy$ もマイナスになります。

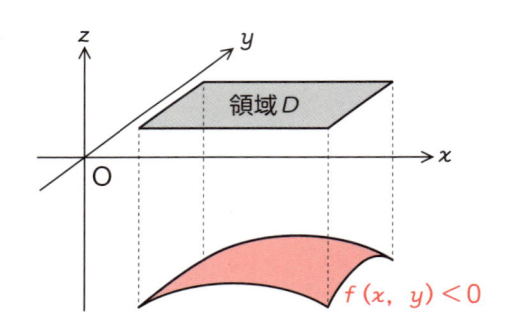

重積分の性質

　重積分の基本的な性質は次のとおりです。１変数関数の積分と同様なので、とくに問題ないですね。

> **重積分の性質**
>
> ① $\displaystyle\iint_D kf(x, y)\, dxdy = k\iint_D f(x, y)\, dxdy$
>
> ② $\displaystyle\iint_D \{f(x, y) \pm g(x, y)\}\, dxdy$
>
> 　$\displaystyle= \iint_D f(x, y)\, dxdy \pm \iint_D g(x, y)\, dxdy$
>
> ③ $\displaystyle\iint_D f(x, y)dxdy = \iint_{D_1} f(x, y)dxdy + \iint_{D_2} f(x, y)dxdy$

 重積分の意味はわかりましたが、具体的にはどうやって計算するんですか？

　はい。重積分の計算方法には、大きく

① 累次積分
② 変数変換

という2つの方法があります。ここではまず、累次積分法による計算を、例題を使って説明しましょう。

例題 1 次の重積分の値を求めなさい。なお、領域 D は図のとおりとする。

$$\iint_D (2xy + 3y^2)dxdy$$

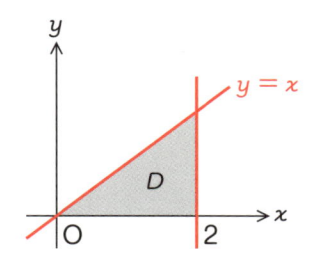

解 立体の体積は、立体を x 軸と垂直にスライスし、その断面積を $S(x)$ として、次のように求めることができました（253ページ）。

$$V = \int_a^b S(x)dx$$

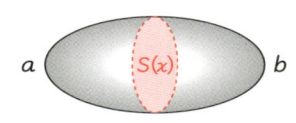

　累次積分の考え方も、これと同様に考えることができます。問題の立体を x 軸と垂直にスライスすると、その断面積は次のような定積分で表せます。

第7章　偏微分と重積分

$$S(x) = \int_0^x (2xy + 3y^2)dy$$

　領域 D をタテ方向に切断すると、下が $y = 0$、上が $y = x$ になるので、積分区間は $0 \leqq y \leqq x$ になります。また、右図の断面を細長い短冊状に分割すると、短冊 1 個の面積は $f(x, y)\,dy$ ですから、これを y について積分すれば、断面積 $S(x)$ になります。

　y についての積分なので、x は定数とみなして積分することに注意しましょう。

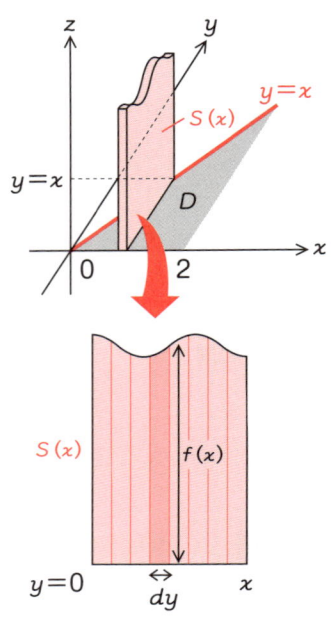

定数とみなす

$$S(x) = \int_0^x (2xy + 3y^2)dy$$

$$= \left[2x \cdot \frac{1}{2}y^2 + 3 \cdot \frac{1}{3}y^3 \right]_0^x$$

$$= \left[xy^2 + y^3 \right]_0^x = x \cdot x^2 + x^3 = 2x^3$$

　これをさらに $0 \leqq x \leqq 2$ の範囲で定積分したものが、求める重積分の値になります。

$$\iint_D (2xy + 3y^2)dxdy = \int_0^2 \left\{ \underbrace{\int_0^x (2xy + 3y^2)dy}_{S(x)} \right\} dx$$

$$= \int_0^2 2x^3 dx$$

$$= \left[2 \cdot \frac{1}{4}x^4 \right]_0^2 = \frac{1}{2} \cdot 2^4 = 8 \quad \cdots (答)$$

　累次積分では、このように 2 重積分を 2 重の定積分に変換し、内側の定積分から順次計算していきます。

別解 解答では、立体を x 軸と垂直にスライスしましたが、y 軸と垂直にスライスしても同じ結果になります。

領域 D をヨコ方向に切断すると、左端が $x = y$、右端が $x = 2$ になるので、断面積 $S(y)$ は、

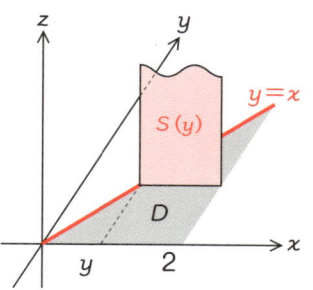

$$\text{定数とみなす}$$

$$S(y) = \int_y^2 (2xy + 3y^2)dx$$

$$= \left[2y \cdot \frac{1}{2}x^2 + 3y^2 x \right]_y^2 = \left[yx^2 + 3y^2 x \right]_y^2$$

$$= (y \cdot 2^2 + 3y^2 \cdot 2) - (y \cdot y^2 + 3y^2 \cdot y) = 4y + 6y^2 - 4y^3$$

で求められます。これを、$0 \leqq y \leqq 2$ の範囲で定積分します。

$$\iint_D (2xy + 3y^2)dxdy = \int_0^2 \left\{ \underbrace{\int_y^2 (2xy + 3y^2)dx}_{S(y)} \right\} dy$$

$$= \int_0^2 (4y + 6y^2 - 4y^3)dy$$

$$= \left[4 \cdot \frac{1}{2}y^2 + 6 \cdot \frac{1}{3}y^3 - 4 \cdot \frac{1}{4}y^4 \right]_0^2$$

$$= \left[2y^2 + 2y^3 - y^4 \right]_0^2$$

$$= 2 \cdot 2^2 + 2 \cdot 2^3 - 2^4 = 8 \quad \cdots \text{(答)}$$

まとめ

- 2重積分 $\iint_D f(x, y)dxdy$ は、xy 平面上の領域 D と、曲面 $z = f(x, y)$ に囲まれた立体の体積を表す（$f(x, y) < 0$ の場合はマイナスの体積になる）。
- 累次積分は、$z = f(x, y)$ と領域 D で囲まれた立体の断面積を求め、それをさらに定積分する。

7-6 重積分の計算（変数変換）

この節では、2変数関数の変数 x と y を、別の変数に変換して積分する重積分の計算方法を説明します。

よろしくお願いします。

極座標変換

重積分 $\displaystyle\iint_D f(x,y)dxdy$ の「$dxdy$」は、領域 D をヨコ dx、タテ dy の微細な格子状に分割したときの1マスの面積に相当します。重積分の値は、領域 D の内部にある底面の面積 $dxdy$、高さ $f(x,\ y)$ の四角柱の体積を、すべて足し合わせたものでしたね。

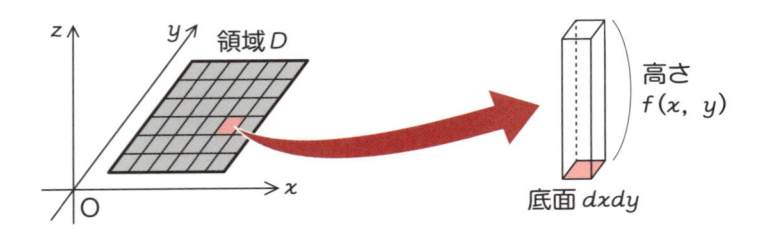

領域 D を、上のようなタテヨコの格子で分割する代わりに、次ページの図のように原点から伸びる放射状の直線と同心円で分割することを考えてみましょう。

うまく領域を分割できない気がしますけど。

それは、領域 D の形状によるので、今は気にしないでいいです。

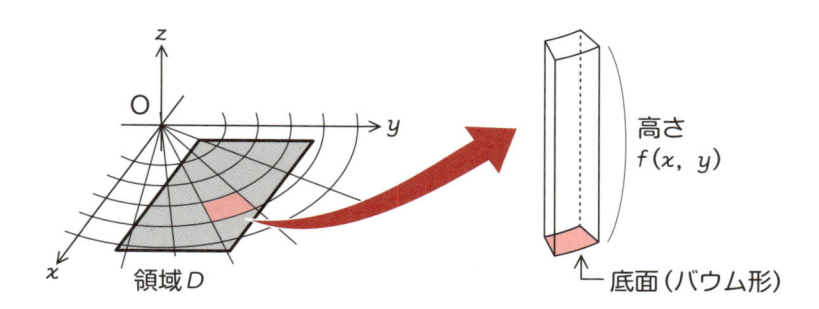

高さ
$f(x, y)$

底面（バウム形）

領域 D

　分割された1片は、バームクーヘンを小さく切り分けたような形になります。このバウム形がじゅうぶんに小さければ、バウム形を底面、高さを $f(x, y)$ とする立体柱の体積をすべて足し合わせても、重積分を計算できますね？　早速やってみましょう。

手順 1 ▶ まず、領域 D 内の任意の点 P について、原点 O から点 P までの距離を r、直線 OP と x 軸のなす角を θ とします。すると、点 P の座標 (x, y) は、それぞれ

$$x = r \cos \theta$$
$$y = r \sin \theta$$

と表すことができます。また、この変換により、立体柱の高さ $f(x, y)$ は、$f(r\cos\theta, r\sin\theta)$ のように表せます。このような変換を **極座標変換** といいます。

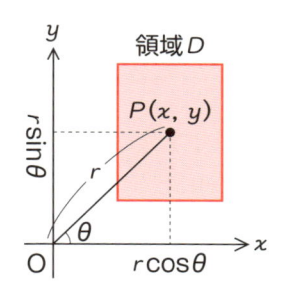

手順 2 ▶ 次にバウム形の面積を式で表してみましょう。右図のように、角度 $d\theta$ をなす2本の直線と、幅 dr の2本の円弧で囲まれたバウム形を考えます。このバウム形の面積は、次のように表せます。

$$dS = \left\{ \pi(r + dr)^2 - \pi r^2 \right\} \times \frac{d\theta}{2\pi}$$

外側の円の面積　内側の円の面積

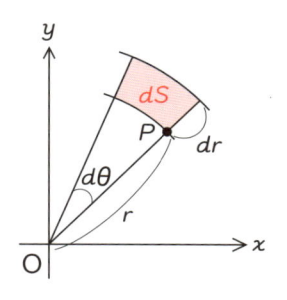

$$= \pi \{ r^2 + 2rdr + (dr)^2 - r^2 \} \times \frac{d\theta}{2\pi}$$

$$= \{ 2rdr + (dr)^2 \} \times \frac{d\theta}{2}$$

$$= rdrd\theta + \frac{1}{2}(dr)^2 d\theta$$

ここで、dr と $d\theta$ がごく小さければ $(dr)^2$ は無視できるほど小さいので、バウム形の面積は

$$dS \fallingdotseq rdrd\theta$$

と書けます。

なお、$rd\theta$ はバウム形の内側の円弧の長さに等しいので、$rdrd\theta$ はバウム形を長方形とみなしたときの面積と考えることもできます。

$\boxed{\text{手順3}}$ 以上から、底面がバウム形、高さが $f(r\cos\theta,\ r\sin\theta)$ の立体柱の体積は、

$$f(r\cos\theta,\ r\sin\theta)rdrd\theta$$

と表せます。これを領域 D 内ですべて足し合わせたものは重積分の値と等しいので、次の式が成り立ちます。

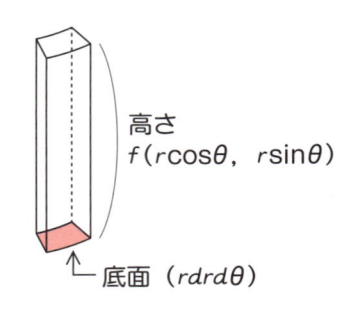

高さ
$f(r\cos\theta,\ r\sin\theta)$

底面（$rdrd\theta$）

このrを忘れないように！

$$\iint_D f(x,\ y)\,dxdy = \iint_D f(\underset{x}{\underline{r\cos\theta}},\ \underset{y}{\underline{r\sin\theta}})\,rdrd\theta$$

このように、x 座標と y 座標を別の変数に変換することを、**変数変換**といいます。

なぜ、わざわざ変換をする必要があるのですか？

それは、変数変換をすると計算がずっと楽になる場合があるからです。例題を使って説明しましょう。

例題1 次の重積分の値を求めなさい。ただし、領域 D は右図のとおりとする。

$$\iint_D (x^2 + y^2)dxdy$$

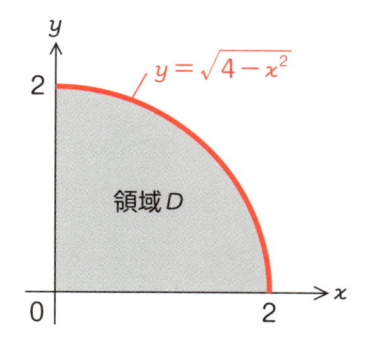

$y = \sqrt{4 - x^2}$

領域 D

解 この重積分を、前節で説明した累次積分で計算する場合は、次のようになります（途中まで計算します）。

$$\int_0^2 \left\{ \int_0^{\sqrt{4-x^2}} (x^2 + y^2)dy \right\} dx$$

$$= \int_0^2 \left[x^2 y + \frac{1}{3} y^3 \right]_0^{\sqrt{4-x^2}} dx$$

$$= \int_0^2 \left\{ x^2 \sqrt{4 - x^2} + \frac{1}{3}(4 - x^2)\sqrt{4 - x^2} \right\} dx$$

$$= \int_0^2 \frac{1}{3}\left(3x^2 + 4 - x^2\right) \cdot \sqrt{4 - x^2}\, dx$$

$$= \frac{2}{3} \int_0^2 (x^2 + 2) \cdot \sqrt{4 - x^2}\, dx$$

> 計算はできそうですけど、けっこう面倒ですね。

　そうなんです（ちなみに、この続きは $x = 2\sin\theta$ とおいて置換積分します）。

　では、極座標変換を使うとどうなるでしょうか。まず、x と y を、

$$x = x\cos\theta,\ y = r\sin\theta$$

のように変換します。図より、r の積分区間は原点から円周までなので $0 \leqq r \leqq 2$、θ の積分区間は $0 \leqq \theta \leqq \dfrac{\pi}{2}$ ですから、

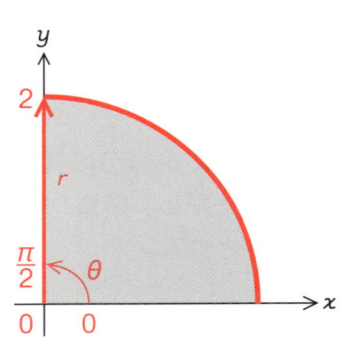

$$\int_0^{\frac{\pi}{2}}\int_0^2 \underbrace{\left(r^2\cos^2\theta}_{x} + \underbrace{r^2\sin^2\theta\right)}_{y} \underbrace{r\,dr\,d\theta}_{dxdy}$$

となります。以降は、累次積分と同様に計算します。

$$= \int_0^{\frac{\pi}{2}}\int_0^2 r^3 \underbrace{\left(\cos^2\theta + \sin^2\theta\right)}_{\longrightarrow 1} dr\,d\theta$$

$$= \int_0^{\frac{\pi}{2}}\int_0^2 r^3\,dr\,d\theta$$

$$= \int_0^{\frac{\pi}{2}} \left[\frac{1}{4}r^4\right]_0^2 d\theta$$

$$= \int_0^{\frac{\pi}{2}} \frac{1}{4}\cdot 2^4 d\theta$$

$$= \left[4\theta\right]_0^{\frac{\pi}{2}} = 4\cdot\frac{\pi}{2} = 2\pi \quad \cdots (答)$$

累次積分よりかなり楽に計算ができましたね。

一般的な変数変換

極座標変換では、重積分の変数 x と y を、

$$x = r\cos\theta,\quad y = r\sin\theta$$

のように、r と θ の関数に変換しました。このとき、領域 D 内の微小区画 $dxdy$ は、右図のような区画に変換されます。

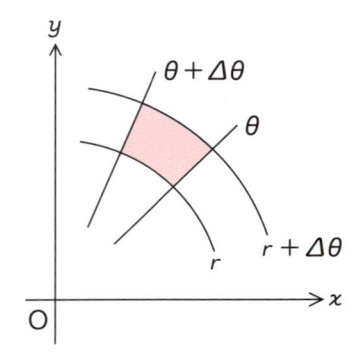

　こうした変換を一般化して、変数 x と y を、

$$x = x(u,\ v),\quad y = y(u,\ v)$$

のような変数 u と v の関数に変換することを考えます。このとき、領域 D 内の微小区画 $dxdy$ は、右図のような区画に変換されるものとします。

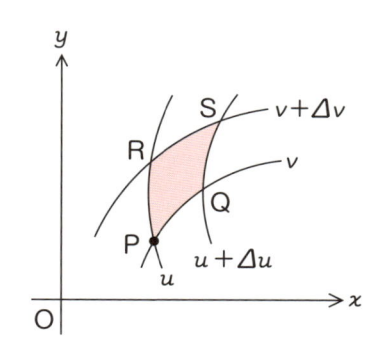

変換後の微小区画 PQRS の面積について考えてみましょう。微小区画 PQRS は曲線で囲まれていますが、ごく微小なのでベクトル $\overrightarrow{PQ}$ とベクトル $\overrightarrow{PR}$ がつくる平行四辺形とみなしてもかまいません。

ここで、ベクトル $\overrightarrow{PQ}$ と $\overrightarrow{PR}$ を成分表示で $\overrightarrow{PQ} = (a,\ c)$、ベクトル $\overrightarrow{PR} = (b,\ d)$ とすると、PQRS の面積 S は、次のように求められます。

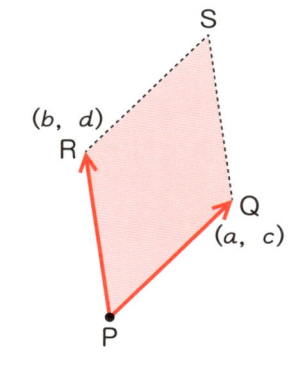

$$S = |ad - bc|$$

え？　どうしてですか？

きちんと説明するには線形代数の知識が必要なので、ここでは幾何学的な説明で納得してもらいましょう。

平行四辺形 PQRS の面積は、右図のように外側の長方形の面積から、4 つの三角形①②③④と、2 つの長方形⑤⑥の面積を引けば求められます。外側の長方形の面積は $(a + b)(c + d)$、①〜⑥の面積

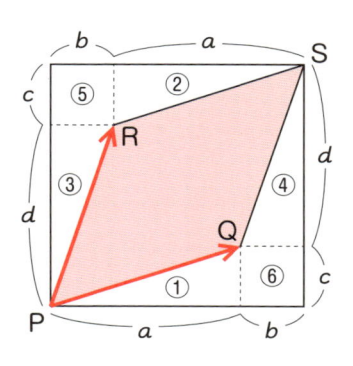

はそれぞれ、

① $\dfrac{1}{2}\,ac$ 、② $\dfrac{1}{2}\,ac$ 、③ $\dfrac{1}{2}\,bd$ 、④ $\dfrac{1}{2}\,bd$ 、⑤ bc 、⑥ bc

ですから、

$$S = (a+b)(c+d) - ac - bd - 2bc = ac + ad + bc + bd - ac - bd - 2bc$$
$$= ad - bc$$

となります。ただし、この値はベクトルの位置関係によってはマイナスの値になるので、絶対値をつけて $|ad - bc|$ とします。

　話を本題に戻すと、微小区画PQRSの面積を求めるには、ベクトル $\overrightarrow{\mathrm{PQ}}$ とベクトル $\overrightarrow{\mathrm{PR}}$ の成分を求めればよい、ということがわかりましたね。

　そこでまず、点Pの座標を $(x(u, v),\ y(u, v))$ とおきます。すると、点Qは点Pから u を Δu だけ動かした点なので、

$$\big(\,x(u + \Delta u, v),\ y(u + \Delta u, v)\,\big) \quad \leftarrow \text{点Qの座標}$$

Δuだけ変化　　　Δuだけ変化

と書けます。

　ここで、点Pから u を Δu、v を Δv だけ動かしたときの x と y の変化量は、それぞれ次のような全微分の式で表すことができます（290ページ）。

$$x(u + \Delta u, v + \Delta v) - x(u, v) = \frac{\partial x}{\partial u} \cdot \Delta u + \frac{\partial x}{\partial v} \cdot \Delta v$$

$$y(u + \Delta u, v + \Delta v) - y(u, v) = \frac{\partial y}{\partial u} \cdot \Delta u + \frac{\partial y}{\partial v} \cdot \Delta v$$

　点Pから点Qへの変化は u のみで、v は変化しませんから $\Delta v = 0$ となります。したがって、x と y の変化量はそれぞれ次のようになります。

$$x(u + \Delta u, v) - x(u, v) = \frac{\partial x}{\partial u} \cdot \Delta u$$

$$y(u + \Delta u, v) - y(u, v) = \frac{\partial y}{\partial u} \cdot \Delta u$$

以上から、点 Q の座標は、

$$\left(\frac{\partial x}{\partial u} \cdot \Delta u + x(u, v), \ \frac{\partial y}{\partial u} \cdot \Delta u + y(u, v) \right) \quad \textcolor{red}{\leftarrow 点Qの座標}$$

となります。点 P と点 Q の座標がわかったので、ベクトル $\overrightarrow{\text{PQ}}$ の成分表示は次のようになります。

点Qのx座標　　　　　　　　　点Qのy座標

$$\overrightarrow{\text{PQ}} = \left(\frac{\partial x}{\partial u} \cdot \Delta u + x(u, v) - x(u, v), \ \frac{\partial y}{\partial u} \cdot \Delta u + y(u, v) - y(u, v) \right)$$

点Pのx座標　　　　　　　　点Pのy座標

$$= \left(\frac{\partial x}{\partial u} \cdot \Delta u, \ \frac{\partial y}{\partial u} \cdot \Delta u \right) \quad \cdots ①$$

　同様にして、点 R の座標も求めましょう。点 R は点 P から v を Δv だけ動かした点なので、$(x(u, \ v + \Delta v), \ y(u, \ v + \Delta v))$ と書けます。一方、全微分の式より、

$$x(u, v + \Delta v) - x(u, v) = \frac{\partial x}{\partial v} \cdot \Delta v$$

$$y(u, v + \Delta v) - y(u, v) = \frac{\partial y}{\partial v} \cdot \Delta v$$

なので、点 R の座標は、

$$\left(\frac{\partial x}{\partial v} \cdot \Delta v + x(u, v), \ \frac{\partial y}{\partial v} \cdot \Delta v + y(u, v) \right) \quad \textcolor{red}{\leftarrow 点Rの座標}$$

以上から、ベクトル $\overrightarrow{\text{PR}}$ の成分表示は次のようになります。

$$\overrightarrow{\text{PR}} = \left(\frac{\partial x}{\partial v} \cdot \Delta v + x(u, v) - x(u, v), \ \frac{\partial y}{\partial v} \cdot \Delta v + y(u, v) - y(u, v) \right)$$

$$= \left(\frac{\partial x}{\partial v} \cdot \Delta v, \ \frac{\partial y}{\partial v} \cdot \Delta v \right) \quad \cdots ②$$

式①、②より、微小区画 PQRS の面積は、次のように求められます。

$$S = \frac{\partial x}{\partial u}\Delta u \cdot \frac{\partial y}{\partial v}\Delta v - \frac{\partial y}{\partial u}\Delta u \cdot \frac{\partial x}{\partial v}\Delta v$$

（下に a, d, b, c のラベル）

$$= \left(\frac{\partial x}{\partial u} \cdot \frac{\partial y}{\partial v} - \frac{\partial y}{\partial u} \cdot \frac{\partial x}{\partial v} \right) \Delta u \Delta v$$

上の式のカッコ内の部分は、線形代数では行列式という書き方を使って次のように表します。

行列式

$$J(u, v) = \begin{vmatrix} \dfrac{\partial x}{\partial u} & \dfrac{\partial x}{\partial v} \\ \dfrac{\partial y}{\partial u} & \dfrac{\partial y}{\partial v} \end{vmatrix} = \frac{\partial x}{\partial u} \cdot \frac{\partial y}{\partial v} - \frac{\partial y}{\partial u} \cdot \frac{\partial x}{\partial v}$$

この式を**ヤコビアン**（ヤコビの行列式）といいます。ヤコビアンを使うと、重積分 $\iint_D f(x,y)dxdy$ は、次のように変数 u と変数 v を使った積分に変換されます。

変数変換

$$\iint_D f(x, y)\, dxdy = \iint_D f(x(u, v), y(u, v))\, J(u, v)\, dudv$$

（ヤコビアン ← $J(u, v)$、$\Delta u \Delta v$ ← $dudv$）

$f(x(u, v), y(u, v))$ は立体柱の高さ、$J(u, v)\, dudv$ は領域 D の微小区画の面積を表します。

例として、極座標変換 $x = r\cos\theta,\ y = r\sin\theta$ に、ヤコビアンを使ってみましょう。上の式をそれぞれ r と θ で偏微分すると、

$$\frac{\partial x}{\partial r} = \cos\theta,\ \frac{\partial x}{\partial \theta} = -r\sin\theta$$

$$\frac{\partial y}{\partial r} = \sin\theta,\ \frac{\partial y}{\partial \theta} = r\cos\theta$$

以上から、ヤコビアンは次のようになります。

$$J(r,\theta) = \cos\theta \cdot r\cos\theta - (-r\sin\theta) \cdot \sin\theta = r\cos^2\theta + r\sin^2\theta = r$$

したがって、重積分 $\displaystyle\iint_D f(x,y)dxdy$ は、次のように変換されます。この結果は、308 ページの極座標変換の結果と一致しますね。

$$\iint_D f(x,y)dxdy = \iint_D f(r\cos\theta,\ r\sin\theta)\,r\,drd\theta$$

それでは、ヤコビアンを使った重積分の計算を例題でみてみましょう。

例題2 次の重積分の値を求めなさい。

$$\iint_D xdxdy \quad (D : 0 \leqq x+y \leqq 2,\ 0 \leqq x-y \leqq 1)$$

解 まず、領域 D をグラフで表します。
$0 \leqq x+y \leqq 2$、$0 \leqq x-1 \leqq 1$ より、

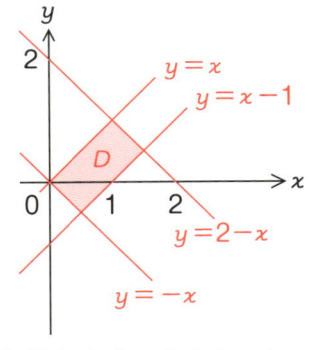

$$x+y \geqq 0,\ x+y \leqq 2 \quad \therefore y \geqq -x,\ y \leqq 2-x$$
$$x-y \geqq 0,\ x-y \leqq 1 \quad \therefore y \leqq x,\ y \geqq x-1$$

なので、領域 D は 4 本の直線 $y = -x$、$y = 2-x$、$y = x$、$y = x-1$ に囲まれた範囲になります（右図）。

次に、$u = x + y$ …① , $v = x - y$ …② と置きます。すると x と y はそれぞれ、

$$u + v = 2x \quad \therefore x = \frac{1}{2}u + \frac{1}{2}v$$
$$u - v = 2y \quad \therefore y = \frac{1}{2}u - \frac{1}{2}v$$

と書けます。これらをそれぞれ u と v で偏微分し、ヤコビアンを求めます。

$$\frac{\partial x}{\partial u} = \frac{\partial}{\partial u}\left(\frac{1}{2}u + \frac{1}{2}v\right) = \frac{1}{2}, \quad \frac{\partial x}{\partial v} = \frac{\partial}{\partial v}\left(\frac{1}{2}u + \frac{1}{2}v\right) = \frac{1}{2}$$

$$\frac{\partial y}{\partial u} = \frac{\partial}{\partial u}\left(\frac{1}{2}u - \frac{1}{2}v\right) = \frac{1}{2}, \quad \frac{\partial y}{\partial v} = \frac{\partial}{\partial v}\left(\frac{1}{2}u - \frac{1}{2}v\right) = -\frac{1}{2}$$

以上から、ヤコビアンは次のようになります。

$$J(u, v) = \left|\frac{1}{2}\left(-\frac{1}{2}\right) - \frac{1}{2}\cdot\frac{1}{2}\right| = \left|-\frac{1}{4} - \frac{1}{4}\right| = \frac{1}{2}$$

　また、領域 D の範囲を変数 u, v で表すと $0 \leqq u \leqq 2$, $0 \leqq v \leqq 1$ となるので、重積分は次のような累次積分になります。

$$\iint_D xdxdy = \int_0^1\int_0^2\left(\frac{1}{2}u + \frac{1}{2}v\right)\cdot\frac{1}{2}dudv$$

$$= \frac{1}{4}\int_0^1\int_0^2(u + v)dudv$$

$$= \frac{1}{4}\int_0^1\left[\frac{1}{2}u^2 + vu\right]_0^2 dv$$

$$= \frac{1}{4}\int_0^1\left(\frac{1}{2}\cdot 2^2 + 2v\right)dv$$

$$= \frac{1}{4}\left[2v + v^2\right]_0^1$$

$$= \frac{1}{4}(2\cdot 1 + 1^2) = \frac{3}{4} \quad \cdots \text{(答)}$$

まとめ	・極座標変換は、$x = r\cos\theta$, $y = r\sin\theta$, $dxdy = rdrd\theta$ に変数変換する。
	・一般的な変数変換は、$x = x(u, v)$, $y = y(u, v)$, $dxdy = J(u, v)dudv$ に変換する。

第8章

微分方程式

この節では、微分方程式の考え方を簡単な例で説明します。

よろしくお願いします。

微分方程式とは

　ある未知の関数 $y = f(x)$ があるとき、これを微分した導関数 $\dfrac{dy}{dx}$ を含む方程式を、**微分方程式**といいます。簡単な例で考えてみましょう。

$$\frac{dy}{dx} = 1$$

は、式の中に導関数を含んでいるので微分方程式です。この式は「**関数 $y = f(x)$ を微分すると、定数 1 になる**」ということを意味しています。

　この微分方程式の解は、次のように式の両辺を積分すれば求めることができます。

yの微分の積分なのでyに戻る

$$\int \frac{dy}{dx} dx = \int 1 dx \quad \Rightarrow \quad y + A = x + B$$

　積分定数を右辺に集めて $C = B - A$ とすれば、

$$y = x + C \qquad (C は任意定数)$$

となりますね。この式が、微分方程式 $\dfrac{dy}{dx} = 1$ の解（正確には「一般解」という）となります。$y = x + C$ を微分するとたしかに定数1になるので、この解が正しいことがわかります。

方程式の解なのに、x の値を求めるんじゃないんですか？

　中学や高校で学んだ方程式では変数の未知の値が解でしたが、微分方程式では**未知の関数**が解になります。

一般解と特殊解

　高いところから物体を落とすと、物体が落下する速度はしだいに大きくなっていきます（空気抵抗は無視します）。落下がはじまってから t 秒後の速度を $v(t)$ とすると、$y = v(t)$ のグラフは次のような直線になります。

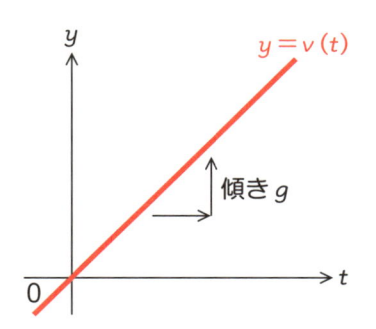

　この直線の傾きを加速度といいます。物理学では、物体が落下するときの加速度を記号 g で表します。g の値は、地表付近では約 9.8 です。

　さて、加速度は直線 $y = v(t)$ の傾きですから、

$$v'(t) = g \qquad \text{あるいは} \qquad \dfrac{dv}{dt} = g$$

と表すことができますね（表記が違うだけで、意味は同じです）。この

式は微分方程式なので、次のように解くことができます。

　両辺を積分すると、

$$\int \frac{dv}{dt} dt = \int g dt \quad \Rightarrow \quad v(t) + A = gt + B$$

定数を右辺に集めて $C = B - A$ とすれば、

$$v(t) = gt + C \qquad (Cは任意定数)$$

となります。このように、任意定数が含まれている「解」を一般解といいます。

　一般解には任意定数が含まれているため、関数としてはまだ不完全です。完全な形にするには、任意定数Cの値を特定しなければなりません。

　たとえば「$t = 0$ のときの速度を 0 とする」のような初期条件が与えられれば、上の一般解に $t = 0$、$v(0) = 0$ を代入して、

$$v(0) = g \cdot 0 + C = 0 \quad \therefore C = 0$$

のように C の値を特定できます。一般解に $C = 0$ を代入すると、

$$v(t) = gt$$

を得ます。このように、与えられた初期条件を満たす微分方程式の解を、特殊解といいます。上の特殊解は、初速が 0（物体を静かに落としたとき）の物体の t 秒後の落下速度を表します。

例題1 物体を高さ30m の建物から落下させたときの t 秒後の速度を $v(t) = gt$ とする。t 秒後の物体の地上からの高さを求めよ（ただし、空気抵抗は無視する）。

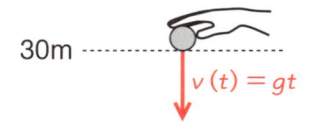

30m

$v(t) = gt$

0m

解 グラフのヨコ軸に時間 t、タテ軸に落下距離 y をとると、落下距離 $y = h(t)$ は次のようなグラフになります。

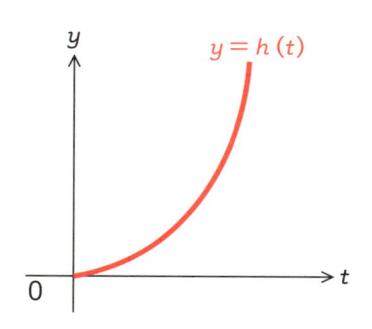

速度 $v(t)$ は、曲線 $y = h(t)$ の傾きです。したがって、$y = h(t)$ の微分で表すことができ、

$$v(t) = h'(t) = gt$$

となります。この微分方程式を解くと、

$$\int \frac{dy}{dt} dt = \int gt\,dt \Rightarrow h(t) + A = \frac{1}{2}gt^2 + B$$

$$h(t) = \frac{1}{2}gt^2 + C \quad (C\text{は任意定数}) \quad \leftarrow C = B - A$$

となります。$t = 0$ における落下距離を 0 とすれば、

$$h(0) = \frac{1}{2}g \cdot 0^2 + C = 0 \quad \therefore C = 0$$

t 秒後の物体の地上からの高さは、建物の高さ 30m から落下距離 $h(t)$ を引いて求めます。

$$h = 30 - h(t) = -\frac{1}{2}gt^2 + 30 \quad \cdots (答)$$

なお、落下距離 $h(t)$ の微分が速度 $v(t)$、速度 $v(t)$ の微分が加速度 g

となるので、加速度 g は落下距離 $y = h(t)$ を 2 回微分したものです。式で表すと次のようになります。

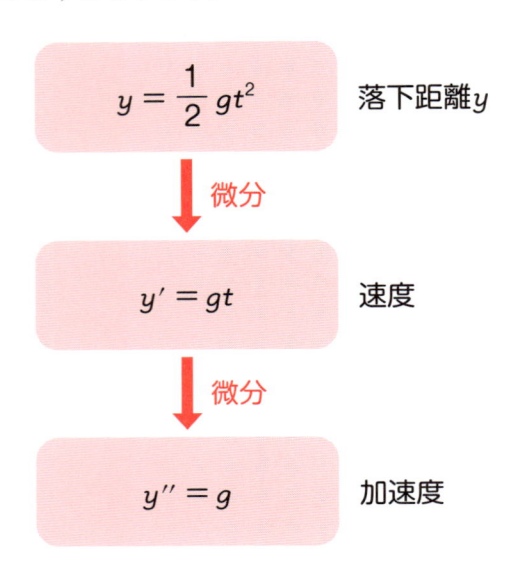

$$y = \frac{1}{2} g t^2$$ 落下距離 y

微分

$$y' = gt$$ 速度

微分

$$y'' = g$$ 加速度

ここでは、変数分離形と呼ばれる簡単な微分方程式の解き方を説明します。

よろしくお願いします！

変数分離形の微分方程式

次のように、右辺が（x の関数）と（y の関数）の積の形になっている微分方程式を、変数分離形といいます。

変数分離形

$$\frac{dy}{dx} = f(x)\,g(y)$$

この形の微分方程式は、次のような手順で解きます。

手順1 ▷ 両辺を $g(y)$ で割る

$$\frac{1}{g(y)} \cdot \frac{dy}{dx} = f(x)$$

手順2 ▷ 両辺を x で積分

$$\int \frac{1}{g(y)} \cdot \frac{dy}{dx}\, dx = \int f(x)\, dx$$

手順3 ▷ $\frac{dy}{dx}\, dx = dy$

$$\int \frac{1}{g(y)}\, dy = \int f(x)\, dx$$

第 8 章 微分方程式

この形にしてから、両辺の積分を計算して一般解を求めます。

$g(y) = 0$ の場合はどうなるんでしょうか？

よく気がつきましたね。$g(y) = 0$ の場合は手順①のように $g(y)$ で割ることができません。ただ、$g(y) = 0$ ならば $\frac{dy}{dx}$ も 0 になるので、$g(y) = 0$ という関数自体が微分方程式の解になります。このことは変数分離形では常に成り立つので、$g(y) = 0$ 以外の解を求めます。

例題 微分方程式 $\frac{dy}{dx} = xy$ の一般解を求めなさい。

解 両辺に $\frac{1}{y}$ を掛け、x で積分すると、

$$\int \frac{1}{y} \cdot \frac{dy}{dx} dx = \int x dx \quad \Rightarrow \quad \int \frac{1}{y} dy = \int x dx$$

となります。両辺を積分すると、

> **memo**
> $$\int \frac{1}{y} dx = \log|y| + C$$

$$\log|y| = \frac{1}{2}x^2 + C \quad (C は任意定数)$$

この式は、「$|y|$ はネイピア数 e を $\frac{1}{2}x^2 + C$ 乗した数」という意味ですから、

$$|y| = e^{\frac{1}{2}x^2 + C} = e^C \cdot e^{\frac{1}{2}x^2}$$
$$a^{m+n} = a^m \cdot a^n$$

と書けます。また、e^C を $\pm e^C$ とおけば y の絶対値がはずれるので、

$$y = \pm e^C \cdot e^{\frac{1}{2}x^2}$$

$\pm e^C$ は任意の定数となるので、これを A とおけば

$$y = Ae^{\frac{1}{2}x^2} \quad (A は任意定数) \cdots (答)$$

これが、求める一般解となります。

放射性元素の半減期

ウランやラジウムなどの放射性物質は、原子核が不安定な状態にあるため、放射線を出しながら徐々に崩壊し、より安定した物質に変化していきます。

崩壊する原子の割合は常に一定なので、単位時間当たりの放射性物質の減少量は放射性物質の量に比例します。時刻 t における放射性物質の量を N とすると、次の式が成り立ちます。

$$\frac{dN}{dt} = -\lambda N$$

記号 λ（ラムダ）はなんですか？

λ は**崩壊定数**といい、物質ごとに異なる比例定数です。N は時刻 t がすすむにつれて減少するため、右辺にマイナスをつけます。

この式は変数分離形の微分方程式なので、次のように解くことができます。

$$\int \frac{1}{N} \cdot \frac{dN}{dt} dt = -\int \lambda dt \quad \Rightarrow \quad \int \frac{1}{N} dN = -\int \lambda dt$$
$$\Rightarrow \quad \log |N| = -\lambda t + C$$
$$\Rightarrow \quad |N| = e^{-\lambda t + C} = e^C \cdot e^{-\lambda t}$$
$$\Rightarrow \quad N = Ae^{-\lambda t} \quad (A = \pm e^C)$$

ここで、$t = 0$ における放射性物質の量を N_0 とすると、

$$N_0 = Ae^{-\lambda \cdot 0} = A$$

より、特殊解

$$N = N_0 e^{-\lambda t}$$

を得ます。

　放射性物質が、始めの量の半分になるまでの時間を求めてみましょう。

$$N = \frac{N_0}{2}$$

とおくと、

$$\frac{N_0}{2} = N_0 e^{-\lambda t} \quad \Rightarrow \quad \frac{1}{2} = e^{-\lambda t}$$

$$\Rightarrow \quad \log \frac{1}{2} = \log e^{-\lambda t} \quad \textcolor{red}{\longleftarrow 両辺を対数化}$$

$$\Rightarrow \quad \underset{\textcolor{red}{0}}{\log 1} - \log 2 = -\lambda t \underset{\textcolor{red}{1}}{\log e}$$

$$\Rightarrow \quad t = \frac{\log 2}{\lambda}$$

となり、半分になるまでの時間は当初の量 N_0 に関係なく一定であることがわかります。この時間を半減期といいます。

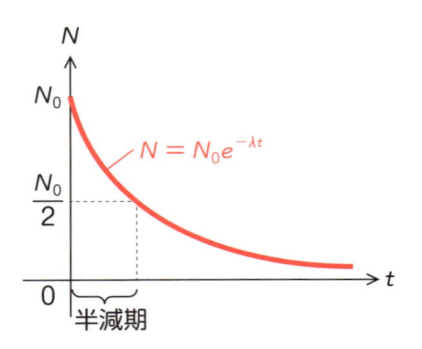

ちなみにウラン238という物質の崩壊定数は $\lambda = 1.55 \times 10^{-10}$ ／年で、半減期は約44億7192万年になります。

まとめ　・変数分離形の微分方程式は、次のように変形して解く。

$$\frac{dy}{dx} = f(x)\, g(y) \quad \Rightarrow \quad \int \frac{1}{g(y)}\, dy = \int f(x)\, dx$$

8-3 同次形の微分方程式を解く

次に、同次形と呼ばれる形の微分方程式の解き方を説明しましょう。

だんだん複雑になっていきますね。

同次形とは

次のような形で表すことができる微分方程式を、同次形といいます。

> **同次形の微分方程式**
>
> $$\frac{dy}{dx} = f\left(\frac{y}{x}\right)$$

この形の微分方程式は、次のような手順で解きます。

手順1 $\dfrac{y}{x} = u$ とおきます。すると $y = xu$ となるので、この式の両辺を x で微分します（右辺は積の微分公式を使います）。すると、

$$\frac{dy}{dx} = (x)'\,u + xu' = u + x \cdot \frac{du}{dx} \quad \cdots ①$$

$\llcorner\!\rightarrow 1$

手順2 式①を、同次形の微分方程式に代入します。すると、

$$u + x \cdot \frac{du}{dx} = f(u) \quad \Rightarrow \quad \frac{du}{dx} = \frac{f(u) - u}{x}$$

となって、変数分離形の微分方程式になります。

手順3 次のように式を変形します。

$$\frac{1}{f(u) - u} \cdot \frac{du}{dx} = \frac{1}{x} \quad \Rightarrow \quad \int \frac{1}{f(u) - u} du = \int \frac{1}{x} dx$$

手順4 両辺の積分を計算して一般解を求め、最後に u を元に戻します。

例題1 微分方程式 $(x - y) y' - y = 0$ の一般解を求めなさい。

解 まず、式を次のように変形します。

$$y' = \frac{y}{x - y} \quad \Rightarrow \quad y' = \frac{\dfrac{y}{x}}{1 - \dfrac{y}{x}} \quad \cdots ①$$

式①は同次形になるので、$u = \frac{y}{x}$ とおくと、$y = xu$ より、

$$y' = u + x \cdot \frac{du}{dx}$$

これを式①に代入します。

$$u + x \cdot \frac{du}{dx} = \frac{u}{1 - u}$$

変数分離形の微分方程式になるので、次のように式を変形します。

$$\frac{du}{dx} = \frac{u - u(1 - u)}{1 - u} \cdot \frac{1}{x}$$

$$\frac{du}{dx} = \frac{u^2}{1 - u} \cdot \frac{1}{x}$$

$$\frac{1 - u}{u^2} \cdot \frac{du}{dx} = \frac{1}{x}$$

両辺を積分します。

$$\int \frac{1-u}{u^2} \cdot \frac{du}{dx} dx = \int \frac{1}{x} dx \quad \Rightarrow \quad \int \frac{1-u}{u^2} du = \int \frac{1}{x} dx$$

この式を計算すると、次のようになります。

$$\int \left(\frac{1}{u^2} - \frac{1}{u} \right) du = \int \frac{1}{x} dx$$

$$-\frac{1}{u} - \log|u| = \log|x| + C$$

$$\log|x| + \log|u| = -\frac{1}{u} + C$$

$$\log|xu| = -\frac{1}{u} + C$$

$$\log|y| = -\frac{x}{y} + C \quad \longleftarrow \ u = \frac{y}{x} \ \text{より}$$

$$|y| = e^{-\frac{x}{y} + C} = e^C \cdot e^{-\frac{x}{y}}$$

$$y = \pm e^C \cdot e^{-\frac{x}{y}} \quad \longleftarrow \ \text{絶対値をはずす}$$

$$y = A e^{-\frac{x}{y}} \quad （A\text{は任意定数}）\ \cdots\ （答）$$

まとめ

- 同次形の微分方程式は、$u = \dfrac{y}{x}$ とおき、次のように変形します。

$$\frac{dy}{dx} = f\left(\frac{y}{x} \right) \quad \Rightarrow \quad \int \frac{1}{f(u) - u} \, du = \int \frac{1}{x} \, dx$$

この節では、1 階線形非同次方程式の解き方を勉強します。

うわー、ごっつい名前ですね。

線形微分方程式とは

　未知の関数 y とその導関数 y' を、2 乗やルートなしで含んでいる微分方程式を線形微分方程式といいます。線形微分方程式は、一般に次の形で表すことができます。

線形微分方程式

$$\frac{dy}{dx} + p(x)y = q(x) \quad \text{または} \quad y' + p(x)y = q(x)$$

　導関数 y' は y を 1 回微分したものなので、上の形をとくに1 階線形微分方程式といいます（1 回ではなく 1 階と書きます）。

　また、線形微分方程式の中でも、とくに $q(x) = 0$ の場合を同次方程式といいます。

$$y' + p(x)y = 0 \quad \leftarrow \text{同次方程式}$$

同次形の微分方程式とは違うんですか？

　同次という言葉が同じなのでまぎらわしいですが、同次形の微分方程

式（327 ページ）と同次方程式はべつのものなので注意してください。同次方程式は斉次方程式ということもあります。

　同次方程式ではない線形微分方程式（$q(x) \neq 0$ の場合）を、**非同次方程式**といいます。

同次方程式を変数分離法で解く

　1 階線形同次方程式、すなわち $y' + p(x)y = 0$ の形の微分方程式は、次のように変形すれば変数分離形になります。

$$y' = -p(x)y$$

$$\frac{1}{y} \cdot y' = -p(x) \quad \longleftarrow \text{両辺を} y \text{で割る}$$

$$\int \frac{1}{y} \cdot y' dx = -\int p(x)dx \quad \longleftarrow \text{両辺を} x \text{で積分}$$

$$\int \frac{1}{y} dy = -\int p(x)dx \quad \longleftarrow y'dx = \frac{dy}{dx} dx = dy$$

$$\log|y| = -\int p(x)dx + C$$

$$|y| = e^C \cdot e^{-\int p(x)dx} \quad \longleftarrow \text{対数を指数に直す}$$

$$y = Ae^{-\int p(x)dx} \quad \longleftarrow \pm e^C = A$$

> **同次方程式の一般解**
>
> $$y = Ae^{-\int p(x)dx} \quad （A\text{は任意定数}）$$

例題 1 微分方程式 $y' + 2xy = 0$ の一般解を求めなさい。

解 同次方程式なので、次のように変数分離法で一般解を求めることができます。

$$y' = -2xy$$

$$\frac{1}{y} \cdot y' = -2x$$

$$\int \frac{1}{y} \cdot y'dx = -2 \int xdx$$

$$\int \frac{1}{y} dy = -2 \int xdx \quad \longleftarrow y'dx = \frac{dy}{dx} dx = dy$$

$$\log |y| = -x^2 + C$$

$$|y| = e^C \cdot e^{-x^2}$$

$$y = Ae^{-x^2} \quad （A は任意定数）\cdots （答）$$

非同次方程式を解く（特殊解がわかっている場合）

次に、非同次方程式の解き方について考えてみましょう。

いま、非同次方程式 $y' + p(x)y = q(x)$ について、何らかの方法で特殊解のひとつが判明しているものとします。この特殊解を y_0 とすると、

$$y_0' + p(x)y_0 = q(x) \quad \cdots ①$$

が成り立ちます。

また、この非同次方程式の $q(x) = 0$ とおいた同次方程式を考え、その一般解を Y とおくと、

$$Y' + p(x)Y = 0 \quad \cdots ②$$

が成り立ちます。すると ① + ② より、

$$(Y + y_0)' + p(x)(Y + y_0) = q(x)$$

が成り立つので、$Y + y_0$ は、非同次方程式 $y' + p(x)y = q(x)$ の一般解であることがわかります。

以上から、非同次方程式 $y' + p(x)y = q(x)$ の一般解は、特殊解 y_0 がわかっていれば、次の手順で求めることができます。

手順1 対応する同次方程式 $y' + p(x)y = 0$ の一般解 Y を求める。

$$Y = Ae^{-\int p(x)dx} \quad \longleftarrow 同次方程式の一般解$$

手順2 $Y + y_0$ を、非同次方程式 $y' + p(x)y = q(x)$ の一般解とする。

非同次方程式の一般解

$$y = Ae^{-\int p(x)dx} + y_0$$

例題2 微分方程式 $y' + y = x$ の一般解を求めよ。なお、$y = x - 1$ はこの微分方程式の特殊解である。

解 微分方程式 $y' + y = x$ に $y = x - 1$ を代入すると、左辺は

$$(x-1)' + (x-1) = 1 + x - 1 = x$$

となり、右辺と一致するので、$y = x - 1$ がこの微分方程式の特殊解であることがわかります。したがって、この微分方程式は次のように解くことができます。

まず、$y' + y = x$ の右辺を 0 とした同次方程式 $y' + y = 0$ を考え、この方程式の一般解を求めます。

$$y' + y = 0$$

$$y' = -y$$

$$\frac{1}{y} \cdot y' = -1$$

$$\int \frac{1}{y} \cdot \frac{dy}{dx} dx = -\int 1 dx$$

$$\int \frac{1}{y} dy = -\int 1 dx$$

$$\log|y| = -x + C$$

$$|y| = e^C \cdot e^{-x}$$

$$y = Ae^{-x} \quad \longleftarrow \text{ 同次方程式の一般解}$$

この式に特殊解 $y = x - 1$ を加えたものが、$y' + y = x$ の一般解と

なります。よって、

$$y = Ae^{-x} + x - 1 \quad （Aは任意定数）\ \cdots\ \text{（答）}$$

非同次方程式を定数変化法で解く

 非同次方程式は、前もって特殊解がわからないと解けないのですか？

　特殊解が前もってわかっているケースはむしろ少ないですよね。特殊解がわからない場合には、定数変化法と呼ばれる解法があります。これを次に紹介しましょう。

手順1 まず、同次方程式 $y' + p(x)\,y = 0$ の一般解、

$$y = Ae^{-\int p(x)dx} \ \cdots\ ①$$

を用意します（331 ページ）。この解は変数分離法を使えば得ることができるのでしたね。

　一般解に含まれる A は任意定数ですが、この値を x の関数とみなして、$A = u(x)$ とおきます。

$$y = u(x)e^{-\int p(x)dx} \ \cdots\ ②$$

└─ 任意定数をxの関数とする

　この式を、非同次方程式 $y' + p(x)\,y = q(x)$ の一般解であると仮定します。実際に一般解かどうかはまだわかりませんが、関数 $u(x)$ をうまく工夫すれば、一般解になるかもしれません。そんな欠けているパズルのピースのような関数 $u(x)$ が存在すると仮定するわけです。

手順2 式②が一般解であれば、当然、この式を非同次方程式に代入した次の式が成り立つはずです。

$$\left\{ u(x)e^{-\int p(x)dx} \right\}' + p(x)u(x)e^{-\int p(x)dx} = q(x)$$

の部分は、積の微分公式を使って次のように微分できます。

$$u'(x)e^{-\int p(x)dx} + u(x)\left\{ e^{-\int p(x)dx} \right\}' + p(x)u(x)e^{-\int p(x)dx} = q(x)$$

積の微分公式 $f'(x)\,g(x) + f(x)\,g'(x)$

さらに の部分は、合成関数の微分公式を使って次のように微分できます。

$$u'(x)e^{-\int p(x)dx} + u(x)e^{-\int p(x)dx}\cdot\left\{ -\int p(x)dx \right\}' + p(x)u(x)e^{-\int p(x)dx} = q(x)$$

$\hookrightarrow -p(x)$

$$u'(x)e^{-\int p(x)dx} - u(x)p(x)e^{-\int p(x)dx} + p(x)u(x)e^{-\int p(x)dx} = q(x)$$

$\hookrightarrow 0$

すると、左辺の2番目と3番目の項がうまく打ち消し合って、次のような式になります。

$$u'(x)e^{-\int p(x)dx} = q(x)$$

右辺に移項

$$u'(x) = q(x)e^{\int p(x)dx}$$

手順3 両辺を積分し、関数 $u(x)$ を求めます。

$$u(x) = \int q(x)e^{\int p(x)dx}dx + C$$

この式を式②に代入します。これが、非同次方程式 $y' + p(x)y = q(x)$ の一般解となります。

$$y = e^{-\int p(x)dx}\left\{\int q(x)e^{\int p(x)dx}\,dx + C\right\}$$

例題 3 微分方程式 $y' + 2xy = 2x$ の一般解を求めよ。

解 まず、問題の式の右辺を 0 にした同次方程式 $y' = 2xy = 0$ の一般解を求めます。この式は、じつは例題 1（331 ページ）と同じなので、途中の式は省略して結果だけ示すと、

$$y = Ae^{-x^2} \quad \longleftarrow \text{同次方程式の一般解}$$

この式の任意定数 A を $u(x)$ に置き換え、

$$y = u(x)e^{-x^2} \quad \cdots ①$$

とおきます。

次に、この式を問題の非同次方程式 $y' + 2xy = 2x$ に代入します。

$$\left\{u(x)e^{-x^2}\right\}' + 2x \cdot u(x)e^{-x^2} = 2x$$

積の微分

$$u'(x)e^{-x^2} + u(x)\left\{e^{-x^2}\right\}' + 2x \cdot u(x)e^{-x^2} = 2x$$

合成関数の微分

$$u'(x)e^{-x^2} + u(x)\left\{e^{-x^2} \cdot (-2x)\right\} + 2x \cdot u(x)e^{-x^2} = 2x$$

$$u'(x)e^{-x^2} - 2x \cdot u(x)e^{-x^2} + 2x \cdot u(x)e^{-x^2} = 2x$$

$$\qquad\qquad\qquad\qquad \hookrightarrow 0$$

$$u'(x)e^{-x^2} = 2x$$

$$u'(x) = 2xe^{x^2}$$

両辺を積分すると、次のようになります。

$$u(x) = \int 2xe^{x^2}\,dx$$

右辺は $t = x^2$ とおいて置換積分します。両辺を x で微分すると、

$$\frac{dt}{dx} = 2x \quad \therefore\ dx = \frac{1}{2x}dt$$

したがって、

$$u(x) = \int 2xe^t \cdot \frac{1}{2x}dt = \int e^t dt = e^t + C = e^{x^2} + C$$

これを式①に代入し、一般解を求めます。

$$y = (e^{x^2} + C)e^{-x^2} = e^{x^2-x^2} + Ce^{-x^2} = Ce^{-x^2} + 1 \quad \cdots \text{（答）}$$

$$\hookrightarrow 1$$

> **まとめ**
> - 1階線形微分方程式には同次方程式と非同次方程式がある。
> - 同次方程式は変数分離法で解ける。
> - 非同次方程式の一般解は、特殊解 y_0 がわかっていれば、対応する同次方程式の一般解 Y を求め、$Y + y_0$ とする。
> - 特殊解がわからない場合は定数変化法で解く。

ベルヌーイの微分方程式

> この節では、ベルヌーイの微分方程式とその応用について説明します。

> よろしくお願いします！

ベルヌーイの微分方程式

ベルヌーイの微分方程式は、次のような形をした微分方程式です。

> **ベルヌーイの微分方程式**
>
> $$\frac{dy}{dx} + p(x)y = q(x)y^n \qquad (n \neq 0, \ 1)$$

　線形微分方程式とよく似ていますが、右辺に y^n が付いているところが違いますね。このように y^n を含んだ微分方程式は非線形微分方程式といい、一般的に解くことが非常に難しくなります。ベルヌーイの微分方程式は解くことができるラッキーな例外です。

> $n \neq 0, \ 1$ と断り書きがしてるのはなぜですか？

　$n = 0$ のときは

$$\frac{dy}{dx} + p(x)y = q(x)$$

となってふつうの線形微分方程式になります。また、$n = 1$ のときは

$$\frac{dy}{dx} + p(x)y = q(x)y \implies \frac{dy}{dx} = \{q(x) - p(x)\}y$$

となって、変数分離形になります。どちらの場合も、すでに説明したものですね。

ベルヌーイの微分方程式の解き方

ベルヌーイの微分方程式の一般解は、次のように求めます。

手順1 まず、両辺を y^n で割ります（$y \neq 0$ とする）。すると、次のようになります。

$$\frac{dy}{dx} \cdot y^{-n} + p(x)y^{1-n} = q(x) \quad \cdots ①$$

手順2 $u = y^{1-n}$ とおき、両辺を x で微分します。すると、右辺は合成関数の微分になるので、

$$u = y^{1-n} \quad \xrightarrow[x\text{で微分}]{} \quad \frac{du}{dx} = (1-n)y^{-n} \cdot \frac{dy}{dx}$$

となります。これを変形すると、

$$\frac{dy}{dx} \cdot y^{-n} = \frac{1}{1-n} \cdot \frac{du}{dx}$$

となります。この式を式①に代入します。

$$\boxed{\frac{1}{1-n} \cdot \frac{du}{dx}} + p(x)u = q(x)$$

$$\frac{du}{dx} + (1-n)p(x)u = (1-n)q(x) \quad \cdots ②$$

手順3 式②は、u に関する線形非同次方程式になっていますから、前節で説明した手順で一般解を求めることができます。

手順4 最後に、u を元に戻して y についての一般解を求めます。

例題1 微分方程式 $y' + y = xy^2$ の一般解を求めよ。

解 $y' + y = xy^2$ の両辺を y^2 で割ると、

$$y^{-2}y' + y^{-1} = x \quad \cdots ①$$

$u = y^{-1}$ とおき、両辺を微分します。

$$u = y^{-1} \quad \Longrightarrow \quad u' = -y^{-2}y'$$
xで微分

これを式①に代入すると、次のようになります。

$$-u' + u = x$$
$$u' - u = -x \quad \cdots ②$$

　式②は線形の非同次方程式なので、次のように解くことができます。
　まず、同次方程式 $u' - u = 0$ の一般解を求めます。この式を変形すると、

$$u' = u$$

式より、u は「微分すると u になる関数」なので、

$$u = Ae^x \quad （A は任意定数）$$

とわかります。
　また、$u_0 = x + 1$ とおくと、$u_0' = 1$ より、$u_0' - u_0 = -x$ となるので、$u_0 = x + 1$ は $u' - u = -x$ の特殊解です。
　したがって、$u' - u = -x$ の一般解は、

$$u = Ae^x + x + 1$$

非同次方程式の一般解 ／ 特殊解

であることがわかります（332 ページ）。

u を元に戻すと、

$$y^{-1} = Ae^x + x + 1 \qquad \therefore y = \frac{1}{Ae^x + x + 1} \quad \cdots \text{(答)}$$

となります。

■ ロジスティック曲線

18 世紀イギリスの経済学者マルサスは、人間の人口（より一般的にいえば、生物の個体数）が増えると、人口の増加スピードも増加すると考えました。つまり、「**人口の時間変化は人口に比例する**」というのです。

たとえば、年に 0.1 ％の割合で人口が増加する場合を考えてみましょう。人口 1 万人の町では 1 年に 10 人の増加ですが、人口 100 万人の都市では 1 年に 1000 人の増加ですから、たしかに増加スピードは人口に比例します。

この現象を数式で表してみましょう。人口を y、時間を t とすると、人口の時間変化率は y を t で微分した $\dfrac{dy}{dt}$ と表せます。これが人口 y に比例するので、比例係数を $a\,(a > 0)$ とすれば、

$$\frac{dy}{dt} = ay \quad \cdots ①$$

となります（このように、ある現象を数式で表したものを数理モデルといいます）。

上の式は変数分離形の微分方程式なので、次のように一般解を求めることができます。

$$\int \frac{1}{y}dy = \int adt$$

$$\log|y| = at + C$$

$$|y| = e^C \cdot e^{at}$$

$$y = Ae^{at} \quad \longleftarrow \text{一般解}$$

初期条件として、$t = 0$ のときの人口を y_0 とすれば、

$$y_0 = Ae^{a \cdot 0} \qquad \therefore A = y_0$$

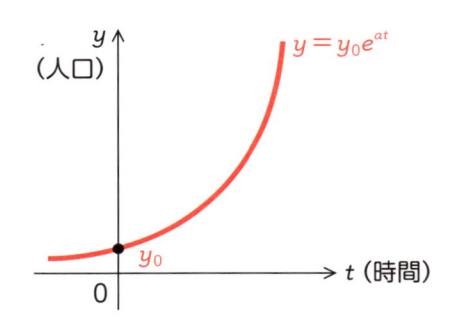

なので、特殊解 $y = y_0 e^{at}$ を得ます。

この特殊解は、グラフにすると右図のようになります。人口が増えるにつれて増加スピードも加速するため、人口が指数関数的に増えていくのがわかりますね。

人口が爆発しちゃいそうです。

もっとも、現実にはこのように人口が増え続けることはありません。食料や住居などには限界があるので、人口が増えるにつれ、それにブレーキをかける力が強くなるからです。

そこで、先ほどの式①を修正して、比例定数 a が人口の増加につれて減っていくものとしましょう。

右図は、比例定数 a の変化をグラフで表したものです。比例定数は最初は r ですが、人口増加につれて減っていき、人口が M に達すると 0 になります。これを式で表すと、

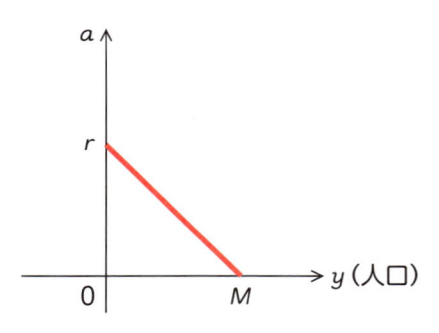

$$a = -\frac{r}{M}y + r$$

これを式①に代入します。

$$\frac{dy}{dt} = \left(-\frac{r}{M}y + r\right)y \quad \Rightarrow \quad \frac{dy}{dt} = ry - \frac{r}{M}y^2 \quad \cdots ②$$

　式②は式①の修正版で、**ロジスティック方程式**と呼ばれます。

　このモデルでは ry が人口増を加速させるのに対し、$-\frac{r}{M}y^2$ がブレーキの役目を果たします。このブレーキには y^2 が含まれるので、人口が少ないころは効きが弱いですが、人口が増えるつれて強くかかるようになるわけです。

　式②は、

$$\frac{dy}{dt} - ry = -\frac{r}{M}y^2$$

のように変形すればベルヌーイの微分方程式の形になるので、次のように解くことができます。

　まず、両辺を y^2 で割って、

$$\frac{dy}{dt} \cdot y^{-2} - ry^{-1} = -\frac{r}{M} \quad \cdots ③$$

次に $u = y^{-1}$ とおき、両辺を t で微分します。

$$u = y^{-1} \quad \Rightarrow \quad u' = -y^{-2} \cdot \frac{dy}{dt}$$

これを式③に代入すると、

$$-u' - ru = -\frac{r}{M}$$

$$u' + ru = \frac{r}{M} \quad \cdots ④$$

となります。式④は u の非同次方程式なので、まず同次方程式 $u' + ru = 0$ の一般解を求めると、

$$\int \frac{1}{u} du = -\int r dt$$
$$\log |u| = -rt + C$$
$$|u| = e^C \cdot e^{-rt}$$
$$u = Ae^{-rt}$$

また、$u_0 = \dfrac{1}{M}$ とおくと、$u_0' + ru_0 = \dfrac{r}{M}$ となるので、u_0 は式④の特殊解です。以上から式④の一般解は、

$$u = Ae^{-rt} + \frac{1}{M}$$
$$y^{-1} = Ae^{-rt} + \frac{1}{M} \quad \longleftarrow \text{uを元に戻す}$$
$$y = \frac{1}{Ae^{-rt} + 1/M} = \frac{M}{AMe^{-rt} + 1}$$

となります。初期条件として、$t = 0$ のとき $y = y_0$ とすると、

$$y_0 = \frac{M}{AMe^{-r \cdot 0} + 1} \quad \Rightarrow \quad AM = \frac{M}{y_0} - 1$$

（$e^{-r\cdot 0} \to 1$）

より、特殊解

$$y = \frac{M}{\left(\dfrac{M}{y_0} - 1\right) e^{-rt} + 1}$$

を得ます。次ページの図は、この特殊解をグラフにしたものです。人口 y は、小さいときは急速に増加しますが、人口が増えるにつれて増加スピードがゆるやかになり、M に達するとそれ以上増えなくなります。このような S 字の曲線をロジスティック曲線といい、M を環境収容力

といいます。

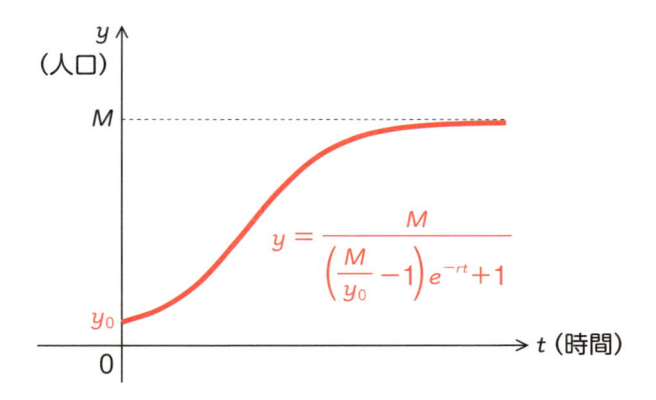

$$y = \dfrac{M}{\left(\dfrac{M}{y_0} - 1\right) e^{-rt} + 1}$$

まとめ ・ ベルヌーイの微分方程式は、ロジスティック方程式などの数理モデルを解くのに使うことができる。

２階線形微分方程式の性質

関数を２回微分することを２階微分といいます。２階微分が含まれる微分方程式は解き方が複雑なので、まずはその性質から解法を考えてみましょう。

２回微分じゃなくて、２階微分なんですね。

２階微分方程式とは

関数 $y = f(x)$ の導関数 $\dfrac{dy}{dx}$ をさらに微分すると、

$$\frac{d}{dx}\left(\frac{dy}{dx}\right) = \frac{d^2y}{dx^2} \quad \text{または} \quad y''$$

この計算を **２階微分** といい、２階以下の導関数を含む微分方程式を **２階微分方程式** といいます。簡単な２階微分方程式の例をひとつあげましょう。

$$\frac{d^2y}{dx^2} = 1 \quad \text{または} \quad y'' = 1$$

この微分方程式の両辺を積分すると、

$$\int \frac{d^2y}{dx^2}\,dx = \int 1\,dx \quad \Rightarrow \quad \frac{dy}{dx} = x + C_1$$

となります。さらに積分すると、

$$\int \frac{dy}{dx}dx = \int (x + C_1)dx \quad \Rightarrow \quad y = \frac{1}{2}x^2 + C_1 x + C_2$$

となって、関数 y が求められます。これが、2階微分方程式 $y'' = 1$ の一般解になります。

2階線形微分方程式

2階微分方程式のうち、次のような形式で表すことができるものを2階線形微分方程式といいます。

2階線形微分方程式

$$\frac{d^2y}{dx^2} + p(x)\frac{dy}{dx} + q(x)y = r(x)$$

このうち、$r(x) = 0$ の場合を同次方程式、$r(x) \neq 0$ の場合を非同次方程式といいます。

なお、2階微分方程式は、導関数を記号 y''、y で表して、

$$y'' + p(x)y' + q(x)y = r(x)$$

のように書くこともあります。このほうが式が簡潔になるので、以下の解説では主にこちらを使うことにします。

2 階線形同次方程式の性質

　2 階線形微分方程式は簡単には解けないので、まずはいくつかの性質を調べて、その解法を探ることにしましょう。

> **性質 1** y_1, y_2 が、どちらも 2 階線形同次方程式 $y'' + p(x)y' + q(x)y = 0$ の解ならば、$y = C_1 y_1 + C_2 y_2$（C_1, C_2 は任意定数）もまた、この同次方程式の解である（重ね合わせの原理）。

　y_1 と y_2 を 2 階線形同次方程式 $y'' + p(x)y' + q(x)y = 0$ の解とします。このとき、$y = C_1 y_1 + C_2 y_2$ を左辺に代入すると、

$$(C_1 y_1'' + C_2 y_2'') + p(x)(C_1 y_1' + C_2 y_2') + q(x)(C_1 y_1 + C_2 y_2)$$
$$= C_1 (\underbrace{y_1'' + p(x)y_1' + q(x)y_1}_{\to 0}) + C_2 (\underbrace{y_2'' + p(x)y_2' + q(x)y_2}_{\to 0})$$
$$= 0$$

　の部分は、$y'' + p(x)y' + q(x)y = 0$ の左辺に、その解である y_1, y_2 を代入したものなので 0 になります。よって、上の式も 0 になり、$C_1 y_1 + C_2 y_2$ が $y'' + p(x)y' + q(x)y = 0$ の解であることがわかります。

> **性質 2** 2 階線形同次方程式 $y'' + p(x)y' + q(x)y = 0$ の 2 つの解 y_1 と y_2 が互いに 1 次独立ならば、$y = C_1 y_1 + C_2 y_2$（C_1, C_2 は任意定数）は、この同次方程式の一般解である。

　2 階線形同次方程式の 2 つの解 y_1, y_2 が 1 次独立であるとき、y_1 と y_2 をこの方程式の基本解といいます。基本解を 1 組見つければ、すべての解は $C_1 y_1 + C_2 y_2$ で表すことができます。

　1 次独立って何ですか？

1 次独立というのは線形代数の概念ですが、ここでは簡単に、2 つの解 y_1, y_2 が互いに比例関係にないことと考えてください。

　たとえば $y_1 = e^x$, $y_2 = 2e^x$ の場合、y_1 と y_2 の関係は

$$y_2 = 2y_1$$

のように表せます。この場合、y_1 と y_2 は 1 次独立ではありません（1 次従属といいます）。y_1 と y_2 が 1 次独立でないと、$C_1 y_1 + C_2 y_2$ は結局、

$$C_1 y_1 + C_2 y_2 = C_1 y_1 + 2C_2 y_1 = (C_1 + 2C_2)y_1$$

のように、1 つの解の定数倍になってしまいます。

　以上から、2 階線形同次方程式は、一般に次のような方法で解くことができます。

---

2 階線形同次方程式の解法

① 基本解 y_1, y_2 を見つける。
② y_1, y_2 が 1 次独立なら、$y = C_1 y_1 + C_2 y_2$ を一般解とする。

基本解 y_1, y_2 はどうやって見つけるんですか？

それについては、長くなるので次節で説明しますね。

まとめ　• 2 階線形同次方程式は、1 次独立な 2 つの解を見つければ解ける。

2階線形微分方程式を解く①（同次方程式）

それでは、2階線形微分方程式の解き方を説明しましょう。今回は同次方程式の一般解を求めます。

この講義もいよいよ大詰めですね。

定数係数の2階線形同次方程式

前回、2階線形同次方程式 $y'' + p(x)y' + q(x) = 0$ の一般解を求めるには、2つの基本解を求めればよいことを説明しました。しかし、基本解は必ず求めることができるわけではありません。

ここでは、基本解を求める方法がわかっている、次のような形の2階線形同次方程式を考えます。

> **定数係数の2階線形同次方程式**
>
> $$y'' = ay' + by = 0 \quad (a,\ b\text{は定数}) \quad \cdots ①$$

$p(x)$、$q(x)$ が定数なので比較的シンプルな形ですが、物理学などにはこの形の微分方程式がよくでてきます。

微分方程式がこの形なら解法があるんですね？

そう。次のような解法があります。

まず、この方程式の解の1つを $y = e^{\lambda x}$ と予想します（λ は未知の定

数)。この式を x で微分すると、

$$y = e^{\lambda x} \implies y' = \lambda e^{\lambda x} \implies y'' = \lambda^2 e^{\lambda x}$$

となるので、これらを式①に代入すると、

$$\lambda^2 e^{\lambda x} + a\lambda e^{\lambda x} + be^{\lambda x} = 0$$
$$\lambda^2 + a\lambda + b = 0$$

のように、λ に関する2次方程式ができます。この方程式を**特性方程式**といいます。

$$\boxed{\text{特性方程式：} \lambda^2 + a\lambda + b = 0}$$

　この特性方程式を解いて、λ を求めます。ただし、特性方程式の解には、次の3つのパターンがありますね。

①**特性方程式が2個の実数解をもつ場合（λ は2個の実数）**
②**特性方程式が重解をもつ場合（λ は1個の実数）**
③**特性方程式が実数解をもたない場合（λ は2個の複素数）**

　以降の手順は、特性方程式の解のパターンに応じて異なります。

特性方程式が2個の実数解をもつときの一般解

　特性方程式の2つの実数解を λ_1, λ_2 とすると、

$$y_1 = e^{\lambda_1 x}, \ y_2 = e^{\lambda_2 x}$$

は、いずれも $y'' + ay' + by = 0$ の解であると考えられます。また、y_1 を y_2 の定数倍で表すことはできないので、2つの解は1次独立です。

　以上から、$y_1 = e^{\lambda_1 x}$, $y_2 = e^{\lambda_2 x}$ は、$y'' + ay' + by = 0$ の基本解とすることができます。よって、一般解は、

$$y = C_1 e^{\lambda_1 x} + C_2 e^{\lambda_2 x}$$

で求めることができます。

例題1 微分方程式 $y'' + y' - 6y = 0$ の一般解を求めなさい。

解 まず、特性方程式 $\lambda^2 + a\lambda + b = 0$ をつくります。$a = 1$, $b = -6$ より、この微分方程式の特性方程式は、

$$\lambda^2 + \lambda - 6 = 0$$

左辺を因数分解すると、

$$(\lambda + 3)(\lambda - 2) = 0$$

以上から、この特性方程式は2個の実数解 $\lambda_1 = -3$, $\lambda_2 = 2$ をもちます。したがって、微分方程式 $y'' + y' - 6y = 0$ の基本解は、

$$y_1 = e^{-3x}, \quad y_2 = e^{2x}$$

一般解は $y = C_1 y_1 + C_2 y_2$ より、

$$y = C_1 e^{-3x} + C_2 e^{2x} \quad \cdots （答）$$

となります。

特性方程式が重解をもつときの一般解

特性方程式 $\lambda^2 + a\lambda + b = 0$ は、$a^2 - 4b = 0$ のとき重解

$$\lambda = \frac{-a \pm \sqrt{a^2 - 4b}}{2} = -\frac{a}{2}$$

をもちます。このとき、

$$y_1 = e^{\lambda x}$$

は、もちろん同次方程式 $y'' + ay' + by = 0$ の解となります。しかし一般解を求めるには、この y_1 と 1 次独立である解がもう 1 つ必要です。そこで、これを仮に y_2 とおき、

$$y_2 = u(x)e^{\lambda x} \quad \cdots ①$$

↑ 定数変化法

としましょう。次に、式①を 2 回微分して、y_2', y_2'' を求めます。

$$
\begin{aligned}
y_2' &= u'(x) \cdot e^{\lambda x} + u(x) \cdot \lambda e^{\lambda x} \\
&= \{u'(x) + \lambda u(x)\}e^{\lambda x} \quad \cdots ② \\
y_2'' &= u''(x) \cdot e^{\lambda x} + u'(x) \cdot \lambda e^{\lambda x} + u'(x) \cdot \lambda e^{\lambda x} + u(x) \cdot \lambda^2 e^{\lambda x} \\
&= \{u''(x) + 2\lambda u'(x) + \lambda^2 u(x)\}e^{\lambda x} \quad \cdots ③
\end{aligned}
$$

式①〜③を、$y'' + ay' + by = 0$ に代入すると、次のようになります。

$$\underbrace{\{u''(x)+2\lambda u'(x)+\lambda^2 u(x)\}e^{\lambda x}}_{y_2''} + \underbrace{a\{u'(x)+\lambda u(x)\}e^{\lambda x}}_{y_2'} + \underbrace{bu(x)e^{\lambda x}}_{y_2} = 0$$

この式を、次のように整理します。

$$
\begin{aligned}
&u''(x)+2\lambda u'(x)+\lambda^2 u(x)+au'(x)+a\lambda u(x)+bu(x)=0 \\
&(\boxed{\lambda^2 + a\lambda + b})u(x) + (\boxed{2\lambda + a})u'(x) + u''(x) = 0
\end{aligned}
$$

上の式の ⬚ の部分は、特性方程式 $\lambda^2 + a\lambda + b = 0$ の左辺と同じなので 0 になります。また、⬚ の部分は $\lambda = -\dfrac{a}{2}$ より、やはり 0 になります。よって、

$$u''(x) = 0$$

この式を 2 回積分すると、

$$u''(x) = 0 \quad \xrightarrow{\text{積分}} \quad u'(x) = C_1 \quad \xrightarrow{\text{積分}} \quad u(x) = C_1 x + C_2$$

を得ます。ここで C_1, C_2 は任意定数なので $C_1 = 1$, $C_2 = 0$ とすれば、$u(x) = x$ となります。以上から、

$$y_2 = xe^{\lambda x}$$

を得ます。

y_2 は y_1 の定数倍ではないので、1次独立です。したがって、y_1 と y_2 を基本解として、次のように一般解を求めることができます。

$$C_1 e^{\lambda x} + C_2 x e^{\lambda x}$$

これが、特性方程式が重解をもつ場合の一般解です。

例題 2 微分方程式 $y'' - 10y' + 25y = 0$ の一般解を求めなさい。

解 まず、特性方程式 $\lambda^2 + a\lambda + b = 0$ をつくります。$a = -10$, $b = 25$ より、この微分方程式の特性方程式は、

$$\lambda^2 - 10\lambda + 25 = 0$$
$$(\lambda - 5)^2 = 0$$

以上から、特性方程式は重解 $\lambda = 5$ をもちます。したがって、この微分方程式の基本解は、

$$y_1 = e^{5x}, \quad y_2 = xe^{5x}$$

とおくことができます。よって、一般解は $y = C_1 y_1 + C_2 y_2$ より、

$$y = C_1 e^{5x} + C_2 x e^{5x} \quad \cdots \text{(答)}$$

となります。

特性方程式が実数解をもたないときの一般解

特性方程式 $\lambda^2 + a\lambda + b = 0$ が実数解をもたない場合、λ_1, λ_2 は共役複素数になります。そこで、

$$\lambda_1 = \alpha + i\beta, \quad \lambda_2 = \alpha - i\beta$$

とおくと、

$$y_1 = e^{(\alpha+i\beta)x}, \quad y_2 = e^{(\alpha-i\beta)x}$$

は、いずれも $y'' + ay' + by = 0$ の解であると考えられます。

$$y_1 = e^{(\alpha+i\beta)x} = e^{\alpha x} \cdot e^{i\beta x}$$
$$y_2 = e^{(\alpha-i\beta)x} = e^{\alpha x} \cdot e^{-i\beta x}$$

　上の式の ____ の部分に、オイラーの公式 $e^{i\theta} = \cos\theta + i\sin\theta$（174 ページ）を適用すると、

$$y_1 = e^{\alpha x}(\cos\beta x + i\sin\beta x)$$
$$y_2 = e^{\alpha x}(\cos(-\beta x) + i\sin(-\beta x)) = e^{\alpha x}(\cos\beta x - i\sin\beta x)$$

$$\cos(-\theta) = \cos\theta$$
$$\sin(-\theta) = -\sin\theta$$

となります。また、y_1 と y_2 が $y'' + ay' + by = 0$ の解であれば、重ね合わせの原理（348 ページ）より、その和や差もまた解ですし、その定数倍も解になります。したがって、

$$\frac{1}{2}(y_1 + y_2) = e^{\alpha x}\cos\beta x \quad \cdots ①$$
$$-\frac{i}{2}(y_1 - y_2) = -i^2 e^{\alpha x}\sin\beta x = e^{\alpha x}\sin\beta x \quad \cdots ②$$

$$i^2 = -1$$

　①と②は互いに 1 次独立なので、$y'' + ay' + by = 0$ の基本解とすることができます。以上から、特性方程式が実数解をもたない場合の一般解は、

$$y = C_1 e^{\alpha x}\cos\beta x + C_2 e^{\alpha x}\sin\beta x$$

と書けます。

例題 3 微分方程式 $y'' - 2y' + 5y = 0$ の一般解を求めなさい。

解 まず、特性方程式 $\lambda^2 + a\lambda + b = 0$ をつくります。$a = -2$, $b = 5$ より、この微分方程式の特性方程式は、

$$\lambda^2 - 2\lambda + 5 = 0$$

この特性方程式の解は、解の公式より、

$$\lambda = \frac{-(-2) \pm \sqrt{(-2)^2 - 4 \cdot 5}}{2} = \frac{2 \pm \sqrt{-16}}{2} = \frac{2 \pm 4\sqrt{-1}}{2} = 1 \pm 2i$$

以上から、特性方程式は虚数解 $\lambda = 1 \pm 2i$ をもちます。$\alpha = 1$, $\beta = 2$ とおくと、微分方程式 $y'' - 2y' + 5y = 0$ の一般解は、$y = C_1 e^{\alpha x}\cos\beta x + C_2 e^{\alpha x}\sin\beta x$ より、

$$y = C_1 e^x \cos 2x + C_2 e^x \sin 2x \quad \cdots \text{（答）}$$

となります。

まとめ

定数係数の 2 階線形微分同次方程式の一般解

①特性方程式が実数解 λ_1, λ_2 をもつとき

$$y = C_1 e^{\lambda_1 x} + C_2 e^{\lambda_2 x}$$

②特性方程式が重解 λ をもつとき

$$y = C_1 e^{\lambda x} + C_2 x e^{\lambda x}$$

③特性方程式が虚数解 $\alpha + i\beta$, $\alpha - i\beta$ をもつとき

$$y = C_1 e^{\alpha x}\cos\beta x + C_2 e^{\alpha x}\sin\beta x$$

最後に、定数係数の2階線形非同次方程式の一般解の求め方を説明します。ここまでよくがんばりましたね。

ありがとうございました。

定数係数の2階線形非同次方程式

定数係数の2階線形非同次方程式は、次のような形の微分方程式です。

> **定数係数の2階線形非同次方程式**
> $$y'' + ay' + by = r(x) \qquad (a,\ b\text{は定数})$$

上の式の右辺 $r(x)$ を0とした同次方程式の一般解については、前回求め方を説明しました。その一般解を $Y = C_1 y_1 + C_2 y_2$ としましょう。

あとは、$y'' + ay' + by = r(x)$ の特殊解 y_0 がわかれば、一般解は次のように求めることができます。

$$y = y_0 + C_1 y_1 + C_2 y_2$$

$y'' + ay' + by = 0$ の一般解

$y'' + ay' + by = r(x)$ の特殊解

このリクツは、1階線形微分方程式でいちど説明しましたね（332ページ）。

2階同次方程式 $y'' + ay' + by = 0$ の一般解を Y とすると、

第8章 微分方程式

357

$$Y'' + aY' + bY = 0 \quad \cdots ①$$

が成り立ちます。また、2 階非同次方程式 $y'' + ay' + by = r(x)$ の特殊解を y_0 とすると、

$$y_0'' + ay_0' + by_0 = r(x) \quad \cdots ②$$

が成り立ちます。① + ② より、

$$(Y + y_0)'' + a(Y + y_0)' + b(Y + y_0) = r(x)$$

が成り立つので、$Y + y_0$ が 2 階非同次方程式 $y'' + ay' + by = r(x)$ の一般解であることがわかります。

 $y'' + ay' + by = r(x)$ の特殊解は、どうやって求めるんでしょうか。

それを、今から説明しますね。

定数係数の 2 階非同次方程式の特殊解を求める

手順 1 2 階同次方程式 $y'' + ay' + by = 0$ の基本解を y_1, y_2 とし、一般解を $C_1 y_1 + C_2 y_2$ とします。この解の定数 C_1, C_2 を x の関数と考え、

$$y_0 = u_1(x)y_1 + u_2(x)y_2 \quad \cdots ①$$

とおきます。この式が、2 階線形非同次方程式 $y'' + ay' + by = r(x)$ の特殊解だったらうれしいですね。そこで、そんな $u_1(x)$ と $u_2(x)$ をこれから探します。

 前にも似たようなやり方があったような…

はい。このような手法を**定数変化法**といいましたね（334 ページ）。ただ、今回探す特殊解は、初期条件として、

$$u_1'(x)y_1 + u_2'(x)y_2 = 0 \quad \cdots ②$$

が成り立つものとしましょう。こうすると探索範囲が絞れるので、やみくもに探すより見つけやすくなります。

手順2 式①を x で微分すると、次のようになります（積の微分）。

$$y_0' = u_1'(x)y_1 + u_1(x)y_1' + u_2'(x)y_2 + u_2(x)y_2'$$
$$= u_1(x)y_1' + u_2(x)y_2' + \underline{u_1'(x)y_1 + u_2'(x)y_2}$$
$$= u_1(x)y_1' + u_2(x)y_2' \quad \cdots ③ \qquad \hookrightarrow 0$$

さっそく、初期条件をつけた効果が出ていますね。上の式をさらに微分して y_0'' も求めましょう。

$$y_0'' = u_1'(x)y_1' + u_1(x)y_1'' + u_2'(x)y_2' + u_2(x)y_2'' \quad \cdots ④$$

手順3 式①③④を、非同次方程式 $y'' + ay' + by = r(x)$ に代入します。

$$y_0'' + ay_0' + by_0 = u_1'(x)y_1' + u_1(x)y_1'' + u_2'(x)y_2' + u_2(x)y_2''$$
$$+ a(u_1(x)y_1' + u_2(x)y_2')$$
$$+ b(u_1(x)y_1 + u_2(x)y_2) = r(x)$$

$$\downarrow$$

$$u_1(x)\{y_1'' + ay_1' + by_1\} + u_2(x)\{y_2'' + ay_2' + by_2\}$$
$$+ u_1'(x)y_1' + u_2'(x)y_2' = r(x)$$

上の式の □ の部分は、同次方程式 $y'' + ay' + by = 0$ の左辺に基本解 y_1, y_2 を代入したものなので、0 になります。したがって、

$$u_1'(x)y_1' + u_2'(x)y_2' = r(x) \quad \cdots ⑤$$

を得ます。

手順4 式②と式⑤で、連立一次方程式をつくります（掛け算の順番を

少し入れ替えています）。

$$\begin{cases} y_1 u_1'(x) + y_2 u_2'(x) = 0 & \cdots ② \\ y_1' u_1'(x) + y_2' u_2'(x) = r(x) & \cdots ⑤ \end{cases}$$

この連立方程式を解いて、$u_1'(x)$，$u_2'(x)$ を求めます。

$⑤ \times y_1 - ② \times y_1'$

$$\begin{array}{rcl} y_1 y_1' u_1'(x) + y_1 y_2' u_2'(x) &=& r(x) y_1 \\ -)\quad y_1 y_1' u_1'(x) + y_2 y_1' u_2'(x) &=& 0 \\ \hline (y_1 y_2' - y_2 y_1') u_2'(x) &=& r(x) y_1 \end{array}$$

$$\therefore u_2'(x) = \frac{r(x) y_1}{y_1 y_2' - y_2 y_1'} \quad \cdots ⑥$$

$⑤ \times y_2 - ② \times y_2'$

$$\begin{array}{rcl} y_2 y_1' u_1'(x) + y_2 y_2' u_2'(x) &=& r(x) y_2 \\ -)\quad y_1 y_2' u_1'(x) + y_2 y_2' u_2'(x) &=& 0 \\ \hline (y_2 y_1' - y_1 y_2') u_1'(x) &=& r(x) y_2 \end{array}$$

$$\therefore u_1'(x) = \frac{r(x) y_2}{y_2 y_1' - y_1 y_2'} = -\frac{r(x) y_2}{y_1 y_2' - y_2 y_1'} \quad \cdots ⑦$$

式⑥⑦は、$y_1 y_2' - y_2 y_1' = 0$ の場合には成り立ちません。しかし、y_1 と y_2 は同次方程式 $y'' + ay' + by = 0$ の基本解なので 1 次独立です。本書では証明は省略しますが、y_1, y_2 が 1 次独立の場合、一般に $y_1 y_2' - y_2 y_1'$ は 0 にならないことがわかっています。

この $y_1 y_2' - y_2 y_1'$ は、線形代数では $\begin{vmatrix} y_1 & y_2 \\ y_1' & y_2' \end{vmatrix}$ のような行列式で表します。この行列式を**ロンスキアン**といい、$W(y_1,\ y_2)$ と書きます。

$$W(y_1,\ y_2) = \begin{vmatrix} y_1 & y_2 \\ y_1' & y_2' \end{vmatrix} = y_1 y_2' - y_2 y_1'$$

└─ ロンスキアン

手順5 式⑥⑦の両辺を積分すれば、関数 $u_1(x)$，$u_2(x)$ が得られます。

$$u_1(x) = -\int \frac{r(x) y_2}{W(y_1,\ y_2)} dx, \quad u_2(x) = \int \frac{r(x) y_1}{W(y_1,\ y_2)} dx$$

上の $u_1(x)$, $u_2(x)$ を 358 ページの式①に代入すれば、非同次方程式 $y'' + ay' + by = r(x)$ の特殊解が得られます。

$$y_0 = -y_1 \int \frac{r(x)y_2}{W(y_1,\ y_2)}dx + y_2 \int \frac{r(x)y_1}{W(y_1,\ y_2)}dx \quad \leftarrow \text{特殊解}$$

　以上から、非同次方程式 $y'' + ay' + by = r(x)$ の一般解は、次のようになります。

---

2 階線形非同次方程式の一般解

$$y = C_1 y_1 + C_2 y_2 - y_1 \int \frac{r(x)\,y_2}{W(y_1,\ y_2)}\,dx + y_2 \int \frac{r(x)\,y_1}{W(y_1,\ y_2)}\,dx$$

同次方程式の一般解Y 　　　　　　　　　非同次方程式の特殊解y_0

例題 1 微分方程式 $y'' - y' - 2y = 2e^x$ の一般解を求めなさい。

解 手順としては、まず同次方程式 $y'' - y' - 2y = 0$ の基本解と一般解を求め、次に非同次方程式 $y'' - y' - 2y = 2e^x$ の特殊解を求めます。最後に、両者の和を求め一般解とします。

手順1 同次方程式 $y'' - y' - 2y = 0$ の特性方程式をつくり、解を求めます。

$$\lambda^2 - \lambda - 2 = 0$$
$$(\lambda + 1)(\lambda - 2) = 0 \qquad \therefore \lambda = -1,\ 2$$

以上から、$y'' - y' - 2y = 0$ の基本解は

$$y_1 = e^{\lambda_1 x} = e^{-x}, \quad y_2 = e^{\lambda_2 x} = e^{2x}$$

となります。よって、$y'' - y' - 2y = 0$ の一般解は、

$$Y = C_1 e^{-x} + C_2 e^{2x}$$

手順2 次に、非同次方程式 $y'' - y' - 2y = 2e^x$ の特殊解を、

$$y_0 = -y_1 \int \frac{r(x)y_2}{W(y_1,\ y_2)} dx + y_2 \int \frac{r(x)y_1}{W(y_1,\ y_2)} dx$$

によって求めます。y_1, y_1', y_2, y_2' は、それぞれ

$$y_1 = e^{-x}, \quad y_1' = -e^{-x}, \quad y_2 = e^{2x}, \quad y_2' = 2e^{2x}$$

よって、ロンスキアン $W(y_1,\ y_2)$ は、

$$W(y_1,\ y_2) = y_1 y_2' - y_2 y_1' = e^{-x} \cdot 2e^{2x} - e^{2x} \cdot (-e^{-x})$$
$$= 2e^x + e^x = 3e^x$$

となります。以上から、特殊解 y_0 は次のようになります。

$$y_0 = -e^{-x} \int \frac{2e^x \cdot e^{2x}}{3e^x} dx + e^{2x} \int \frac{2e^x \cdot e^{-x}}{3e^x}$$
$$= -\frac{2}{3} e^{-x} \int e^{2x} dx + \frac{2}{3} e^{2x} \int e^{-x} dx$$
$$= -\frac{2}{3} e^{-x} \cdot \frac{1}{2} e^{2x} + \frac{2}{3} e^{2x} \cdot (-e^{-x}) = -\frac{1}{3} e^x - \frac{2}{3} e^x = -e^x$$

手順3 非同次方程式 $y'' - y' - 2y = 2e^x$ の一般解は、

$$Y = C_1 e^{-x} + C_2 e^{2x}, \quad y_0 = -e^x$$

より、

$$y = Y + y_0 = C_1 e^{-x} + C_2 e^{2x} - e^x \quad \cdots \text{(答)}$$

となります。

まとめ	・定数係数の2階線形非同次方程式の一般解は、同次方程式の一般解 Y + 非同次方程式の特殊解 y_0 で求める。

微分積分の主な公式

◆ 導関数の定義

$$f'(x) = \lim_{\Delta x \to 0} \frac{f(x + \Delta x) - f(x)}{\Delta x}$$

◆ 微分の基本公式

$$(x^n)' = nx^{n-1}$$

$$(k)' = 0$$

$$\{kf(x)\}' = kf'(x)$$

$$\{f(x) \pm g(x)\}' = f'(x) \pm g'(x)$$

◆ 積の微分・商の微分

$$\{f(x)g(x)\}' = f'(x)g(x) + f(x)g'(x)$$

$$\left\{\frac{f(x)}{g(x)}\right\}' = \frac{f'(x)g(x) - f(x)g'(x)}{\{g(x)\}^2}$$

◆ 合成関数の微分

$$\{f(g(x))\}' = f'(g(x)) \cdot g'(x)$$

◆ 三角関数の微分

$$(\sin x)' = \cos x$$

$$(\cos x)' = -\sin x$$

$$(\tan x)' = \frac{1}{\cos^2 x}$$

$$(\arcsin x)' = \frac{1}{\sqrt{1 - x^2}}$$

$$(\arccos x)' = -\frac{1}{\sqrt{1 - x^2}}$$

$$(\arctan x)' = \frac{1}{1 + x^2}$$

◆ 対数関数・指数関数の微分

$$(\log_a |x|)' = \frac{1}{x \log a} \qquad (\log |x|)' = \frac{1}{x}$$

$$(a^x)' = a^x \log a \qquad (e^x)' = e^x$$

◆ テイラー展開

$$f(x) = f(a) + \frac{f'(a)}{1!}(x - a)$$

$$+ \frac{f''(a)}{2!}(x - a)^2 + \cdots + \frac{f^{(n)}(a)}{n!}(x - a)^n + \cdots$$

◆ マクローリン展開

$$f(x) = f(0) + \frac{f'(0)}{1!}x + \frac{f''(0)}{2!}x^2$$

$$+ \cdots + \frac{f^{(n)}(0)}{n!}x^n + \cdots$$

◆ オイラーの公式

$$e^{i\theta} = \cos \theta + i \sin \theta$$

◆ 微分積分学の基本定理

$$\frac{d}{dx}\left\{\int_a^x f(t)dt\right\} = f(x)$$

◆ 積分の基本公式

$$\int kf(x)dx = k \int f(x)dx$$

$$\int \{f(x) \pm g(x)\}dx = \int f(x)dx \pm \int g(x)dx$$

$$\int x^n dx = \frac{1}{n + 1}x^{n+1} + C$$

$$\int kdx = kx + C$$

◆ いろいろな関数の積分①

$$\int \frac{1}{x}dx = \log |x| + C$$

$$\int \frac{f'(x)}{f(x)}dx = \log |f(x)| + C$$

$$\int e^x dx = e^x + C$$

$$\int a^x dx = \frac{a^x}{\log a} + C$$

$$\int \sin x dx = -\cos x + C$$

$$\int \cos x dx = \sin x + C$$

$$\int \frac{1}{\cos^2 x}dx = \tan x + C$$

◆ いろいろな関数の積分②

$$\int \frac{1}{\sqrt{1-x^2}}dx = \arcsin x + C \quad (-1 < x < 1)$$

$$\int \frac{1}{\sqrt{a^2-x^2}}dx = \arcsin \frac{x}{a} + C \quad (a > 0, \ -a < x < a)$$

$$\int \frac{1}{1+x^2}dx = \arctan x + C$$

$$\int \frac{1}{a^2+x^2}dx = \frac{1}{a}\arctan \frac{x}{a} + C \quad (a \neq 0)$$

$$\int \frac{1}{\sqrt{x^2+a}}dx = \log|x + \sqrt{x^2+a}| + C \quad (a \neq 0)$$

$$\int \sqrt{x^2+a}\,dx = \frac{1}{2}\left(x\sqrt{x^2+a} + a\log\left|x+\sqrt{x^2+a}\right|\right)$$

◆ 部分積分

$$\int f(x)g(x)dx = f(x)G(x) - \int f'(x)G(x)dx$$

◆ 定積分

$$\int_a^b f(x)dx = \left[F(x)\right]_a^b = F(b) - F(a)$$

◆ 定積分の部分積分

$$\int_a^b f(x)g(x)dx$$

$$= \left[f(x)G(x)\right]_a^b - \int_a^b f'(x)G(x)dx$$

◆ $\sin^n x$, $\cos^n x$ の積分

$$I_n = \int_0^{\frac{\pi}{2}} \sin^n x dx \quad \Rightarrow \quad I_n = \frac{n-1}{n}I_{n-2}$$

$$J_n = \int_0^{\frac{\pi}{2}} \cos^n x dx \quad \Rightarrow \quad J_n = \frac{n-1}{n}J_{n-2}$$

$$(n = 2, \ 3, \ 4, \cdots)$$

◆ 回転体の体積

$$V_x = \pi \int_a^b \{f(x)\}^2 dx, \quad V_y = \pi \int_c^d \{g(y)\}^2 dy$$

◆ バームクーヘン積分

$$V = 2\pi \int_a^b x f(x)dx$$

◆ パップス・ギュルダンの定理

$$V = 2\pi r S$$

◆ 曲線の長さ

$$L = \int_a^b \sqrt{1 + \{f'(x)\}^2}\,dx$$

$$L = \int_a^b \sqrt{\left(\frac{dx}{d\theta}\right)^2 + \left(\frac{dy}{d\theta}\right)^2}\,d\theta$$

◆ 偏導関数の定義

$$\frac{\partial f}{\partial x} = \lim_{\Delta x \to 0} \frac{f(x + \Delta x, \ y) - f(x, y)}{\Delta x}$$

$$\frac{\partial f}{\partial y} = \lim_{\Delta y \to 0} \frac{f(x, \ y + \Delta y) - f(x, y)}{\Delta y}$$

◆ 全微分の定義

$$dz = \frac{\partial f}{\partial x} \cdot dx + \frac{\partial f}{\partial y} \cdot dy$$

◆ 重積分（極座標変換）

$$\iint_D f(x,y)dxdy = \iint_D f(r\cos\theta, r\sin\theta)rdrd\theta$$

◆ 重積分（変数変換）

$$\iint_D f(x,y)dxdy$$

$$= \iint_D f(x(u,v), y(u,v))\,J(u,v)dudv\theta$$

$$J(u,v) = \begin{vmatrix} \frac{\partial x}{\partial u} & \frac{\partial x}{\partial v} \\ \frac{\partial y}{\partial u} & \frac{\partial y}{\partial v} \end{vmatrix} = \frac{\partial x}{\partial u} \cdot \frac{\partial y}{\partial v} - \frac{\partial y}{\partial u} \cdot \frac{\partial x}{\partial v}$$

◆ 1 階線形非同次方程式の一般解

$$y = Ae^{-\int p(x)dx} + y_0$$

◆ 2 階線形非同次方程式の一般解

$$y = C_1 y_1 + C_2 y_2 - y_1 \int \frac{r(x)y_2}{W(y_1, \ y_2)}dx$$

$$+ y_2 \int \frac{r(x)y_1}{W(y_1, \ y_2)}dx$$

$$W(y_1, \ y_2) = \begin{vmatrix} y_1 & y_2 \\ y_1' & y_2' \end{vmatrix} = y_1 y_2' - y_2 y_1'$$

さくいん

●著者略歴　**株式会社ノマド・ワークス**（執筆：平塚陽介）

　書籍、雑誌、マニュアルの企画・執筆・編集・制作に従事する。著書に『この1冊で合格！ディープラーニングG検定 集中テキスト＆問題集』『電験三種に合格するための初歩からのしっかり数学』『中学レベルからはじめる！やさしくわかる統計学のための数学』『高校レベルからはじめる！やさしくわかる物理学のための数学』『高校レベルからはじめる！やさしくわかる線形代数』『高校レベルからはじめる！やさしくわかる電磁気学』『徹底図解　基本からわかる電気数学』（ナツメ社）、『かんたん合格 基本情報技術者予想問題集』（インプレス）等多数。

　本文イラスト◆ 川野郁代
　　編集協力◆ ノマド・ワークス
　　編集担当◆ 山路和彦（ナツメ出版企画株式会社）

本書に関するお問い合わせは、書名・発行日・該当ページを明記の上、下記のいずれかの方法にてお送りください。電話でのお問い合わせはお受けしておりません。

・ナツメ社webサイトの問い合わせフォーム
　https://www.natsume.co.jp/contact
・FAX（03-3291-1305）
・郵送（下記、ナツメ出版企画株式会社宛て）

なお、回答までに日にちをいただく場合があります。正誤のお問い合わせ以外の書籍内容に関する解説・個別の相談は行っておりません。あらかじめご了承ください。

ちゅうがく
中学レベルからはじめる！
び　ぶんせきぶん
やさしくわかる微分積分

2024年 9月6日　初版発行

著　者	ノマド・ワークス	©Nomad Works, 2024
発行者	田村正隆	

発行所	株式会社ナツメ社
	東京都千代田区神田神保町1-52　ナツメ社ビル1F（〒101-0051）
	電話　03（3291）1257（代表）　　FAX　03（3291）5761
	振替　00130-1-58661
制　作	ナツメ出版企画株式会社
	東京都千代田区神田神保町1-52　ナツメ社ビル3F（〒101-0051）
	電話　03（3295）3921（代表）
印刷所	広研印刷株式会社

ISBN978-4-8163-7591-0　　　　　　　　　　　　　Printed in Japan